EDITION ANTIKE

*Boëthius, der wohl bedeutendste spätantike Gelehrte, schuf um 500 n. Chr. mit seiner »Arithmetik« ein mathematisches Standardwerk. Das Werk hatte enormen Einfluss auf den mittelalterlichen und frühneuzeitlichen Bildungskanon.*
*Die Sieben Freien Künste bestanden aus dem Quadrivium (Arithmetik, Geometrie, Musik und Astronomie) und dem Trivium (Grammatik, Dialektik und Rhetorik). Boethius' »Arithmetik« errichtete die gültige Grundlage für diese Sieben Freien Künste und sollte ein Jahrtausend lang die maßgebliche Einführung in die Zahlenkunde bleiben. Anschaulich machen die Bedeutung des Werks auch Illustrationen in einer in Bamberg bewahrten Abschrift, die dem Enkel Karls d. Gr., Karl II., das Mathematiklernen angenehmer gestalten sollten.*
*In der »Edition Antike« wird Boethius' »Arithmetik« nun erstmals in deutscher Übersetzung und zweisprachig präsentiert. Damit und mit 16 prächtigen Farbbildern aus dem Bamberger Codex wird auch einer heutigen Leserschaft die antike Zahlenkunde wieder zugänglich.*

*Kai Brodersen ist Professor für Antike Kultur an der Universität Erfurt.*

EDITION ANTIKE

Herausgegeben von
Thomas Baier, Kai Brodersen
und Martin Hose

BOETHIUS

# ARITHMETIK

*Lateinisch und deutsch*

Zweisprachige Ausgabe

mit 16 Farbabbildungen aus dem Bamberger Codex

von Kai Brodersen

wbg Academic

Die 16 Farbabbildungen werden mit freundlicher Genehmigung der Staatsbibliothek Bamberg wiedergegeben: Signatur Msc. Class. 5, Photos: Gerald Raab.

Die EDITION ANTIKE wird gefördert durch den Wilhelm-Weischedel-Fonds der Wissenschaftlichen Buchgesellschaft.

Die Deutsche Nationalbibliothek verzeichnet diese Publikation in der Deutschen Nationalbibliografie; detaillierte bibliografische Daten sind im Internet über http:/dnb.db.de abrufbar.



wbg Academic ist ein Imprint der wbg.


Die Herausgabe des Werks wurde durch die Vereinsmitglieder der wbg ermöglicht.
Satz: Kai und Christiane Brodersen
Gedruckt auf säurefreiem und alterungsbeständigem Papier
Printed in Germany

Besuchen Sie uns im Internet: www.wbg-wissenverbindet.de

ISBN 978-3-534-27426-0

Elektronisch ist folgende Ausgabe erhältlich:
eBook (pdf): ISBN 978-3-534-27427-7

# INHALTSVERZEICHNIS

# EINFÜHRUNG

## Boëthius

Boëthius war ein spätantiker römischer Gelehrter, Politiker, Philosoph und Theologe. Er wurde wohl um 480 geboren und keine 50 Jahre alt. Die beherrschende Person jener Zeit war der König des Ostgotenreichs, Theoderich (I.) der Große (451/456–526), der von 493 an auch in Italien herrschte und zeitweise außerdem als Herrscher des Westgotenreichs fungierte. Unter Theoderich übernahm Boethius wichtige Ämter; spätestens 507 erhielt er den Ehrentitel *patricius.* 510 war er Konsul. 522 stand Boethius dann als *magister officiorum* an der Spitze der Reichsverwaltung.

Anicius Manlius Severinus Boethius – so sein vollständiger Name – stammte, wie dieser Name zeigt, aus der einflussreichen christlichen Senatorenfamilie der Anicii. Väterlicherseits gehörten zu seinen Vorfahren Boethius, der unter Valentinian III. (419–455, römischer Kaiser seit 425) Prätorianerpräfekt war; auch Boethius' Vater Manlius Boethius war in den 480er Jahren Prätorianerpräfekt, dann Stadtpräfekt von Rom und 487 Konsul. Nach dem frühen Tod des Vaters wurde Boethius in das Haus des Quintus Aurelius Memmius Symmachus aus dem berühmten senatorischen Geschlecht der Symmachi aufgenommen. Sein Pflegevater war 485 Konsul gewesen und wirkte auch als Philologe und Geschichtsschreiber. Symmachus' Tochter Rusticiana wurde später Boethius' Ehefrau und Mutter seiner Kinder. Dem Symmachus selbst widmete Boethius vor 507 sein Erstlingswerk (*laboris mei primitas*, Widmungsbrief 4), das im vorliegenden Band im Original und in der ersten Übersetzung ins Deutsche präsentiert wird: die *Arithmetik.*

Für das Jahr 522, in dem Boethius *magister officiorum* war, bestimmte Theoderich Boethius' noch minderjährige Söhne, Flavius Symmachus und Flavius Boethius, zu Konsuln, was das Einverständnis des oströmischen Kaisers Iustinus I. (um 450–527, Kaiser seit 518)

voraussetzte. Doch wurde Boethius bald danach im schon länger schwelenden Konflikt zwischen West- und Ostrom zerrieben: Er wurde des Hochverrats beschuldigt, verhaftet und in Abwesenheit von einem Senatsgericht zum Tod verurteilt; seine Güter wurden beschlagnahmt. Boethius begab sich nach Pavia; wohl dort wurde er zwischen 524 und 526 hingerichtet. Boethius' prunkvoller Sarkophag ist in der Kirche San Pietro in Ciel d'Oro (Pavia) erhalten.

## Ein lateinischer Lehrer Europas

In einem modernen Buch über die wichtigsten »lateinischen Lehrer Europas« (Ax 2005) steht Boethius an zentraler Stelle. Ihm war daran gelegen, die Werke der griechischen Denker Platon und Aristoteles als philosophische und wissenschaftliche Grundtexte in lateinischer Übersetzung zugänglich zu machen und in Kommentaren zu erschließen. Außerdem schuf er wichtige Lehrbücher und theologische Traktate, in der Haft schließlich eine noch heute vielgelesene Schrift *Consolatio philosophiae* (»Der Trost der Philosophie«). Die Hinrichtung des Boethius verhinderte zwar den Abschluss seines Bildungsprogramms, doch wurde er auch so aufgrund der von ihm zu Lebzeiten geschaffenen Werke zum einflussreichsten Vermittler der griechischen Logik, Mathematik und Musiktheorie an das lateinischsprachige Mittelalter.

Mit seiner *Arithmetik* (die auch unter dem Titel *De institutione arithmetica*, »Einführung in die Arithmetik«, bekannt ist) beginnt Boethius die Reihe seiner Lehrbücher über die Grundlagen des Wissens. Er sieht diese im *quadruvium* (»Vierweg«), nämlich in Arithmetik, Geometrie, Musik und Astronomie verankert; der Begriff *quadruvium* ist übrigens erstmals in Boethius' *Arithmetik* belegt (Ferrarino 1976). Erhalten sind davon die Werke zur Arithmetik (Zahlenkunde) und zur Musik. In der Arithmetik sieht Boethius das Lehrgebiet, mit dem jede Ausbildung beginnen müsse.

Zum *quadruvium* kam im mittelalterlichen Unterrichtsbetrieb noch das *trivium* (»Dreiweg«), nämlich Grammatik, Dialektik und Rhetorik. Da diese Wissensbereiche zur Allgemeinbildung gehörten, bezeichnet man einfaches Wissen noch heute als »trivial«. Gemeinsam bildeten *quadruvium* und *trivium* die *septem artes liberales*, die »Sieben Freien Künste«, die bis weit in die Neuzeit den Lehrplan des Abendlands bestimmten.

Die personifizierte Arithmetik und Boethius

Zeichnung aus einer Sammelhandschrift (um 1225–1230), wohl aus dem Zisterzienser-Kloster Aldersbach (Landkreis Passau), heute in der Bayerischen Staatsbibliothek als *Codex Latinus Monacensis* clm 2599, *fol.* $102^{v}$. Dargestellt und in den Bögen der Doppelarkade bezeichnet sind die *Aritmetica* mit Szepter und kleinem Gefäß und *Boetius* (dessen Kopf am linken Bildrand noch einmal kopiert ist). Das Spruchband besagt: *Per me cunctorum scitur virtus numerorum* (»Durch mich kennt man die Tugend aller Zahlen«; s. Masi 1974, pl. xiii; Klemm 1998, 93).

Boethius' *Arithmetik* hat sich »nicht weniger als tausend Jahre lang im Unterrichtsprogamm zu halten vermocht« (Sassen 1984, 87). Den Vorrang der in der pythagoreischen Tradition stehenden Zahlenkunde, die sich auch bei Boethius findet, gegenüber der angewandten Mathematik haben freilich manche Gelehrte auch als »impediment« (Masi 1981, 264) gesehen, als Grund für die nur zögerliche Einführung neuer mathematischer Verfahren in der westlichen Tradition. Erst durch die Übernahme von Ideen aus dem Orient (etwa durch die Nutzung der Null und des Stellenwertsystems, so im *Rechenbuch* des Maximos Planudes im 13. Jahrhundert) wurde ja das anwendbare mathematische Wissen wesentlich fortentwickelt.

Boethius' *Arithmetik* blieb tatsächlich für ein Jahrtausend das grundlegende Lehrbuch der Zahlenkunde (Guillaumin 2012); fast 200 ganz oder teilweise erhaltene Abschriften des Werks und zahlreiche Kommentare und einführende Schriften belegen den nachhaltigen Einfluss des Werks (Bernard 1997), das bereits 1488 erstmals im Druck vorgelegt wurde. Mit seiner *Arithmetik* war Boethius also wahrhaft ein »lateinischer Lehrer Europas«!

## Das griechische Werk des Nikomachos als Vorlage

Die *Arithmetik* des Boethius beruht auf einem etwa dreieinhalb Jahrhunderte älteren griechischen Werk, der (uns erhaltenen) *Einführung in die Arithmetik* (ἀριθμητικὴ εἰσαγωγή) des Nikomachos von Gerasa aus dem frühen 2. Jahrhundert. Dieser war ein Zeitgenosse des Theon von Smyrna, der oft ähnliche Angaben in seinem (ebenfalls erhaltenen) Werk *Mathematik für die Platonlektüre* macht, von Boethius aber offenbar nicht herangezogen wurde.

Das Werk des Nikomachos hatte bereits der Schriftsteller, Redner und Philosoph Apuleius von Madaura (123 – nach 170 n. Chr.) ins Lateinische übersetzt (Cassiodorus, *Institutiones* II 4,7; Isidorus von Sevilla, *Etymologiae* III 2,1). Apuleius, der heute vor allem durch seinen Roman *Metamorphoses* (auch bekannt als *Der goldene Esel*) und besonders durch die darin eingefügte Erzählung von *Amor und Psyche* berühmt ist, hatte auch die aristotelische Schrift *Über die Welt* aus dem Griechischen ins Lateinische übertragen. Während die letztgenannte Übersetzung des Apuleius erhalten ist, ging die von Nikomachos' *Einführung in die Arithmetik* verloren.

Vielleicht in Auseinandersetzung mit dieser ihm noch zugänglichen Übersetzung (so Caldwell 1981, 138), jedenfalls aber eigenständig fertigte nun Boethius seine eigene Übersetzung an (Paolucci 2005). Sein Vorgehen beschreibt er selbst:

> Nun aber binde ich mich – keiner anderen Lehre verpflichtet – nicht selbst durch eine sehr eng gefasste Übersetzungsregel, sondern folge, nachdem ich recht frei ein wenig umhergewandert bin, einem anderen Weg, nicht den (vorgefundenen) Fußstapfen. Ich habe nämlich sowohl das, was von Nikomachos in Bezug auf die Zahlen zu weitschweifig erörtert worden ist, in maßvoller Kürze zusammengestellt als auch das, was zu schnell abgehandelt worden ist und einen zu schmalen Zugang zum Verständnis bot, durch maßvolle Beifügung so zugänglich gemacht, dass wir gelegentlich zur Verdeutlichung der Dinge unsere (eigenen) Schemata und Darstellungen verwendeten. (Widmungsbrief 3)

In der Tat folgt Boethius seiner Vorlage in Aufbau und Inhalt, paraphrasiert, kürzt oder erweitert aber manche Passagen, wenn auch sein Bemühen um Abwechslung bei den Begriffen nicht immer zur Klarheit beiträgt. Seine Präsentation unterstützt er aber über Nikomachos hinaus durch Tabellen und graphische Darstellungen (Bower 1978; Heilmann 2007); ferner übernimmt der christliche Autor Boethius die Anspielungen auf heidnische Gottheiten – etwa den Seufzer »Bei Zeus« – nicht. Über seine Vorlage hinaus bezeichnet Boethius wiederholt eine Beobachtung als *mirabile,* »wunderbar« – und regt seine Leserschaft damit noch mehr als Nikomachos zum Staunen über die Schönheit der Arithmetik an. Nachstehende Tabelle stellt die Beziehungen zwischen Boethius und seiner Vorlage zusammen:

| | | | | | |
|---|---|---|---|---|---|
| Boethius | Nikomachos | I 23 | I 18 | II 15–16 | II 11 |
| | | I 24–27 | I 19 | II 17–19 | II 12 |
| I 1 | I 1–5 | I 28–29 | I 20–21 | II 20–24 | II 13–14 |
| I 2 | I 6 | I 29–30 | I 21–22 | II 25 | II 15–16 |
| I 3–6 | I 7 | I 31–32 | I 23 | II 26–30 | II 17 |
| I 7–9 | I 8 | | | II 31–34 | II 18–19 |
| I 10 | I 9 | II 1–2 | II 1–4 | II 35–39 | II 20 |
| I 11–12 | I 10 | II 3 | II 5 | II 40 | II 21 |
| I 13–14 | I 11 | II 4 | II 6–7 | II 41–42 | II 22 |
| I 15 | I 12 | II 5–6 | II 7 | II 43 | II 23 |
| I 16–18 | I 13 | II 7–9 | II 8 | II 44–46 | II 24 |
| I 19–20 | I 14–16 | II 10–12 | II 9 | II 47–49 | II 25–26 |
| I 21–22 | I 17 | II 13–14 | II 10 | II 50 | II 27 |

## Zahlen und Zahlenverhältnisse

Es ist beachtlich, dass Boethius' *Arithmetik* sich noch jetzt oft selbst erklärt. Im vorliegenden Band werden daher notwendige Erläuterungen in (nur dafür genutzten) runden Klammern in der Übersetzung selbst geboten; auch werden die Rück- und Vorausverweise aufgelöst. Vorab sollen aber die wichtigsten Grundlagen genannt werden.

Besondere Bedeutung bei den Zahlen kommt in der pythagoreischen Tradition der Einzahl (*unitas*, Monade) und der Zweizahl (*dualitas*, Dyade) zu. Von diesen gehen alle anderen natürlichen Zahlen aus.

Bei den Zahlen und Zahlenverhältnissen unterscheidet Boethius arithmetische, geometrische und harmonische. Bei den arithmetischen (*arithmetica*) geht es um Mengen, die sich auf etwas (*ad aliquid*) beziehen. Grundlage für die arithmetischen Zahlenverhältnisse ist die Gleichheit (*aequalitas*) und die auf sie zurückgehende Ungleichheit (*inaequalitas*), die es in höherer (*maior*) und geringerer (*minor*) Form gibt.

Höhere Ungleichheiten sind das Doppelte (*duplex*), das Vielfache (*multiplex*), das Zahlenverhältnis von $^{n+1}/_{n}$ (*superparticularis*, griechisch *epimorios*, eingedeutscht Superpartikular) und das Zahlenverhältnis von $^{n+a}/_{n}$ (*superpartiens*, griechisch *epimeres*, eingedeutscht Superpartient), wobei a größer als 1 ist. Ein Superpartikular ist also etwa $^{3}/_{2}$, $^{4}/_{3}$, $^{5}/_{4}$, $^{6}/_{5}$ usw. (in der Form von $1^{1}/_{2}$ *sesqualter*, $1^{1}/_{3}$ *sesquitertius*, $1^{1}/_{4}$ *sesquiquartus*, $1^{1}/_{5}$ *sesquiquintus*), und ein Superpartient etwa $^{5}/_{3}$, $^{7}/_{4}$ oder $^{8}/_{5}$ (in der Form von $1^{2}/_{3}$, $1^{3}/_{4}$ und $1^{3}/_{5}$). Geringere Ungleichheiten sind die Kehrwerte (für welche die lateinische Vorsilbe *sub-*, griechisch *hypo-* steht) der höheren: So sind *sub-duplex* der Kehrwert des Doppelten, also $^{1}/_{2}$, *sub-superparticularis* der Kehrwert von $^{n+1}/_{n}$, also $^{n}/_{n+1}$, in den oben genannten Beispielen also etwa $^{2}/_{3}$, $^{3}/_{4}$, $^{5}/_{6}$, und *sub-superpartiens* der Kehrwert von $^{n+a}/_{n}$, also $^{n}/_{n+a}$, in den genannten Beispielen etwa $^{3}/_{5}$, $^{4}/_{7}$, $^{5}/_{8}$.

Bei den geometrischen Zahlen und Zahlenverhältnissen (*geometrica*) geht es nicht um die eigentliche Geometrie, die ja ein anderer Teil des *quadruvium* ist, sondern um Mengen, die absolut (für sich, *per se*) bestehen. Die geometrischen Dimensionen und die in ihnen gedachten Zahlen sind Punkt, Linie (eindimensional), Fläche (zweidimensional) und Körper (dreidimensional). Bei den harmonischen Zahlen und Zahlenverhältnissen (*harmonica*) schließlich geht es um Proportionen (*proportiones*) und Mittelwerte (*medietates*). Wie Nikomachos stellt auch Boethius diese am Ende seines Werks ausführlich vor.

## Der Bamberger Codex

Die *Arithmetik* des Boethius wurde oft abgeschrieben, so auch um 845, also etwa dreieinhalb Jahrhunderte nach ihrer Entstehung, in Tours in einem handlichen, 23 cm x 17 cm messenden Pergament-Codex. Die Kopie ist dem einleitenden Widmungsbrief zufolge einem *Caesar* (Kaiser) mit dem »unbesiegbaren Namen seines Großvaters« gewidmet – gemeint ist damit Kaiser Karl II. (»der Kahle«, 823–877), der Enkel Karls des Großen. Die reich illustrierte Handschrift gelangte vermutlich als Stiftung Kaiser Heinrichs II. (973/978–1024) nach Bamberg (so Koehler 1930, 256), wo sie heute in der Staatsbibliothek Bamberg als *Msc. Class.* 5 bewahrt wird.

Die Handschrift ist reich illustriert und weist drei Rankeninitialen, fast hundert mathematische Tabellen, zehn Schriftzierseiten, neun dekorative Seiten mit den Kapitelverzeichnissen und zwei besonders prächtige Miniaturen auf. Dieser reiche Buchschmuck zeugt »von der unerschöpflichen Laune und Phantasie, die aufgeboten worden sind, um dem königlichen Empfänger der Handschrift die ernsthaften und wenig kurzweiligen Schemata des Textes durch das heitere und anmutige Spiel von allerlei Getier und pflanzlicher Form angenehm zu machen.« Auch die Wiedergabe ausgewählter Graphiken aus dem Bamberger Codex im vorliegenden Band veranschaulicht, »wie Gold und Silber mit ein wenig hellem Grün und Violett, in reizvollster, immer neuer Variation kombiniert, locker über die Seiten verstreut sind, um den Abstand beurteilen zu können, der dieses Taschenbüchlein von den monumentalen und feierlichen kirchlichen Denkmälern trennt« (Koehler 1930, 255). Während Buchmalerei dieser Art sonst nämlich vor allem den monumentalen Bibelausgaben zugutekam, wurde hier ein wichtiger, aber profaner Text illustriert: »In der reichen Farbpalette ... dominieren ein helles Grün, das zum Türkis tendiert[,] und ein kräftiges Orangerot. Metallfarben wurden fast bei jeder Darstellung verwendet«, allerdings ist Gold im Laufe der Zeit oft abgeplatzt, Silber schwarz oxidiert (Suckale-Redlefsen 2004, 38).

Die erste Miniatur illustriert den Widmungsbrief und zeigt *Boecius* rechts auf einer Steinbank sitzend dabei, wie er dem *Simmachus* das Buch überreicht. Die Namen sind auf Purpurstreifen im Hintergrund beigeschrieben, Kissen und Helm sind bei Boethius in Gold, bei Symmachus in Silber ausgeführt. Beide halten einen langen Stab, Boethius ist durch seinen grauen langen Bart als Gelehrter charak-

terisiert. Die zweite Miniatur stellt vier Personifikationen als Frauen mit Kopfschleiern dar, nämlich von links nach rechts *Musica* mit einem Musikinstrument, *Arithmetica* mit einer goldenen Zählschnur in der rechten Hand und einer im Zählgestus erhobenen linken Hand, *Geometria* vor einem Säulenpult mit Stab und geometrischen Figuren auf einem Rechenbrett sowie *Astrologia* (die für die Astronomie steht) mit zwei brennenden Fackeln sowie Sonne, Mond und Sternen über ihrem Kopf. Auch hier nennen Purpurstreifen im Hintergrund die Namen der Personifikationen (Suckale-Redlefsen 2004, 37–38).

Mit freundlicher Genehmigung der Staatsbibliothek Bamberg werden ausgewählte Graphiken des Bamberger *Msc. class.* 5 auf den Farbseiten 65–80 dieses Bandes wiedergegeben. Die Pergamentblätter (*folia*) sind im Codex durchgezählt und nach Vorder- und Rückseite, *recto* und *verso* benannt, etwa steht die erste Miniatur auf *fol.* 2$^{v}$, die zweite auf *fol.* 9$^{v}$. Im lateinischen Text dieses Bandes wird jeweils auf die aufgenommenen Abbildungen verwiesen.

## Zu dieser Ausgabe

Die *Arithmetik* des Boethius ist, wie bereits erwähnt, im Mittelalter sehr häufig abgeschrieben worden und so erhalten geblieben. Es ist dabei bemerkenswert, dass der Text und auch die Graphiken besonders getreu kopiert wurden, also im Vergleich zu anderen antiken Texten recht wenige Textvarianten eingefügt wurden (Masi 2001).

Die erste moderne kritische Edition wurde 1867 Gottfried Friedlein (1828–1875) verdankt, der seinerzeit als Gymnasiallehrer in Ansbach arbeitete und später Schulleiter in Hof war. Seine Ausgabe blieb über ein Jahrhundert lang die maßgebliche Edition des Werks, auf deren Seitenzahlen sich die Forschung oft bezog (diese sind daher in eckigen Klammern in unseren lateinischen Text eingetragen und über den Kolumnentitel auf der linken Seite rasch auffindbar). 1995 erschien eine Neuausgabe von Jean-Yves Guillaumin, vier Jahre später unabhängig davon 1999 die heute maßgebliche Edition, die von Jean Schilling begonnen und nach dessen Tod von Henri Oosthout vollendet worden war. Anders als diese Herausgeber unterscheidet unser Lesetext zugunsten heutiger Lateinkundiger *u* und *v* und bietet nicht nur die tradierte Einteilung des Textes in Bücher und Kapitel, sondern auch, wie von Guillaumin 1995 vorgeschlagen, in Abschnitte.

BOETHIUS

DE ARITHMETICA

LATEINISCH UND DEUTSCH

*[Abb. fol. 2ᵛ, hier S. 65]*

[3] domino suo patricio Symmacho Boethius

(1) in dandis accipiendisque muneribus ita recte officia inter eos praecipue, qui sese magni faciunt, aestimantur, si liquido constabit, nec ab hoc aliud, quod liberalius afferret, inventum, nec ab illo unquam, quod iucundius benevolentia conplecteretur, acceptum. haec ipse considerans attuli non ignava opum pondera, quibus ad facinus nihil instructius, cum habendi sitis incanduit, ad meritum nihil vilius, cum ea sibi victor animus calcata subiecit, sed ea, quae ex Graecarum opulentia litterarum in Romanae orationis thesaurum sumpta conveximus.

ita enim mei quoque mihi operis ratio constabit, si, quae ex sapientiae doctrinis elicui, sapientissimi iudicio conprobentur. vides igitur, ut tam magni laboris effectus tuum tantum spectet examen, nec in aures prodire publicas, nisi doctae sententiae adstipulatione nitatur. in quo nihil mirum videri debet, cum id opus, quod sapientiae inventa persequitur, non auctoris sed alieno incumbit arbitrio; suis quippe instrumentis res rationis expenditur, cum iudicium cogitur subire prudentis.

sed huic munusculo non eadem quae ceteris inminent artibus munimenta constituo, neque enim [4] fere ulla sic cunctis absoluta partibus nullius indiga suis tantum est scientia nixa praesidiis, ut non ceterarum quoque artium adiumenta desideret. nam in effigiandis

# WIDMUNGSBRIEF

An seinen Herrn, den Patrizier Symmachus, von Boethius

(1) Beim Geben und Empfangen von Geschenken werden Höflichkeiten – besonders unter denen, die sich selbst für wichtig halten – so richtig geschätzt, wenn deutlich feststehen wird, dass weder etwas gefunden worden ist, was die Zuneigung mit größerer Freigebigkeit schenkte, noch jemals etwas empfangen worden ist, was (die Zuneigung) mit größerer Liebenswürdigkeit versah. Dies betrachtend habe ich selbst das nicht unerhebliche Gewicht von Hilfsmitteln zum Einsatz gebracht, die von solcher Art sind, dass es kein besseres Rüstzeug für die Tat – wenn der Durst, sie zu besitzen, brennend ist – und kein wohlfeileres (Rüstzeug) für verdienten Erfolg gibt, wenn der Siegergeist sich dieses Niedergetretene unterworfen hat; aber das, was aus dem Reichtum der griechischen Schriften genommen wurde, haben wir in die Schatzkammer der römischen Sprache hinübergebracht.

So wird nämlich die Ratio meines Werkes auch für mich stimmen, wenn das, was ich aus den Lehren der Weisheit zutage gefördert habe, durch das Urteil eines sehr weisen Mannes gebilligt werden sollte. Du siehst also, dass das Ergebnis eines so großen Werkes nur deiner Prüfung harrt und dass es nicht der Öffentlichkeit zu Ohren kommt, wenn es nicht auf der Unterstützung einer gelehrten Meinung ruht. Darin ist nichts Verwunderliches zu sehen, wenn sich dieses Werk, das sich mit den Erkenntnissen der Weisheit befasst, nicht auf die Meinung des Autors, sondern eines anderen stützt. Die Leistung der Ratio wird ja mit ihrem eigenen Instrumentarium beurteilt, wenn sie gezwungen ist, sich dem Urteil eines vernunftbegabten Mannes zu unterziehen.

Doch für diese kleine Gabe sehe ich nicht dieselbe Schützenhilfe vor, die den übrigen Künsten zur Verfügung steht, denn in der Regel verlässt sich keine Wissenschaft – losgelöst von allen Teilbereichen und keines (von diesen) bedürftig – in der Weise nur auf ihre eigenen Hilfsmittel, dass sie nicht auch nach der Unterstützung der übrigen

marmore statuis alius excidendae molis labor est, alia formandae imaginis ratio, nec eiusdem artificis manus politi operis nitor exspectat. at picturae manibus tabula commissa fabrorum: cerae rustica observatione decerptae, colorum fuci mercatorum sollertia perquisiti, lintea operosis elaborata textrinis multiplicem materiam praestant. nonne idem quoque in bellorum visitur instrumentis? hic spicula sagittis exacuit, illi validus torax nigra gemit incude, ast alius crudi umbonis tegmina proprii laboris orbi infigenda mercatur. tam multis artibus ars una perficitur.

at nostri laboris absolutio longe ad faciliorem currit eventum. tu enim solus manum supremo operi inpones, in quo nihil de decernentium necesse est laborare consensu. quamlibet enim hoc iudicium multis artibus probetur excultum, uno tamen cumulatur examine.

(2) experiare igitur licet, quantum nobis in hoc studio longis tractus otiis labor adiecerit, an rerum subtilium fugas exercitatae mentis velocitas conprehendat, utrum ieiunae macies orationis ad ea, quae sunt caligantibus inpedita sententiis expedienda sufficiat. qua in re mihi alieni quoque iudicii lucra quaeruntur, cum tu utrarumque peritissimus litterarum possis Graiae orationis expertibus quantum de nobis iudicare audeant, sola tantum pronuntiatione praescribere.

(3) at non alterius obnoxius institutis artissima memet ipse translationis lege constringo, sed paululum liberius evagatus alieno itineri, non vestigiis, insisto. nam et ea, quae de numeris a Nicomacho diffusius disputata sunt, moderata [5] brevitate collegi et quae transcursa velocius angustiorem intellegentiae praestabant aditum mediocri

Künste verlangt. Bei der Schaffung von Statuen aus Marmor besteht ja die eine Arbeit im Heraushauen von Gestein (aus dem Steinbruch), eine andere Ratio in der Gestaltung des Bildnisses; die Schönheit des vollendeten Werkes erfordert die Hände nicht (nur) ein und desselben Künstlers. Die Tafel für ein Gemälde ist jedoch den Händen von (sogar mehreren) Handwerkern anvertraut: Das Wachs wurde von gewissenhaften Bauern gesammelt, das Rot der Farben wurde durch die Geschicklichkeit von Kaufleuten beschafft und die Leinenstoffe, die von fleißigen Webern hergestellt wurden, bieten vielseitiges Material. Sieht man dasselbe nicht auch bei den Kriegsinstrumenten? Dieser schärft Spitzen für Pfeile, vor jenem ächzt ein mächtiger Brustpanzer auf einem schwarzen Amboss, wieder ein anderer erwirbt Bespannungen, die durch eigene Arbeit auf der Rundung eines unbearbeiteten Schildes befestigt werden müssen. Mit so vielen Künsten wird eine einzige Kunst vollbracht!
Die Vollendung unserer Arbeit jedoch kommt zu einem bei weitem einfacher zu erreichenden Ergebnis. Du allein wirst Hand an das fertige Werk legen, bei dem es in keiner Weise notwendig ist, sich in Bezug auf Disputierende um Zustimmung zu sorgen. Mag nämlich dieses sorgfältig erstellte Urteil auch durch viele Künste geprüft werden, so wird es doch durch eine einzige Prüfung zur Vollendung gebracht.
(2) Du magst daher beurteilen, was diesem Werk durch den Eifer, den ich in langen Stunden des Studiums auf mich genommen habe, hinzugefügt wurde: ob die Feinheiten, die einem schnellen und geübten Verstand entgehen könnten, gut erfasst werden oder ob die Nüchternheit und Prägnanz des Ausdrucks ausreichen, um zu entwirren, was in dunklen Sätzen verworren war. In dieser Sache suche ich auch den Nutzen des Urteils anderer, denn deine große Kenntnis beider Kulturen ermöglicht es dir, mit einer einzigen Verkündung allen Urteilen entgegenzutreten, die diejenigen, welche die griechische Sprache nicht beherrschen, sonst über mich zu fällen wagen könnten.
(3) Nun aber binde ich mich – keiner anderen Lehre verpflichtet – nicht selbst durch eine sehr eng gefasste Übersetzungsregel, sondern folge, nachdem ich recht frei ein wenig umhergewandert bin, einem anderen Weg, nicht den (vorgefundenen) Fußstapfen. Ich habe nämlich sowohl das, was von Nikomachos (*Einführung in die Arithmetik*) in Bezug auf die Zahlen zu weitschweifig erörtert worden ist, in maßvoller Kürze zusammengestellt als auch das, was zu schnell abgehandelt worden ist und einen zu schmalen Zugang zum Verständnis bot,

adiectione reservavi, ut aliquando ad evidentiam rerum nostris etiam formulis ac descriptionibus uteremur.

(4) quod nobis quantis vigiliis ac sudore constiterit, facile sobrius lector agnoscet. cum igitur quattuor matheseos disciplinarum de arithmetica, quae est prima, perscriberem, tu tantum dignus eo munere videbare, eoque magis inerrato opus esse intellegebam. nam etsi apud te facilis veniae locus esset, aliquando tamen ipsam formidabat facilitatem suspecta securitas. arbitrabar enim nihil tantae reverentiae oblatum iri oportere, quod non elaboratum ingenio, perfectum studio, dignum postremo tanto otio videretur. non igitur ambigo, quin pro tua in me benevolentia supervacua reseces, hiantia suppleas, errata reprehendas, commode dicta mira animi alacritate suscipias. quae res inpulit pigram consilii moram.

nimios enim mihi fructus placitura restituent. novi quippe, quanto studiosius nostra quam ceterorum bona diligamus. recte ergo, quasi aureos Cereri culmos et maturos Baccho palmites, sic ad te novi operis rudimenta transmisi. tu tantum paterna gratia nostrum provehas munus. ita et laboris mei primitias doctissimo iudicio consecrabis et non maiore censebitur auctor merito quam probator.

durch maßvolle Beifügung so zugänglich gemacht, dass wir gelegentlich zur Verdeutlichung der Dinge unsere (eigenen) Schemata und Darstellungen verwendeten.

(4) Wie viele Nächte und (wie viel) Schweiß uns dies gekostet hat, wird der verständige Leser leicht erkennen. Als ich nämlich mit dem Schreiben über die Arithmetik – das erste der vier Lehrgebiete der (mathematischen) Wissenschaft – fertig war, schien es mir, dass nur du der Gabe würdig bist, und ich sah umso mehr ein, dass diese Arbeit ohne Fehler sein müsse. Auch wenn nämlich bei dir freundliche Nachsicht zu erwarten wäre, fürchtete mein argwöhnisches Bedürfnis nach Sicherheit dennoch zuweilen gerade die Freundlichkeit. Ich war allerdings der Meinung, dass nichts einer so verehrten Person angeboten werden sollte, was nicht durch geistige Leistung erarbeitet, durch Eifer vervollkommnet und letztlich würdig zu sein schien, so viele Mußestunden beansprucht zu haben. Daher habe ich keine Bedenken, dass du in deiner Güte mir gegenüber Überflüssiges streichst, Lücken füllst, Fehler beanstandest und mit bewundernswerter geistiger Beweglichkeit aufnimmst, was (von mir) in sachgerechter Weise gesagt worden ist. Dieser Gedanke beflügelte die träge Umsetzung meines Vorhabens.

Dinge, die (dir) gefallen werden, werden mir reiche Früchte einbringen. Ich weiß ja, mit wie viel mehr Eifer wir unsere eigenen Güter lieben als die der anderen. Zu Recht habe ich also so, wie ich (der Getreidegöttin) Ceres goldene Garben oder (dem Weingott) Bacchus Rebzweige geschenkt habe, dir die erste Probe eines neuen Werkes übergeben. Du mögest mit väterlicher Güte unsere Gabe so weit hervorbringen. So wirst du einerseits dem Erstling meiner Arbeit mit deinem hochgelehrten Urteil eine Weihe zuteilwerden lassen, andererseits wird seinem Verfasser kein größeres Verdienst zugeschrieben werden als seinem Rezensenten (der es gutgeheißen hat).

*[Abb. fol. 7^v, hier S. 66]*

# LIBER I

## incipiunt capitula libri primi

# BUCH I

Hier beginnen die Kapitelüberschriften des ersten Buchs.

1. Vorwort, in dem die Einteilung der Mathematik behandelt ist
2. Über das Wesen der Zahl
3. Die Definition und Einteilung der Zahl und die Definition von gerade und ungerade
4. Die Definition der geraden und ungeraden Zahl nach Pythagoras
5. Eine andere, einer älteren Methode folgende Einteilung von gerade und ungerade
6. Die Definition von geraden und ungeraden Zahlen in Bezug aufeinander
7. Über den Vorrang der Einzahl
8. Die Einteilung der geraden Zahl
9. Über die geradzahligfach gerade Zahl und ihre Eigenschaften
10. Über die geradzahligfach ungerade Zahl und ihre Eigenschaften
11. Über die ungeradzahligfach gerade Zahl und ihre Eigenschaften und über ihre Verwandtschaft mit der geradzahligfach geraden und geradzahligfach ungeraden Zahl
12. Erklärung der Darstellung, die sich auf die Natur der ungeradzahligfach geraden Zahl bezieht
13. Über die ungerade Zahl und ihre Einteilung
14. Über die Prim- und unzusammengesetzte Zahl
15. Über die sekundäre und zusammengesetzte Zahl
16. Über die Zahl, die absolut (*per se*) sekundär und zusammengesetzt ist, in Bezug auf eine andere dagegen eine Prim- und unzusammengesetzte Zahl
17. Über die Erzeugung der Prim- und unzusammengesetzten Zahl, der sekundären und zusammengesetzten Zahl und der Zahl, die absolut (*ad se*) sekundär und zusammengesetzt ist, aber in Bezug auf eine andere eine Prim- und unzusammengesetzte Zahl
18. Über die Entdeckung jener Zahlen, die in Bezug in sich selbst sekundär und zusammengesetzt sind, in Bezug auf andere dagegen Prim- und unzusammengesetzte Zahlen

xviiii. alia partitio paris secundum perfectos, inperfectos et ultra quam perfectos
xx. de generatione numeri perfecti
xxi. de relata ad aliquid quantitate
[7] xxii. de speciebus maioris quantitatis et minoris
xxiii. de multiplici eiusque speciebus earumque generationibus
xxiiii. de superparticulari eiusque speciebus earumque generationibus
xxv. de quodam utili ad cognitionem superparticularibus accidente
xxvi. descriptio, per quam docetur, ceteris inaequalitatis speciebus antiquiorem esse multiplicitatem
xxvii. ratio atque expositio digestae formulae
xxviii. de tertia inaequalitatis specie, quae dicitur superpartiens deque eius speciebus earumque generationibus
xxviiii. de multiplici superparticulari
xxx. de eorum exemplis in superiori formula inveniendis
xxxi. de multiplici superpartiente
xxxii. demonstratio, quemadmodum omnis inaequalitas ab aequalitate processerit

expliciunt capitula libri primi

Hier enden die Kapitelüberschriften des ersten Buchs.

*[Abb. fol. $9^v$, hier S. 67]*

## incipit liber primus

### I. proemium, in quo divisio mathematicae

(1) inter omnes priscae auctoritatis viros, qui Pythagora duce puriore mentis ratione viguerunt, constare manifestum est, haud quemquam in philosophiae disciplinis ad cumulum perfectionis evadere, nisi cui talis prudentiae nobilitas quodam quasi quadruvio vestigatur, quod recte intuentis sollertiam non latebit. est enim sapientia rerum, quae sunt suique inmutabilem substantiam sortiun[8]tur, conprehensio veritatis. esse autem illa dicimus, quae nec intentione crescunt nec retractione minuuntur nec variationibus permutantur, sed in propria semper vi suae se naturae subsidiis nixa custodiunt.

(2) haec autem sunt qualitates, quantitates, formae, magnitudines, parvitates, aequalitates, habitudines, actus, dispositiones, loca, tempora et quicquid adunatum quodammodo corporibus invenitur, quae ipsa quidem natura incorporea sunt et inmutabili substantiae ratione vigentia, participatione vero corporis permutantur et tactu variabilis rei in vertibilem inconstantiam transeunt. haec igitur quoniam, ut dictum est, natura inmutabilem substantiam vimque sortita sunt, vere proprieque esse dicuntur. horum igitur, id est, quae sunt proprie quaeque suo nomine essentiae nominantur, scientiam sapientia profitetur.

(3) essentiae autem geminae partes sunt, una continua et suis partibus iuncta nec ullis finibus distributa, ut est arbor lapis et omnia mundi huius corpora, quae proprie magnitudines appellantur. alia

# Hier beginnt das erste Buch.

## 1. Vorwort, in dem die Einteilung der Mathematik behandelt ist

(1) Es ist offenkundig, dass unter allen Männern der alten Autorität, die unter Anführung des Pythagoras die Ratio des reinen Denkens besaßen, feststand, dass niemand in den Lehrgebieten der Philosophie zum Gipfel der Vollkommenheit gelangt, von dem nicht der Adel solcher Einsicht auf einem sozusagen vierfältigen Weg (*quadruvium*) erspürt wurde, welcher der Geschicklichkeit dessen, der über den rechten Einblick verfügt, nicht verborgen bleiben wird. Die Weisheit von den Dingen, die »sind« und die ein unveränderliches Wesen erlangen, ist nämlich das Verständnis der Wahrheit. Dass sie »sind«, sagen wir aber von jenen Dingen, die weder durch Streckung wachsen noch durch Schrumpfung vermindert werden noch durch Wandlungen verändert, sondern aus eigener Kraft allein auf die Hilfsmittel der eigenen Natur gestützt sich selbst bewahren.
(2) Dies aber sind die Qualitäten, Quantitäten, Formen, Größen, Kleinheiten, Gleichheiten, Beziehungen, Taten, Anordnungen, Orte, Zeiten und was immer gewissermaßen mit den Körpern vereint anzutreffen ist. Diese sind zwar selbst von Natur unkörperlich und in einer unveränderlichen Ratio des Wesens lebendig, werden jedoch durch die Teilhabe am Körperlichen verändert und gehen durch die Berührung mit etwas Wandelbarem zu veränderlicher Unbeständigkeit über. Weil diese also – wie gesagt worden ist – von Natur aus ein unveränderliches Wesen sind und Kraft haben, sagt man, dass sie wahrhaft und im eigentlichen Sinne »sind«. Von diesen Dingen also, das heißt von denen, die im eigentlichen Sinn und mit dem Begriff des »Seienden« (*essentia*) bezeichnet werden, beansprucht die Philosophie ein Wissen zu besitzen.
(3) Vom Seienden aber gibt es zwei Arten: Die eine ist zusammenhängend und mit allen ihren Teilen verbunden und durch keinerlei Grenzen geteilt, wie etwa ein Baum oder ein Stein oder alle Körper dieser Welt, die im eigentlichen Sinn Größen genannt werden. Die andere aber ist in sich selbst disjunkt und von ihren Teilen bestimmt

vero disiuncta a se et determinata partibus et quasi acervatim in unum redacta concilium, ut grex populus chorus acervus et quicquid, quorum partes propriis extremitatibus terminantur et ab alterius fine discretae sunt. his proprium nomen est multitudo.

(4) rursus multitudinis alia sunt per se, ut tres vel quattuor vel tetragonus vel quilibet numerus, qui ut sit nullo indiget. alia vero per se ipsa non constant, sed ad quiddam aliud referuntur, ut duplum, ut dimidium, ut sesqualterum vel sesquitertium et quicquid tale est, quod, nisi relatum sit ad aliud, ipsum esse non possit. magnitudinis vero alia sunt manentia motuque carentia, alia vero, quae mobili semper rotatione vertuntur nec ullis temporibus adquies[9]cunt. horum ergo illam multitudinem, quae per se est, arithmetica speculatur integritas, illam vero, quae ad aliquid, musici modulaminis temperamenta pernoscunt, inmobilis vero magnitudinis geometria notitiam pollicetur, mobilis vero scientiam astronomicae disciplinae peritia vindicavit.

(5) quibus quattuor partibus si careat inquisitor, verum invenire non possit, ac sine hac quidem speculatione veritatis nulli recte sapiendum est. est enim sapientia earum rerum, quae vere sunt, cognitio et integra comprehensio. quod haec qui spernit id est has semitas sapientiae ei denuntio non recte philosophandum, siquidem philosophia est amor sapientiae, quam in his spernendis ante contempserit.

(6) illud quoque addendum arbitror, quod cuncta vis multitudinis ab uno progressa termino ad infinita progressionis augmenta concrescit. magnitudo vero a finita inchoans quantitate modum in divisione non recipit; infinitissimas enim sui corporis suscipit sectiones. hanc igitur naturae infinitatem indeterminatamque potentiam philosophia sponte repudiat. nihil enim, quod infinitum est, vel scientia potest colligi vel mente comprehendi, sed hinc sumpsit sibi ipsa ratio,

und gleichsam in Haufen zu einer Gemeinschaft zusammengeführt, wie etwa eine Herde, ein Volk, ein Chor, ein Haufen und was auch immer Teile hat, die durch eigene Ränder begrenzt werden und durch die Begrenzung eines anderen voneinander getrennt sind. Diese haben den eigenen Namen Vielheit.

(4) Von der Vielheit wiederum existiert die eine absolut (*per se*) – etwa die Drei oder die Vier oder das Quadrat oder eine beliebige Zahl –, die, um zu existieren, nichts braucht. Die anderen hingegen bestehen nicht absolut, sondern beziehen sich auf etwas anderes (*ad quiddam aliud*, relativ) – etwa das Doppelte, die Hälfte, das Eineinhalbe oder das Eineindrittel oder was immer von dieser Art ist, das, wenn es sich nicht auf ein Anderes bezieht, selbst nicht sein kann. Von der Größe sind aber die einen gleichbleibend und unbeweglich, die anderen aber werden ständig in einer Kreisbewegung gedreht und kommen zu keiner Zeit zur Ruhe. Jene Vielheit, die absolut (*per se*) besteht, betrachtet die arithmetische Vollständigkeit, jene aber, die in Bezug zu etwas (*ad aliquid*) stehen, studieren die Mischungen der musikalischen Melodie. Die Kenntnis unbeweglicher Größe verheißt die Geometrie; das Wissen von beweglicher Größe hat die Wissenschaft des Lehrgebiets der Astronomie für sich in Anspruch genommen.

(5) Wenn einem Forschenden diese vier Teilgebiete fremd bleiben, dürfte er die Wahrheit nicht finden können, und ohne solche Betrachtung der Wahrheit freilich kann niemand zu echter Weisheit gelangen. Und dies versichere ich dem, der diese Dinge, das heißt diese Wege zur Weisheit verschmäht, dass er nicht in rechter Weise philosophieren darf, da nun einmal die Philosophie Liebe zur Weisheit ist, die jener vorab durch die Verschmähung dieser Dinge geringgeschätzt hat.

(6) Jenes aber muss, wie ich meine, hinzugefügt werden, dass jegliche Kraft der Vielheit von 1 als Grenze an fortschreitend zu unendlicher Vermehrung des Fortschreitens anwächst. Die Größe hingegen gestattet, wenn man mit einer endlichen Menge beginnt, kein Maß (*modus*) bei der Teilung; ihr Körper ist nämlich in unendlich viele Abschnitte teilbar. Auf diese Unendlichkeit der Natur und auf dieses unbegrenzte Potential (*potentia*) verzichtet die Philosophie nun aber von sich aus. Nichts, was unendlich ist, kann nämlich von der Wissenschaft zusammengestellt oder vom Geist begriffen werden; vielmehr sucht die Ratio selbst sich ihre Gegenstände dort, wo sie

in quibus possit indagatricem veritatis exercere sollertiam. delegit enim de infinitae multitudinis pluralitate finitae terminum quantitatis et interminabilis magnitudinis sectione reiecta definita sibi ad cognitionem spatia depoposcit.

(7) constat igitur, quisquis haec praetermiserit, omnem philosophiae perdidisse doctrinam. hoc igitur illud quadruvium est, quo his viandum sit, quibus excellentior animus a nobiscum procreatis sensibus [10] ad intellegentiae certiora perducitur. sunt enim quidam gradus certaeque progressionum dimensiones, quibus ascendi progredique possit, ut animi illum oculum, qui, ut ait Plato, multis oculis corporalibus salvari constituique sit dignior, quod eo solo lumine vestigari vel inspici veritas queat, hunc inquam oculum demersum orbatumque corporeis sensibus hae disciplinae rursus inluminent.

(8) quae igitur ex hisce prima discenda est nisi ea, quae principium matrisque quodammodo ad ceteras obtinet portionem? haec est autem arithmetica. haec enim cunctis prior est, non modo quod hanc ille huius mundanae molis conditor deus primam suae habuit ratiocinationis exemplar et ad hanc cuncta constituit, quaecunque fabricante ratione per numeros adsignati ordinis invenere concordiam, sed hoc quoque prior arithmetica declaratur, quod, quaecunque natura priora sunt, his sublatis simul posteriora tolluntur; quod si posteriora pereant, nihil de statu prioris substantiae permutatur, ut animal prius est homine. nam si tollas animal, statim quoque hominis natura deleta sit, si hominem sustuleris, animal non peribit. et e contrario ea semper posteriora sunt, quae secum aliud quodlibet inferunt, ea priora, quae cum dicta sunt, nihil secum de posterioribus trahunt, ut in eodem quoque homine. nam si hominem dixeris,

ihre Geschicklichkeit, nach der Wahrheit zu forschen, entfalten kann. Sie wählt nämlich aus der Menge der unendlichen Vielheit die Grenzlinie einer beschränkten Menge aus, und nachdem sie die Zerstückelung der unendlichen Größe verworfen hat, fordert sie für sich zum Erkenntnisgewinn begrenzte Weiten.

(7) Es steht also fest, dass, wer dies weglässt, die gesamte Lehre der Philosophie preisgegeben hat. Dies also ist jener vierfältige Weg (*quadruvium*), auf dem diejenigen voranschreiten müssen, deren höherer Verstand von den mit uns geschaffenen Sinnen zu den höheren Gewissheiten der Einsicht geführt wird. Es gibt nämlich gewisse Stufen und sichere Dimensionen der Fortschritte, durch die man aufsteigen und fortschreiten kann, damit jenes Auge des Geistes, das – wie Platon (*Politeia* 527d–e) sagt – weit mehr als viele körperliche Augen es verdient, erhalten und geschaffen zu werden, weil allein durch dieses Licht die Wahrheit aufgespürt und erkannt werden kann, damit also dieses Auge, sage ich, das verschüttet und durch die körperlichen Sinne verwaist ist, durch diese Lehrgebiete wiederum erleuchtet wird.

(8) Welches von ihnen muss also als Erstes erlernt werden, wenn nicht dasjenige, welches die Grundlage ist und im Verhältnis zu den anderen gewissermaßen den Platz der Mutter einnimmt? Dies aber ist die Arithmetik. Sie geht nämlich allen anderen voran, nicht nur, weil Gott, jener Schöpfer dieser Weltenmasse, sie als Erste als Muster seiner Ratio-Überlegung verwendete und auf sie hin alles erschuf, was immer durch die gestaltende Kraft der Ratio mittels der Zahlen zur Eintracht der ihm zugewiesenen Ordnung gelangt ist, sondern auch deshalb wird die Arithmetik als das Frühere bezeichnet, weil zugleich mit der Aufhebung dessen, was von Natur das Frühere ist, auch das Spätere aufgehoben wird. Wenn also das Spätere aufgehoben wird, dann wird nichts am Zustand eines früheren Wesens verändert. So ist das Lebewesen früher als der Mensch, denn wenn man das Lebewesen aufhebt, ist sofort auch die Natur des Menschen nicht mehr vorhanden; wenn man aber den Menschen aufgehoben hat, wird damit noch nicht das Lebewesen zugrunde gehen. Und im Gegensatz sind diejenigen Dinge immer die Späteren, welche alles Mögliche mit sich führen, und diejenigen Dinge die Früheren, die, wenn von ihnen die Rede ist, nichts von späteren Dingen mit sich führen, wie dies eben auch beim Menschen der Fall ist. Wenn du nämlich vom Menschen sprichst, wirst

simul quoque animal nominabis, idem est enim homo, quod animal; si animal dixeris, non speciem simul hominis intulisti, non est enim idem animal, quod homo.

(9) hoc idem in geometria vel arithmetica videtur incurrere. si enim numeros tollas, unde triangulum vel quadratum vel quicquid in geometria versatur, quae omnia numerorum de[11]nominativa sunt? at vero si quadratum triangulumque sustuleris omnisque geometria consumpta sit, tres et quattuor aliorumque numerorum vocabula non peribunt. rursus cum aliquam geometricam formam dixero, est illi simul numerorum nomen inplicitum; cum numeros dixero, nondum ullam formam geometricam nominavi.

(10) musica vero quam prior sit numerorum vis, hinc maxime probari potest, quod non modo illa natura priora sunt, quae per se constant, quam illa, quae ad aliquid referuntur. sed etiam ea ipsa musica modulatio numerorum nominibus adnotatur, et idem in hac evenire potest, quod in geometria praedictum est. diatessaron enim et diapente et diapason ab antecedentis numeri nominibus nuncupantur. ipsorum quoque sonorum adversus se proportio solis neque aliis numeris invenitur. qui enim sonus in diapason symphonia est, idem duplicis numeri proportione colligitur; quae diatessaron est modulatio, epitrita conlatione componitur; quam diapente symphoniam vocant, hemiolia medietate coniungitur; qui in numeris epogdous est, idem tonus in musica, et ne singula persequi laborem, huius operis sequentia, quanto prior sit arithmetica sine ulla dubitatione monstrabit.

(11) sphericam vero atque astronomiam tanto praecedit, quanto duae reliquae disciplinae hanc tertiam natura praecedunt. in astronomia enim circuli, sphera, centrum, parallelique circuli mediusque axis

du zugleich auch das Lebewesen nennen; der Mensch ist ja dasselbe wie ein Lebewesen. Wenn du aber vom Lebewesen sprichst, hast du nicht zugleich etwas über die Gattung Mensch gesagt, denn nicht alles, was Lebewesen ist, das ist auch Mensch.

(9) Dasselbe scheint im Fall von Geometrie und Arithmetik aufzutreten. Wenn man nämlich die Zahlen beseitigt, woher kommen dann das Dreieck oder das Quadrat oder das andere, das sich in der Geometrie findet, da doch alle diese Dinge nach den Zahlen benannt sind? Wenn man aber das Quadrat und das Dreieck aufhebt und die ganze Geometrie beseitigt, werden doch 3 und 4 und die Namen der übrigen Zahlen erhalten bleiben. Wenn ich wiederum von irgendeiner geometrischen Figur gesprochen habe, dann ist der Name von Zahlen zugleich in jener darin enthalten; habe ich aber von Zahlen gesprochen, so habe ich damit noch keine geometrische Figur genannt.

(10) Wie sehr aber die Kraft der Zahlen Priorität vor der Musik hat, lässt sich vor allem daraus beweisen, dass diejenigen Dinge, die absolut (*per se*) bestehen, von Natur früher sind als jene, die in Bezug zu etwas (*ad aliquid*) stehen. Vielmehr wird auch die musikalische Tonfolge selbst mit den Namen der Zahlen benannt, und dasselbe kann bei dieser eintreten, was eben bei der Geometrie gesagt worden ist: Die Quarte (*diatessaron,* griechisch »durch vier«), die Quinte (*diapente,* »durch fünf«) und die Oktave (*diapason,* »durch acht«) werden nämlich nach den Namen der zugrundeliegenden Zahl benannt. Auch das Verhältnis, in dem die Töne selbst zueinanderstehen, ist allein in den Zahlen und nicht in anderen Dingen zu finden. Wenn ein Klang aus der Oktaven-Konsonanz gebildet wird, so wird derselbe durch das Ebenmaß der doppelten Zahl zusammengestellt. Was die Tonfolge der Quarte ist, setzt sich zusammen aus dem Eineindrittel-Verhältnis (*epitritos*), und was man die Quinten-Konsonanz nennt, wird verbunden aus dem Eineinhalb-Verhältnis (*hemiolios*-Mittelwert). Was aber bei den Zahlen das Eineinachtel-Verhältnis ist (*epogdoos*), das ist in der Musik der Ganzton. Damit ich mich nicht mit Einzelheiten abmühe, wird der Fortgang dieser Arbeit zeigen, wie sehr der Arithmetik die Priorität zukommt.

(11) So wie sie (die Arithmetik) aber der sphärischen Wissenschaft, also der Astronomie, vorausgeht, so gehen die beiden übrigen Lehrgebiete (Geometrie und Musik) diesem dritten von Natur aus voraus. In der Astronomie gibt es Kreise, eine Kugel, ein Zentrum, Parallel-

est, quae omnia geometricae disciplinae curae sunt. quare est etiam ex hoc ostendere seniorem geometriae vim, quod omnis motus est post quietem et natura semper statio prior est, mobilium vero [12] astronomia, inmobilium geometria doctrina est; vel quod harmonicis modulationibus motus ipse celebratur astrorum. quare constat quoque musicae vim astrorum cursus antiquitate praecedere, quam superare natura arithmeticam dubium non est, cum prioribus, quam illa est, videatur antiquior. proprie tamen ipsa numerorum natura omnis astrorum cursus omnisque astronomica ratio constituta est. sic enim ortus occasusque colligimus, sic tarditates velocitatesque errantium siderum custodimus, sic defectus et multiplices lunae variationes agnoscimus.

(12) quare, quoniam prior, ut claruit, arithmeticae vis est, hinc disputationis sumamus exordium.

## II. de substantia numeri

(1) omnia quaecunque a primaeva rerum natura constructa sunt, numerorum videntur ratione formata. hoc enim fuit principale in animo conditoris exemplar. hinc enim quattuor elementorum multitudo mutuata est, hinc temporum vices, hinc motus astrorum caelique conversio.

(2) quae cum ita sint, cumque omnium status numerorum colligatione fungatur, eum quoque numerum necesse est in propria semper sese habentem aequaliter substantia permanere, eumque compositum non ex diversis – quid enim numeri substantiam coniungeret, cum ipsius exemplum cuncta iunxisset? – sed ex se ipso videtur esse compositus.

(3) porro autem nihil ex similibus componi videtur, nec ex his, quae nulla rationis proportione iunguntur et a se omni substantia naturaque discreta sunt. constat ergo, quoniam coniunctus est numerus, neque ex similibus esse coniunctum neque ex his, quae ad se invicem

kreise und eine Mittelachse, die alle Gegenstände des Lehrgebiets der Geometrie sind. Deshalb lässt sich auch daraus die ältere Kraft der Geometrie beweisen, dass alle Bewegung der Ruhe nachgeordnet ist und das Statische von Natur aus immer das Frühere ist, dass aber die Astronomie eine Lehre von bewegten Gegenständen ist, oder dass die Sternenbewegung selbst in harmonischen Tonfolgen gepriesen wird. Deshalb steht fest, dass auch die Kraft der Musik den Lauf der Sterne an Alter überrundet, während kein Zweifel daran besteht, dass die Arithmetik der Musik von Natur vorangeht, da sie sichtbar älter ist als Dinge, die früher sind als jene. Dennoch beruht eigentlich jede Bewegung der Sterne und jede astronomische Ratio auf der Natur der Zahlen selbst. So nämlich stellen wir die Aufgänge und die Untergänge zusammen, so bewahren wir die Langsamkeiten und Schnelligkeiten der umherirrenden Sterne (Planeten), so erkennen wir die Finsternisse und die vielfachen Wandlungen des Mondes.
(12) Da also, wie sich gezeigt hat, die Kraft der Arithmetik das Frühere ist, wollen wir von hier aus unsere Erörterung beginnen.

## 2. Über das Wesen der Zahl

(1) Alles, was von Anfang an durch die Natur der Dinge gebildet wurde, wurde offenbar durch die Ratio der Zahlen gebildet. Dies war das vorrangige Muster im Geist des Schöpfers. Von hier wurde nämlich die Menge der vier Elemente abgeleitet, von hier der Wechsel der Jahreszeiten, von hier die Bewegung der Sterne und die Umdrehung des Himmels.
(2) Da dem so ist und da der Zustand aller Dinge auf der Zusammenstellung der Zahlen beruht, ist es auch notwendig, dass diese Zahl in ihrem eigenen Wesen zu allen Zeiten gleich ist und dauerhaft bleibt und nicht aus verschiedenen Elementen zusammengesetzt ist – was nämlich würde das Wesen der Zahl verbinden, wenn das Modell von ihr selbst alle Dinge zusammengehalten hätte? –, sondern offensichtlich nur aus sich selbst zusammengesetzt ist.
(3) Ferner ist offenbar nichts aus ähnlichen Dingen zusammengesetzt, auch nicht aus denjenigen, die ohne ein Verhältnis der Ratio zusammengefügt und voneinander nach ihrem ganzen Wesen und von Natur aus verschieden sind. Es steht also – weil die Zahl verbunden ist – fest, dass sie weder aus ähnlichen Dingen verbunden

nulla ratione proportio[13]nis haerent. erunt ergo numeros prima quae iungant, ad substantiam quidem quae constent semperque permaneant. neque enim ex non subsistentibus effici quicquam potest et sunt ipsa dissimilia et potentia conponendi.

(4) haec autem sunt, quibus numerus constat, par atque inpar quae divina quadam potentia, cum disparia sint contrariaque, ex una tamen genitura profluunt, et in unam compositionem modulationemque iunguntur.

## III. definitio et divisio numeri et definitio paris et inparis

(1) et primum quid sit numerus definiendum est.
(2) numerus est unitatum collectio, vel quantitatis acervus ex unitatibus profusus. huius igitur prima divisio est in inparem atque parem.
(3) et par quidem est, qui potest in aequalia duo dividi, uno medio non intercedente, inpar vero, quem nullus in aequalia dividit eo, quod in medio praedictus unus intercedat.

(4) et haec quidem huiusmodi definitio vulgaris et nota est.

## IIII. definitio numeri paris et inparis secundum Pythagoram

(1) illa autem secundum Pythagoricam disciplinam talis est: par numerus est, qui sub eadem divisione potest in maxima parvissimaque dividi, maxima spatio, parvissima quantitate secundum duorum istorum generum contrarias passiones. inpar vero numerus est, cui hoc quidem accidere non potest, sed cuius in duas inaequales [14] summas naturalis est sectio.

(2) hoc est autem exemplar: ut si quilibet datus par numerus dividatur, maior quidem quantum ad divisionis spatia non invenietur,

ist noch aus Dingen, die ohne die Ratio eines Verhältnisses mit ihr zusammenhängen. Es wird also Prinzipien geben, die die Zahlen verbinden, die freilich – was ihr Wesen betrifft – unveränderlich und immer beständig sind. Nichts kann nämlich aus dem hervorgebracht werden, was nicht existiert, und (die Prinzipien) selbst sind ungleichartig und müssen potentiell (*potentia*) zusammengefügt werden.
(4) Folgende Dinge sind es aber, aus denen die Zahl besteht, gerade und ungerade, die durch ein gewisses göttliches Potential (*potentia*), obwohl sie ungleich und gegensätzlich sind, aus einer Schöpfung entspringen und zu einer einzigen Zusammenstellung und Tonfolge verbunden werden.

## 3. Die Definition und Einteilung der Zahl und die Definition von gerade und ungerade

(1) Zuerst müssen wir definieren, was eine Zahl ist.
(2) Eine Zahl ist eine Zusammenstellung von Einzahlen oder ein Haufen einer Menge, die aus Einzahlen hervorgegangen ist. Ihre erste Einteilung ist also in ungerade und gerade.
(3) Gerade ist freilich das, was in zwei gleiche (ganzzahlige) Teile geteilt werden kann, ohne dass ein mittlerer Wert dazwischentritt, ungerade dagegen das, was nichts in gleiche Teile teilt; dazu kommt, dass der eben erwähnte eine mittlere Wert dazwischentritt.
(4) Und diese Definition dieser Art ist üblich und bekannt.

## 4. Die Definition der geraden und ungeraden Zahl nach Pythagoras

(1) Jene aber ist nach der pythagoreischen Lehre von folgender Art: Eine gerade Zahl ist diejenige, die bei ein- und derselben Teilung in die größten und die kleinsten Teile geteilt werden kann, in die größten der Weite nach, in die kleinsten der Anzahl nach, entsprechend den gegensätzlichen Eigenschaften dieser beiden Arten. Eine ungerade Zahl dagegen ist eine, bei der sich dies nicht ereignen kann, sondern deren Teilung in zwei ungleiche Gesamtzahlen von der Natur vorgegeben ist.
(2) Hier ist nun ein Muster: Wenn etwa eine beliebige gegebene gerade Zahl geteilt wird, dann wird man keine größere Zahl der Weite der Di-

quam disgregata medietas, quantitate vero nulla minor est, quam in gemina facta partitio; ut, si par numerus, qui est VIII, dividatur in IIII atque alios IIII, nulla erit alia divisio, quae maiores partes efficiat; porro autem nulla erit alia divisio, quae totum numerum minore dividat quantitate. in duas enim partes divisione nihil minus est. cum enim totum quis fuerit trina divisione partitus, spatii quidem summa minuitur, sed numerus divisionis augetur.

(3) quod autem dictum est »secundum duorum generum contrarias passiones« huiusmodi est: praedocuimus enim quantitatem in infinitas pluralitates adcrescere, spatia vero, id est magnitudines in infinitissimas minui parvitates atque ideo hic contra evenit. haec namque paris divisio spatio est maxima, parvissima quantitate.

## V. alia secundum antiquiorem modum divisio paris et inparis

(1) secundum antiquiorem vero modum alia est paris numeri definitio. par numerus est, qui in duo aequalia et in duo inaequalia partitionem recipit, sed ut in neutra divisione vel inparitati paritas vel paritati inparitas misceatur, praeter solum paritatis principem, binarium numerum, qui inaequalem* non recipit sectionem, propterea quod ex duabus unitatibus constat et ex prima duorum quodammodo paritate.

(2) quod autem dico, tale est: si enim ponatur par numerus, potest in duo aequalia dividi, ut denarius dividitur in quinos, porro autem et per inaequalia, ut idem denarius in III et VII, sed hoc modo, ut cum una pars fuerit divisionis par, alia quoque par inveniatur, et si una [15] inpar, reliqua ab eius inparitate non discrepet, ut in eodem numero, qui est denarius. cum enim divisus est in quinos, vel cum in tres septem, utraeque in utraque portione partes inpares extiterunt. si autem ipse, vel alius numerus par, dividatur in aequales, ut octonarius in IIII et IIII, et item per inaequales, ut idem octonarius in V

* Oosthout/Schilling 1999, 17 drucken hier »in aequalem«.

vision finden als die hälftige Zerlegung, an Anzahl (der Teile) dagegen gibt es keine kleinere als die Teilung in zwei. Wenn etwa die gerade Zahl 8 in 4 und nochmals 4 geteilt wird, dann wird es keine andere Teilung geben, welche größere Teile hervorbringt, ferner aber wird es keine andere Teilung geben, welche die Gesamtzahl weniger oft teilt; es gibt nichts Kleineres als eine Teilung in zwei Teile. Wenn nämlich ein Ganzes in einer dreifachen Teilung geteilt worden ist, dann wird die Gesamtzahl der Weite vermindert, die Anzahl der Teilung aber vermehrt.
(3) Was aber (eben I 4,1) gesagt wurde »entsprechend den gegensätzlichen Eigenschaften dieser beiden Arten« ist von folgender Art: Wir haben nämlich zuvor erklärt, dass eine Menge in unendliche Vielheiten anwächst, dass Weiten, das heißt Größen, dagegen in unendlich kleine Abschnitte vermindert werden; dies tritt hier deshalb auf entgegengesetzte Weise ein. Diese Teilung einer geraden Zahl ist in der Weite am größten, die in der Menge am kleinsten. *[dazu Guillaumin 1994]*

## 5. Eine andere, einer älteren Methode folgende Einteilung von gerade und ungerade

(1) Nach einer älteren Methode gibt es eine andere Definition einer geraden Zahl: Eine gerade Zahl ist diejenige, die eine Aufteilung in zwei gleiche oder zwei ungleiche Teile gestattet, aber so, dass in keiner der beiden Aufteilungen Geradheit mit Ungeradheit oder Ungeradheit mit Geradheit gemischt ist. Ausgenommen (von dieser Definition ist) allein der Begründer der Geradheit, die Zweizahl, die keine ungleiche Aufteilung gestattet, weil sie nur aus zwei Einzahlen besteht und gewissermaßen aus der ersten Geradheit der 2.
(2) Was ich damit sagen will, ist Folgendes: Wenn man eine gerade Zahl nimmt, kann sie in zwei gleiche Teile aufgeteilt werden, so wie die 10 in Fünfer aufgeteilt wird. Sie kann auch in ungleiche Teile aufgeteilt werden, wie die gleiche 10 in 3 und 7, aber in der Weise, dass, wenn ein Teil einer Aufteilung gerade war, auch der andere Teil gerade ist, und dass, wenn ein Teil ungerade war, der andere Teil von seiner Ungeradheit nicht abweicht, so dass er in derselben Zahl bleibt, welche die 10 ist. Wenn sie (die 10) in Fünfer oder in 3 und 7 aufgeteilt wird, sind in beiden Aufteilungen beide Male ungerade Teile entstanden. Wenn aber diese Zahl selbst oder irgendeine andere gerade Zahl in gleiche Teile aufgeteilt wird, etwa 8 in 4 und 4, und ebenso in ungleiche Teile,

et III, in illa quidem divisione utraeque partes pares factae sunt, in hac utraeque inpares extiterunt; neque unquam fieri potest, ut, cum una pars divisionis par fuerit, alia inpar inveniri queat, aut, cum una inpar sit, alia par possit intellegi.

(3) inpar vero numerus est, qui ad quamlibet illam divisionem per inaequalia semper dividitur, ut utrasque species numeri semper ostendat, nec unquam altera sine altia sit, sed una pars paritati, inparitati alia deputetur,

(4) ut, VII si dividas in III atque IIII, altera portio par altera inpar est. et hoc idem in cunctis inparibus numeris invenitur, neque unquam in inparis divisione praeter se esse possunt. hae geminae species, quae naturaliter vim numeri substantiamque componunt.

## VI. definitio paris et inparis per alterutrum

(1) quod si haec etiam per alterutras species definienda sunt, dicetur inparem numerum esse, qui unitate differt a pari vel cremento vel deminutione. par item numerus est, qui unitate differt ab inpari vel cremento vel deminutione.

(2) si enim pari unum dempseris, vel unum adieceris, inpar efficitur, vel si inpari idem feceris, par continuo procreatur.

## [16] VII. de principalitate unitatis

(1) omnis quoque numerus circum se positorum et naturali sibimet dispositione iunctorum medietas est; et qui super duos illos sunt, qui medio iunguntur, si conponantur, etiam ipsorum supra dictus numerus media portio est; et rursus illorum, qui sunt super secundo loco iunctos, cum ipsi quoque sint compositi, prior his numerus me-

etwa dieselbe 8 in 5 und 3, dann sind bei jener Aufteilung beide Teile gerade, bei dieser aber beide ungerade. Es kann nie geschehen, dass, wenn ein Teil der Aufteilung gerade war, der andere als ungerade aufgefunden werden kann, oder, wenn einer ungerade ist, der andere als gerade verstanden werden kann.
(3) Ungerade ist dagegen eine Zahl, die, was eine beliebige Aufteilung betrifft, immer in ungleiche Zahlen aufgeteilt wird, so dass sie immer beide Arten einer Zahl zeigt und nie die eine ohne die andere sein kann, so dass aber der eine Teil als gerade, der andere als ungerade begriffen wird.
(4) Wenn du etwa 7 in 3 und 4 aufteilst, ist ein Teil gerade, der andere ungerade. Diese gleiche Bedingung findet man in allen ungeraden Zahlen, und sie kann bei der Aufteilung einer ungeraden Zahl nie anders sein. Dies sind die beiden Arten, die von Natur aus Kraft und Wesen der Zahl ausmachen.

## 6. Die Definition von geraden und ungeraden Zahlen in Bezug aufeinander

(1) Wenn man nun aber diese Arten auch in Bezug aufeinander definieren muss, kann man sagen, dass eine Zahl ungerade ist, die sich durch eine Einzahl von einer geraden unterscheidet, entweder durch Vermehrung oder durch Verminderung; gerade ist in derselben Weise eine Zahl, die sich von einer ungeraden Zahl durch eine Einzahl unterscheidet, entweder durch Vermehrung oder durch Verminderung.
(2) Wenn du von einer geraden Zahl 1 abziehst oder ihr 1 beifügst, wird eine ungerade hervorgebracht; wenn du dasselbe mit einer ungeraden Zahl tust, wird sogleich eine gerade Zahl erzeugt.

## 7. Über den Vorrang der Einzahl

(1) Jede Zahl ist auch die Hälfte der Gesamtzahl der Zahlen, die um sie herum angeordnet und in natürlicher Anordnung mit ihr verbunden sind. Und wenn Zahlen, die jenseits von jenen beiden sind, die in der Mitte verbunden werden, zusammengenommen werden, dann ist auch die eben genannte Zahl ihr mittlerer Anteil (Mittelwert); und wiederum von jenen, die jenseits der an zweiter Stelle verbundenen sind, ist – wenn

dietatis loco est, et hoc erit, usquedum occurrens unitas terminum fecerit,
(2) ut si ponat quis quinarium numerum, altrinsecus circa ipsum sunt super IIII inferius VI. hi ergo si iuncti sint, faciunt X, quorum V numerus medietas est. qui autem circa ipsos id est circa VI et IIII sunt, III scilicet et VII, idem si iuncti sint, eorum quinarius numerus medietas est; rursus istorum, qui altrinsecus positi sunt, si iungantur, etiam hi quinarii numeri dupli sunt; nam super III sunt II, super VII sunt VIII; hi ergo si iuncti sint, faciunt X, quorum quinarius rursus medietas est. hoc idem in omnibus numeris evenit, usquedum ad unitatis terminum perveniri queat;
(3) sola enim unitas circum se duos terminos non habet, atque ideo eius, qui est prope se, solius est medietas.
(4) nam iuxta I solus est binarius naturaliter constitutus, cuius unitas media pars est.
(5) quare constat primam esse unitatem cunctorum, qui sunt in naturali dispositione, numerorum
(6) et eam rite totius quamvis prolixae genitricem pluralitatis agnosci.

## [17] VIII. divisio paris numeri

(1) paris autem numeri species sunt tres. est enim una, quae dicitur pariter par, alia vero pariter inpar, tertia inpariter par. et contraria quidem locumque obtinentia summitatum videntur esse pariter par et pariter inpar. medietas autem quaedam, quae utrorumque participat, est numerus, qui vocatur inpariter par.

## VIIII. de numero pariter pari eiusque proprietatibus

(1) pariter par numerus est, qui potest in duo paria dividi, eiusque pars in alia duo paria partisque pars in alia duo paria, ut hoc totiens fiat, usquedum divisio partium ad indivisibilem naturaliter perveniat unitatem.

auch sie zusammengenommen werden – die frühere Zahl an der Stelle des Mittelwerts, und das wird so sein, bis die Einzahl eine Grenze setzt.
(2) Wenn man etwa die Zahl 5 nimmt, sind die Zahlen um sie herum oben 4, unten 6. Wenn diese nun verbunden werden, ergeben sie 10, deren Hälfte 5 ist. Wenn die Zahlen um ebendiese selbst herum, also um 6 und 4, nämlich 3 und 7, ebenso verbunden worden sind, ist auch ihr Mittelwert die Zahl 5. Die Zahlen jenseits dieser wiederum, wenn sie verbunden wurden, sind auch das Doppelte der Zahl 5, denn jenseits von 3 ist 2, jenseits von 7 ist 8; wenn sie verbunden werden, ergeben sie die 10, deren der Mittelwert wiederum 5 ist. Das Gleiche tritt bei allen Zahlen ein und kann bis zur Grenze der Einzahl gelangen.
(3) Nur die Einzahl hat um sich herum keine zwei Werte, und so ist sie die Hälfte allein derjenigen Zahl, die neben ihr ist.
(4) Neben der 1 steht von Natur aus nur die Zweizahl, von der die Einzahl eben die Hälfte ist.
(5) Aus diesem Grund steht fest, dass die Einzahl die erste von allen Zahlen ist, die in der natürlichen Anordnung stehen,
(6) und dass sie treffend als Schöpferin der beliebig reichhaltigen Vielheit der Zahlen anerkannt wird.

## 8. Die Einteilung der geraden Zahl

(1) Es gibt drei Arten von geraden Zahlen. Die eine wird geradzahligfach gerade genannt, die andere geradzahligfach ungerade und die dritte ungeradzahligfach gerade. Gegensätzliche und gleichsam die Gipfellage einnehmende sind offenbar die geradzahligfach gerade (modern gesagt: alle Primfaktoren sind 2) und die geradzahligfach ungerade Zahl (genau ein Primfaktor ist 2). Eine gewisse Art in der Mitte, die an den beiden anderen teilhat, ist die Zahl, die ungeradzahligfach gerade genannt wird (mehr als einer, aber nicht alle Primfaktoren sind 2).

## 9. Über die geradzahligfach gerade Zahl und ihre Eigenschaften

(1) Geradzahligfach gerade ist eine Zahl, die in zwei gerade Teile geteilt werden kann, und ihr Teil in zwei andere gerade und der Teil des Teils in zwei andere gerade, so dass dies so lange geschieht, bis die Teilung der Teile auf natürliche Weise zur unteilbaren Einzahl gelangt.

(2) ut LXIIII numerus habet medietatem XXXII, hic autem medietatem XVI, hic vero VIII. hunc quoque quaternarius in aequa partitur, qui binarii duplus est; sed binarius unitatis medietate dividitur, quae unitas naturaliter singularis non recipit sectionem.
(3) huic numero videtur accidere, ut quaecunque eius fuerit pars, cum nomine ipso vocabuloque pariter par inveniatur; tum etiam quantitate.
(4) sed ideo mihi videtur hic numerus pariter par vocatus, [18] quod omnes eius partes et nomine et quantitate pares pariter inveniantur. quomodo autem et nomine et quantitate pares habeat partes hic numerus, post dicemus.

(5) horum autem generatio talis est: ab uno enim quoscunque in duplici proportione notaveris, semper pares pariter procreantur. praeter hanc autem generationem ut nascantur aliter inpossibile est. huius autem rei tale detur per ordinem descriptionis exemplum sintque cuncti duplices ab uno

| | | | | | | | | | |
|---|---|---|---|---|---|---|---|---|---|
| I | II | IIII | VIII | XVI | XXXII | LXIIII | CXXVIII | XXLVI | DXII |

atque hinc si fiat infinita progressio, tales cunctos invenies, factique sunt ab uno in duplici proportione, et omnes sunt pariter pares.

(6) illud autem non minima consideratione dignum est, quod eius omnis pars ab una parte quacunque, quae intra ipsum numerum est, denominatur tantamque summam quantitatis includit, quota pars est alter numerus pariter paris illius, qui eum continet, quantitatis. itaque fit, ut sibi partes ipsae respondeant, ut quota pars una est, tantam habeat altera quantitatem, et quota pars ista est, tantum in priore summa necesse sit multitudinis inveniri.

et primum fit, si pares fuerint dispositiones, ut duae mediae partes sibi respondeant, post vero quae super ipsas sunt, sibi invicem convertantur, atque hoc idem fiat, donec uterque terminus extremitatis incurrat.

(2) So hat etwa die Zahl 64 die Hälfte 32 und diese die Hälfte 16, diese aber 8; von hier aus wird die 4, die das Doppelte der 2 ist, in Gleiche geteilt; die 2 wird in die Hälfte der Einzahl geteilt, die als Einzahl, von Natur aus singulär, keine Teilung gestattet.
(3) Für diese Zahl trifft offenbar zu, dass sie, wie auch immer ihr Teil sein mag, dem Nenner selbst und dem Wort nach als geradzahligfach gerade verstanden wird; ebenso im Quotienten.
(4) Deshalb scheint mir diese Zahl geradzahligfach gerade genannt worden zu sein, weil alle ihre geraden Teile sowohl im Nenner als auch im Quotienten geradzahligfach aufgefasst werden. Wie aber diese Zahl sowohl im Nenner als auch im Quotienten gerade Teile hat, werden wir nachher (in I 9,6–8) sagen.
(5) Die Erzeugung dieser Zahlen ist jedoch so: Wenn du von 1 beginnend beliebig viele Zahlen im doppelten Verhältnis notierst, werden immer geradzahligfach gerade Zahlen erzeugt. Es ist unmöglich, dass sie anders als durch diesen Vorgang der Erzeugung entstehen. Für diesen Sachverhalt soll ein Beispiel für die Darstellung nach der Reihe gegeben werden. Alle Doppelten von 1 beginnend seien:

| | | | | | | | | | |
|---|---|---|---|---|---|---|---|---|---|
| 1 | 2 | 4 | 8 | 16 | 32 | 64 | 128 | 256 | 512 |

Wenn man von hier ein unendliches Fortschreiten macht, wird man alle solchen Zahlen finden. Sie sind im doppelten Verhältnis von 1 beginnend gemacht, und alle sind geradzahligfach gerade.
(6) Darüber hinaus ist es keiner geringen Betrachtung wert, dass jeder ihrer Teile nach irgendeinem Teil, der in der Zahl selbst enthalten ist, benannt ist, und dass sie eine solche Gesamtzahl des Quotienten enthält, wie die andere geradzahligfach gerade Teil-Zahl jenes Quotienten ist, den sie umfasst. So kommt es, dass die Teile einer Zahl einander entsprechen, so dass, wie viel ein bestimmter Teil ist, so viel der andere als Quotient hat, und wie viel dieser Teil ist, so viel wird notwendig in der vorherigen Gesamtzahl der Menge nach gefunden.
Zuerst kommt es, wenn die Anordnung geradzahlig ist, dass die beiden mittleren Teile einander entsprechen, und danach diejenigen, die jenseits von diesen liegen, gegenseitig zueinander umgedreht werden; und dasselbe geschieht, bis schließlich jeweils der Wert des Randwerts auftritt.

ponatur enim pariter paris ordo ab uno usque CXXVIII hoc modo:

| | | | | | | | |
|---|---|---|---|---|---|---|---|
| I | II | IIII | VIII | XVI | XXXII | LXIIII | CXXVIII |

et ea sit summa ma[19]xima. in hoc igitur, quoniam pares dispositiones sunt, una medietas non potest inveniri. sunt igitur duae, id est VIII et XVI quae considerandae sunt, quemadmodum ipsae sibi respondeant. totius enim summae, id est CXXVIII octava pars est XVI, sextadecima VIII rursus super has partes quae sunt, ipsae sibi invicem respondebunt, id est XXXII et IIII nam XXXII quarta pars est totius summae, IIII vero tricesima secunda. rursus super has partes LXIIII secunda pars est, II vero sexagesima quarta; donec extremitates limitem faciant, quas dubium non est eadem responsione gaudere. est enim omnis summa semel CXXVIII, unus vero centesimus vicesimus octavus.

(7) si autem inpares terminos ponamus, id est summas – idem enim terminos quod summas nomino – secundum inparis naturam potest una medietas inveniri atque ipsa una sibi est responsura. si enim ponatur hic ordo

| | | | | | | |
|---|---|---|---|---|---|---|
| I | II | IIII | VIII | XVI | XXXII | LXIIII |

una erit sola medietas, id est VIII, qui VIII totius summae octava pars est, et sibi ipsi ad denominationem quantitatemque convertitur. eodemque modo sicut superius circa ipsum qui sunt termini donant sibi mutua nomina secundum proprias quantitates vocabulumque permutant. nam IIII sextadecima pars est totius summae, XVI vero quarta. et rursus super hos terminos XXXII secunda pars est totius summae, II vero tricesima secunda; et semel tota summa LXIIII sunt, sexagesima quarta vero unitas invenitur.

(8) hoc igitur est, quod dictum est, omnes eius partes et nomine et quantitate pariter pares inveniri.

Es sei die Reihenfolge der geradzahligfach geraden Zahlen von 1 bis 128 wie folgt aufgeschrieben:

| | | | | | | | |
|---|---|---|---|---|---|---|---|
| 1 | 2 | 4 | 8 | 16 | 32 | 64 | 128 |

Und sie (128) sei die höchste Zahl. Hierin kann also, weil die Anordnung geradzahlig sind, nicht nur eine einzige mittlere Zahl gefunden werden. Es gibt vielmehr zwei, nämlich 8 und 16, die insofern betrachtet werden müssen, als sie einander entsprechen, denn von der ganzen Gesamtzahl, das ist 128, ist ein Achtel 16 und ein Sechzehntel 8. Wiederum entsprechen die, welche jenseits dieser Teile sind, sich selbst gegenseitig, das sind 32 und 4, denn 32 ist ein Viertel der ganzen Gesamtzahl, 4 dagegen ein Zweiunddreißigstel. Wiederum jenseits dieser Teile ist 64 die Hälfte, 2 dagegen ein Vierundsechzigstel, bis schließlich die Randwerte ein Ende machen, die ohne Zweifel dieselbe Entsprechung genießen; die Gesamtzahl ist nämlich einmal 128, eins dagegen ein Hundertachtundzwanzigstel.

(7) Wenn wir aber ungeradzahlige Werte setzen, das sind Gesamtzahlen – ich bezeichne Werte und Gesamtzahlen in gleicher Weise – kann gemäß der Natur des Ungeraden eine einzige mittlere Zahl gefunden werden, und eben diese eine entspricht sich selbst. Wenn nämlich diese Reihenfolge aufgestellt ist:

| | | | | | | |
|---|---|---|---|---|---|---|
| 1 | 2 | 4 | 8 | 16 | 32 | 64 |

dann wird es nur eine mittlere Zahl geben, das ist 8; diese 8 ist ein Achtel der ganzen Gesamtzahl und wird mit sich selbst umgedreht in Bezug auf Nenner und Quotient. In gleicher Weise wie weiter oben geben die Werte, die auf beiden Seiten liegen, sich gegenseitig die Nenner nach den eigenen Quotienten und verändern ihre Namen: 4 ist ja ein Sechzehntel der ganzen Gesamtzahl, 16 dagegen ein Viertel. Und wiederum jenseits dieser Werte ist 32 die Hälfte der ganzen Gesamtzahl, 2 dagegen ein Zweiunddreißigstel; einmal die ganze Gesamtzahl ist 64, als Vierundsechzigstel dagegen findet man die Einzahl.

(8) Dies ist also das, was (in I 9,4) gesagt worden ist, dass alle ihre Teile sowohl im Nenner als auch im Quotienten als geradzahligfach gerade gefunden werden.

[20] (9) hoc quoque multa consideratione multaque constantia divinitatis perfectum est, ut ordinatim dispositae minores summae in hoc numero et super se ipsas coacervatae sequenti minus uno semper aequentur.
(10) si enim unum iungas his, qui sequuntur, duobus, fiunt III, id est, qui uno minus quaternario cadant, et si superioribus addas IIII, sunt VII, qui ab octonario sequente sola unitate vincuntur. sed si eosdem VIII supra dictis adiunxeris, XV fient, qui par XVI numeri existeret quantitati, nisi minor unitas inpediret. hoc autem prima etiam numeri progenies servat atque custodit. namque unitas, quae prima est, duobus subsequentibus sola est unitate contractior; unde nihil mirum est, totum summae crementum proprio consentire principio.

(11) haec autem nobis consideratio maxime proderit in his numeris cognoscendis, quos superfluos vel inminutos perfectosque monstrabimus. illic enim coacervata quantitas partium numeri totius termino comparatur.
(12) illud quoque nulla possumus oblivione transmittere, quod in hoc numero respondentibus sibi invicem partibus multiplicatis maior extremitas eiusdem numeri summaque conficitur.

et primum si pares fuerint dispositiones medii multiplicantur atque inde qui super ipsos sunt et usque ad supra dictas extremitates. si enim fuerint pares dispositiones secundum naturam paris duos in medio terminos continebunt, ut in ea dispositione numerorum, in qua extremus terminus CXXVIII finitur. in hoc enim numero medietates sunt VIII scilicet et XVI, quae in se multiplicatae maioris summam crescente pluralitate conficient. octies enim XVI vel sedecies VIII, si multiplices, [21] CXXVIII summa concrescet, atque hi numeri, qui super eosdem sunt, si multiplicentur, idem faciunt. nam IIII et XXXII, in se si multiplices supra dictam facient extremitatem. IIII enim tricies et bis, vel quater XXXII ducti CXXVIII inmutabili necessitate conplebunt, atque hoc usque ad extremos terminos cadit, id est I et CXXVIII semel enim extremus terminus CXXVIII est; centies vicies atque octies unitate multiplicata nihil de priore quantitate mutabitur.

(9) Auch dies ist durch große Betrachtung und große Beständigkeit der Göttlichkeit vollbracht worden, dass der Reihe nach angeordnete kleinere Gesamtzahlen in dieser Zahl, über sich selbst angehäuft, immer gleich der folgenden Zahl minus 1 sind.

(10) Wenn du also 1 mit dem, was folgt, verbindest, mit 2, entsteht 3, was 1 weniger als 4 ergibt. Und wenn du zu den vorhergehenden 4 addierst, sind das 7, was von der folgenden 8 nur um eine Einzahl überragt wird. Wenn du aber dieselbe 8 den oben genannten anfügst, ergeben sie 15, was in der Menge der Zahl 16 entspräche, wenn nicht eine Einzahl weniger das verhinderte. Diese Eigenschaft erhält und bewahrt aber auch die erste Generation der Zahl, denn die Einzahl, die an erster Stelle steht, ist von der nachfolgenden 2 nur um eine Einzahl verkürzt. Deshalb ist es nicht verwunderlich, dass die gesamte Vermehrung der Gesamtzahl mit ihrer eigenen Grundlage übereinstimmt.

(11) Diese unsere Betrachtung wird in höchstem Maße unserem Verständnis derjenigen Zahlen nützen, die wir (in I 28) als abundant, defizient oder vollkommen aufzeigen werden. Dort wird die angehäufte Menge der Teile mit dem Wert der gesamten Zahl verglichen.

(12) Dies dürfen wir auch nicht in Vergessenheit geraten lassen, dass bei dieser (geradzahligfach geraden) Zahl, wenn die sich gegenseitig entsprechenden Teile multipliziert werden, der größte Randwert dieser Zahl und die Gesamtzahl zustande gebracht werden.

Zuerst, wenn die Anordnungen geradzahlig sind, sollen die mittleren Zahlen multipliziert werden, dann die jenseits davon und so weiter bis zu den erwähnten Randwerten; denn wenn die Anordnungen geradzahlig sind, werden sie gemäß der Natur der geraden Zahlen zwei Werte in der Mitte umfassen, so wie in der Anordnung der Zahlen, bei welcher der höchste Wert 128 am Ende ist. Bei dieser Zahl sind die mittleren nämlich 8 und 16, die miteinander multipliziert mit wachsender Vielheit die größte Gesamtzahl ergeben: Wenn du nämlich achtmal 16 oder sechzehnmal 8 multiplizierst, erwächst die Gesamtzahl 128. Die Zahlen, die jenseits von ihnen liegen, tun das Gleiche, wenn sie multipliziert werden: 4 und 32 ergeben ja, wenn man sie miteinander multipliziert, den oben genannten Randwert, denn 4 zweiunddreißigmal oder viermal 32 multipliziert erreichen durch eine unveränderliche Notwendigkeit 128. Dies geschieht bis hin zu den Randwerten, das sind 1 und 128; einmal der Randwert ist gleich 128, hundertachtundzwanzigmal die Einzahl multipliziert weicht um nichts von der vorhergehenden Menge ab.

(13) si autem inpares fuerint dispositiones, unus medius terminus invenitur, atque ipse sibi propria multiplicatione respondet. in eo namque ordine numerorum, ubi extremus terminus LXIIII pluralitate concluditur, sola invenitur una medietas, id est VIII, quam si octies id est in semet ipsa multiplices LXIIII explicabit, atque idem reddent illi, qui super hanc medietatem sunt, ut dudum hi, qui super duas positi, faciebant. nam quater XVI LXIIII sunt et sedecies IIII idem conplent. rursus bis XXXII facti a LXIIII non discedunt, et tricies bis II eosdem cumulant, et semel LXIIII vel unitas sexagies quater multiplicata eundem numerum sine ulla varietate restituent.

## X. de numero pariter inpari eiusque proprietatibus

(1) pariter autem inpar numerus est, qui et ipse quidem paritatis naturam substantiamque sortitus est, sed in contraria divisione naturae numeri pariter paris obpo[22]nitur.

(2) docebitur namque, quam longe hic dissimili ratione dividatur.

(3) nam quoniam par est, in partes aequales recipit sectionem, partes vero eius mox indivisibiles atque insecabiles permanebunt, ut sunt

| | | | | |
|---|---|---|---|---|
| VI | X | XIIII | XVIII | XXII |

et his similes. mox enim hos numeros si in gemina fueris divisione partitus, incurris in inparem, quem secare non possis.

(4) accidit autem his quod omnes partes contrarie denominatas habent, quam sunt quantitates ipsarum partium, quae denominantur. neque unquam fieri potest, ut quaelibet pars huius numeri eiusdem generis denominationem quantitatemque suscipiat.
(5) semper enim si denominatio fuerit par, quantitas partis erit inpar, si denominatio inpar, quantitas par:

(13) Wenn die Anordnungen aber ungeradzahlig wären, würde ein einziger mittlerer Wert gefunden, und dieser würde sich selbst bei der eigenen Multiplikation entsprechen. In der Zahlenfolge, in welcher der letzte Wert 64 in der Vielheit eingeschlossen ist, wird nur ein mittlerer Wert gefunden, das ist 8, die, wenn du sie achtmal – also mit sich selbst – multiplizierst, 64 entfaltet; und dasselbe ergeben jene, die jenseits dieses mittleren Werts sind, wie zuvor die, die jenseits der beiden liegen: Viermal 16 ist 64, und sechzehnmal 4 ergibt dasselbe; wiederum weicht zweimal 32 nicht von 64 ab, und zweiunddreißigmal 2 häuft das gleiche auf. Einmal 64 oder die Einzahl vierundsechzigmal multipliziert ergeben dieselbe Zahl, ohne jede Abweichung.

## 10. Über die geradzahligfach ungerade Zahl und ihre Eigenschaften

(1) Geradzahligfach ungerade ist eine Zahl, die selbst Natur und Wesen der Geradheit angenommen hat, aber in eine Abteilung gestellt wird, die gegensätzlich zur Natur der geradzahligfach geraden Zahl ist.
(2) Es wird gelehrt werden, wie weit sie mit einer ungleichartigen Ratio geteilt werden kann.
(3) Weil sie ja gerade ist, gestattet sie eine Teilung in gleiche Teile, ihre Teile dagegen werden sofort unteilbar und unzerlegbar bleiben, wie etwa:

| | | | | |
|---|---|---|---|---|
| 6 | 10 | 14 | 18 | 22 |

und andere ihnen ähnliche Zahlen. Sofort nämlich, wenn diese Zahlen in zwei gleiche Teile geteilt worden sind, triffst du auf eine ungerade Zahl, die du nicht (durch zwei) teilen kannst.
(4) Es ereignet sich bei diesen Zahlen, dass alle Teile gegensätzliche Nenner haben zu den Quotienten derselben Teilungen, welche diese Nenner haben. Es kann niemals geschehen, dass irgendein Teil dieser Zahl Nenner und Quotient von derselben Art annimmt.
(5) Immer nämlich, wenn der Nenner gerade gewesen ist, wird der Quotient der Teilung ungerade sein; war der Nenner ungerade, ist der Quotient gerade.

(6) ut in XVIII secunda eius pars, id est media, quod paritatis nomen est, VIIII, quae inpar est quantitas; tertia vero, quae inpar est denominatio, VI, cui par pluralitas est. rursus si convertas, sexta pars, quae par est denominatio, III sunt, sed ternarius inpar est; et nona pars, quod inpar est vocabulum, II, qui par numerus est; atque idem in aliis cunctis, qui sunt pariter inpares, invenitur.

(7) neque unquam fieri potest, ut, cuiuslibet partis eiusdem sit generis nomen et numerus.
(8) fit autem horum procreatio numerorum, si ab uno disponantur, quicunque duobus differunt, id est omnibus inparibus naturali sequentia atque ordine constitutis. namque hi si per binarium numerum multiplicentur, omnes pariter inpares rite pluralitas demensa sufficiet.

(9) ponatur enim prima unitas I et post hunc, qui ab hoc duobus differt, id est III et post hunc, qui rursus a supe[23]riore duobus, id est V, et hoc in infinitum et sit huiusmodi dispositio

| | | | | | | | | | |
|---|---|---|---|---|---|---|---|---|---|
| I | III | V | VII | IX | XI | XIII | XV | XVII | XVIIII |

hi ergo naturaliter se sequentes inpares sunt, quos nullus in medio par numerus distinguit. hos si per binarium numerum multiplices, efficies hoc modo: bis I id est II, qui dividitur quidem, sed eius partes indivisibiles reperiuntur propter insecabilis unitatis naturam; bis III, bis V, bis VII, bis VIIII, bis XI et deinceps, ex quibus nascuntur hi:

| | | | | | |
|---|---|---|---|---|---|
| II | VI | X | XIIII | XVIII | XXII |

quos si dividas, unam recipiunt sectionem ceteram repudiantes, quod secunda divisio ab inparis medietate partis excluditur.

(6) Etwa bei 18 ist seine Zweiteilung, also die Hälfte, was ein gerader Nenner ist, 9, was ein ungerader Quotient ist; ein Drittel dagegen, was ein ungerader Nenner ist, ist 6, dessen Vielheit gerade ist. Wenn du das wiederum umdrehst, ist ein Sechstel, was ein gerader Nenner ist, 3, aber 3 ist ungerade. Ein Neuntel, was ein ungerader Nenner ist, ist 2, was eine gerade Zahl ist. Dasselbe findet sich in allen anderen Zahlen, die geradzahligfach ungerade sind.
(7) Es kann niemals geschehen, dass bei einer beliebigen Teilung der Nenner und der Quotient von derselben Art sind.
(8) Die Erzeugung dieser Zahlen erfolgt, wenn von 1 beginnend die Zahlen aufgestellt werden, die sich jeweils um zwei unterscheiden, das heißt, wenn alle ungeraden in der natürlichen Reihenfolge und Ordnung aufgestellt sind. Wenn diese nun mit der Zweizahl multipliziert werden, ergibt die so bemessene Vielheit (das Produkt) treffend alle geradzahligfach ungeraden Zahlen.
(9) Es sei also als Erste die Einzahl 1 gesetzt und danach diejenige, die sich davon um 2 unterscheidet, das ist 3, und danach diejenige, die sich wiederum von der vorherigen um 2 unterscheidet, das ist 5, und so weiter bis ins Unendliche, so dass es eine Anordnung folgender Art gibt:

| | | | | | | | | | |
|---|---|---|---|---|---|---|---|---|---|
| 1 | 3 | 5 | 7 | 9 | 11 | 13 | 15 | 17 | 19 |

Diese Zahlen, die von Natur aus aufeinander folgen, sind ungerade; unter ihnen kommt keine gerade Zahl vor. Wenn du diese mit der Zweizahl multiplizierst, bringst du sie so hervor: Zweimal 1 ist 2; dies kann einmal geteilt werden, aber seine Teile werden als unteilbar befunden wegen der Natur der unzerlegbaren Einzahl; zweimal 3, zweimal 5, zweimal 7, zweimal 9, zweimal 11 und so weiter, woraus diese entstehen:

| | | | | | |
|---|---|---|---|---|---|
| 2 | 6 | 10 | 14 | 18 | 22 |

Wenn du diese teilst, gestatten sie nur eine Teilung und verzichten auf jede andere, weil eine zweite Teilung in der Mitte des Teils bei ungeraden Zahlen ausgeschlossen ist.

(10) his autem numeris a se invicem quaternarii sola distantia est; namque inter II et VI numeros IIII sunt, rursus inter VI et X et inter X et XIIII, inter XIIII et XVIII idem quaternarius differentiam facit. hi namque omnes quaternaria sese numerositate transcendunt, quod idcirco contingit, quoniam primi qui positi sunt, id est eorum fundamenta, binario se numero praecedebant, quos quoniam per binarium multiplicavimus, in quaternarium numerum crevit illa progressio; II enim per II multiplicati quaternariam faciunt summam.
(11) igitur in naturalis numeri dispositione pariter inpares numeri quinto loco a se distant, solis IIII se praecedunt, III in medio transeuntes, per binarium numerum multiplicatis inparibus procreati.

(12) contrariae vero esse dicuntur hae species numerorum, id est pariter par et pariter inpar, quod [24] in numero pariter inpari sola divisionem recipit maior extremitas, in illo vero solus minor terminus sectione solutus est,

et quod in forma pariter paris numeri ab extremitatibus incipienti et usque ad media progredienti, quod continetur sub extremis terminis, idem est illi, quod continetur sub intra se positis summulis atque hoc idem usquedum ad duas medietates fuerit ventum in dispositionibus scilicet paribus; si autem fuerint inpares dispositiones, quod ab una medietate conficitur, hoc idem sub altrinsecus positis partibus procreatur, atque hoc usquedum ad extremitates progressio fiat.

(13) in ea enim dispositione, quae est

| | | | |
|---|---|---|---|
| II | IIII | VIII | XVI |

idem reddunt II per XVI multiplicati, quod IIII per octonarium ducti, utroque enim modo XXXII fient.

(10) In diesen Zahlen gibt es nur einen gegenseitigen Abstand von 4, denn zwischen 2 und 6 sind 4 Zahlen, wiederum zwischen 6 und 10, zwischen 10 und 14 und zwischen 14 und 18 bildet dieselbe vier die Differenz. Alle diese Zahlen überflügeln sich um die Zahl 4, und das ereignet sich darum, weil die als Erste aufgestellten, also deren Fundamente, sich um die Zahl zwei überrundeten. Weil wir diese Zahlen mit 2 multipliziert haben, schuf jenes Fortschreiten die vierfache Zahl, denn 2 multipliziert mit 2 ergibt die Gesamtzahl 4.

(11) Also stehen in der Anordnung der natürlichen Zahlen die geradzahligfach ungeraden Zahlen jeweils an fünfter Stelle voneinander entfernt, überrunden sich um genau vier, übergehen drei dazwischen und wurden durch Multiplikation der ungeraden Zahlen mit der Zahl zwei erzeugt.

(12) Als gegensätzlich werden diese Arten von Zahlen bezeichnet – also geradzahligfach gerade und geradzahligfach ungerade –, weil bei der geradzahligfach ungeraden Zahl nur der größte Randwert eine Teilung (durch 2) gestattet, bei jener (geradzahligfach geraden) dagegen nur der kleinste Wert von der Teilung ausgeschlossen ist.

Und (außerdem sind sie gegensätzlich), weil in der Form der geradzahligfach geraden Zahl, die mit den Randwerten beginnt und bis zur Mitte vorrückt, das, was aus den Randwerten multipliziert wird, dasselbe ist wie jenes, was aus den innerhalb liegenden Gesamtzahlen multipliziert wird, und dieses ist dasselbe, bis man zu den zwei mittleren Werten gekommen ist – nämlich bei geradzahligen Anordnungen; wenn es aber ungeradzahlige Anordnungen wären, wäre das, was aus dem einen mittleren Wert zustande gebracht wird, dasselbe wie das, was aus den auf beiden Seiten platzierten Teilen erzeugt wird, und die Reihe würde von dort zu den Randwerten fortschreiten.

(13) In einer Anordnung von Zahlen, die geradzahlig ist, etwa:

| | | | |
|---|---|---|---|
| 2 | 4 | 8 | 16 |

entsteht dasselbe, wenn 2 mit 16 multipliziert wird, wie wenn 4 mit 8 multipliziert wird; auf beide Weisen werden sie 32 ergeben.

quod si inpar sit ordo, ut est

| | | |
|---|---|---|
| II | IIII | VIII |

idem facient extremi, quod medietas; bis enim VIII sunt XVI, qui numerus a quaternario in se ducto perficitur.

(14) in numero vero pariter inpari, si fuerit unus in medio terminus, circum se positorum terminorum, si in unum redigantur, medietas est, et idem eorum quoque, qui super hos sunt terminos, medietas est, atque hoc usque ad extremos omnium terminorum, ut in eo ordine, qui est pariter inparium numerorum,

| | | |
|---|---|---|
| II | VI | X |

iunctus binarius cum denario XII explet, cuius senarius medietas invenitur.
si vero fuerint duae medietates iunctae, ipsae utraeque aequales erunt super se terminis constitutis, ut est in hoc ordine

| | | | |
|---|---|---|---|
| II | VI | X | XIIII |

iuncti enim II et XIIII in XVI crescunt, quos senarius cum denario copulatus efficiet. at[25]que hoc in numerosioribus terminis initio sumpto a mediis evenit usquedum ad extrema veniatur.

Wenn die Anordnung ungeradzahlig ist, etwa:

| | | |
|---|---|---|
| 2 | 4 | 8 |

dann ergeben die Randwerte (miteinander multipliziert) dasselbe wie der Mittelwert (multipliziert mit sich selbst), denn zweimal 8 ist 16, und diese Zahl wird vollbracht aus vier mit sich selbst multipliziert.
(14) Bei einer geradzahligfach ungeraden Zahl dagegen ergibt sich (gegensätzlich zur geradzahligfach geraden), wenn es nur einen Wert in der Mitte gibt und um ihn herum die (anderen) Werte platziert sind, der mittlere Wert, wenn sie (durch Addition) in eins zusammengeführt werden, und ebenso ergibt sich auch aus denen, die jenseits dieser Werte liegen, der mittlere Wert. Und dies geht bis zu den Rändern aller Werte, wie in dieser Ordnung, die aus geradzahligfach ungeraden Zahlen besteht:

| | | |
|---|---|---|
| 2 | 6 | 10 |

die 2 mit der 10 verbunden 12 ergibt, dessen Hälfte als 6 befunden wird.
Wenn dagegen zwei mittlere Werte verbunden werden, werden eben diese gleich sein mit den zusammengesetzten Randwerten um sie herum, wie es in der folgenden Reihe der Fall ist:

| | | | |
|---|---|---|---|
| 2 | 6 | 10 | 14 |

Die Verbindung von 2 und 14 erwächst zu 16, was auch 6 verknüpft mit 10 hervorbringt. Und bei zahlreicheren Werten tritt dies ein, nachdem es seinen Anfang von der Mitte genommen hat, bis es zu den Randwerten kommt.

## XI. de numero inpariter pari eiusque proprietatibus deque eius ad pariter parem et pariter inparem cognatione

(1) inpariter par numerus est ex utrisque confectus et medietatis loco gemina extremitate concluditur, ut, quo ab utroque discrepet, eadem ad alterutrum cognatione iungatur.

(2) hic autem talis est, qui dividitur in aequas partes, cuiusque pars in alias aequas dividi potest, etiam aliquando partes partium dividuntur, sed non usque ad unitatem progreditur aequalis illa disiunctio,

(3) ut sunt XXIIII et XXVIII hi enim possunt in medietates dividi et eorum rursus partes in alias medietates sine aliqua dubitatione solvuntur. sunt etiam quidam alii numeri, quorum partes alias recipiunt divisiones, sed ipsa divisio ad unitatem usque non pervenit.

(4) igitur in eo, quod plus quam unam suscipit sectionem, habet similitudinem pariter paris, sed a pariter inpari segregatur; in eo vero, quod usque ad unum sectio illa non ducitur, pariter inparem non refutat, sed a pariter pari disiungitur.

(5) contingit autem huic numero et utraque habere, quae superiores non habent, et utraque, quae illi recipiunt, obtinere.

et habet quidem, quod utrique non habent, quod, cum in uno solus maior terminus divideretur, in alio vero solus minor terminus non divideretur, in hoc neque solus maior terminus divisionem recipit, neque minor solus terminus a divisione seiungitur. nam et partes solvuntur et usque ad unitatem sectio illa non pervenit, sed ante unitatem invenitur terminus, quem secare non possis.

(6) obti[26]net autem, quae illi quoque recipiunt, quod quaedam partes eius respondent denominanturque secundum genus suum ad propriam quantitatem, ad similitudinem scilicet pariter paris numeri, aliae vero partes contrariam denominationem sumunt propriae quantitatis, ad pariter inparis scilicet formam.

## 11. Über die ungeradzahligfach gerade Zahl und ihre Eigenschaften und über ihre Verwandtschaft mit der geradzahligfach geraden und geradzahligfach ungeraden Zahl

(1) Die ungeradzahligfach gerade Zahl wird aus jeder der beiden vorhergehenden zusammengesetzt und in der Mitte von den beiden Randwerten eingeschlossen, so dass das, worin sie von beiden jeweils abweicht, zur selben Verwandtschaft beider verbunden werden kann.
(2) Sie ist von der Art, die in gleiche Teile geteilt werden kann und deren Teil wieder in gleiche Teile geteilt werden kann; manchmal können auch Teile dieser Teile geteilt werden, aber jene gleiche Auseinandernahme rückt nicht bis zur Einzahl vor,
(3) wie etwa bei 24 und 28. Diese können in Hälften geteilt werden und ihre Teile wiederum ohne jeden Zweifel in andere Hälften aufgelöst werden. Es gibt auch einige andere Zahlen, deren Teile noch weitere Teilungen gestatten, aber eben diese Teilung gelangt nicht bis zur Einzahl.
(4) Darin, dass sie zu mehr als einer Teilung fähig ist, hat sie eine Ähnlichkeit mit den geradzahligfach geraden Zahlen, ist aber von den geradzahligfach ungeraden abgesondert. Aber darin, dass die Teilung nicht zur Einzahl geführt wird, ist sie nicht anders als die geradzahligfach ungeraden Zahlen, aber verschieden von den geradzahligfach geraden.
(5) Es ergibt sich, dass diese Zahl sowohl beide Eigenschaften hat, welche die oben genannten nicht haben, als auch beide einnimmt, welche jene gestatten.
Sie hat eine Eigenschaft, welche beide nicht haben, dass, während bei der einen nur der größte Wert geteilt wird, bei der anderen dagegen nur der kleinste Wert nicht geteilt wird, bei dieser weder nur der größte Wert die Teilung gestattet noch nur der kleinste Wert von der Teilung ausgenommen wird; es werden nämlich sowohl die Teile geteilt als auch gelangt jene Teilung nicht zur Einzahl, sondern vor der Einzahl wird ein Wert gefunden, den man nicht teilen kann.
(6) Sie besitzt aber die Eigenschaft, welche jene gestatten, dass manche ihrer Teile antworten und einen Nenner haben nach ihrer Art gemäß ihrem eigenen Quotienten, nämlich nach der Ähnlichkeit der geradzahligfach geraden Zahl, dass andere Teile dagegen einen zu ihrem eigenen Quotienten gegensätzlichen Nenner nehmen, nämlich gemäß der Form der geradzahligfach ungeraden Zahl.

in XXIIII enim numero par est quantitas partis a pari numero denominata. nam quarta VI secunda vero XII sexta vero IIII duodecima II, quae vocabula partium a quantitatis paritate non discrepant. contrarie vero denominantur, ut tertia pars VIII, octava vero III, vicesima autem quarta I, quae denominationes cum pares sint, inveniuntur inpares quantitates, et cum sint pares summae, sunt inpares denominationes.

(7) nascuntur autem tales numeri ita, ut substantiam naturamque suam in ipsa etiam propria generatione designent ex pariter paribus et pariter inparibus procreari. pariter enim inpares cuncti dudum ordinatim positis inparibus nascebantur, pariter vero pares ex duplici progressione.

(8) disponantur igitur omnes in ordinem naturaliter inpares a tribus et sub his a quattuor inchoantes omnes duplices et sint hoc modo:

| | | | | | |
|---|---|---|---|---|---|
| III | V | VII | VIIII | XI | XIII |
| IIII | VIII | XVI | XXXII | LXIIII | CXXVIII |

[27] (9) his igitur ita positis si primus primi multiplicatione concrescat, id est si quaternarii ternarius, vel si idem primus secundi, id est octonarii ternarius, vel si idem primus tertii, id est ternarius sedecimi, et idem usque ad ultimum, vel si secundus primi, vel si secundus secundi, vel si secundus tertii et eadem usque ad extremum multiplicatio proferatur, vel si tertius a primo inchoans usque in extremum transeat atque ita quartus et omnes in ordinem superiores multiplicent eos, qui sub ipsis in dispositione sunt, omnes inpariter pares procreabuntur.

(10) huius autem rei tale sumamus exemplum. si III quater multiplices XII fient, vel si V quattuor multiplicent XX numerus excrescet, vel si item VII multiplicent IIII XXVIII succrescet, atque hoc usque in finem. rursus si VIII multiplicent III nascentur XXIIII; si VIII in V fiunt XL, si VIII in VII colligentur LVI atque ad hunc modum si omnes inferiores duplices a superioribus multiplicentur, vel si superiores

Bei der Zahl 24 ist der Quotient einer Teilung mit geradzahligem Nenner gerade, denn beim Viertel 6, bei der Hälfte 12, beim Sechstel 4 und beim Zwölftel 2 weichen die Nenner der Teilung nicht von der Geradheit des Quotienten ab. Gegensätzlich sind die Nenner beim Drittel 8, beim Achtel 3 und beim Vierundzwanzigstel 1, bei denen, wenn die Nenner gerade sind, die Quotienten ungerade gefunden werden, und wenn die Gesamtzahl gerade ist, die Nenner ungerade sind.

(7) Diese Zahlen entstehen so, dass ihr Wesen und ihre Natur durch ihre eigene Erzeugung bestimmt wird, und sie werden aus geradzahligfach geraden und geradzahligfach ungeraden Zahlen erzeugt. Alle geradzahligfach ungeraden Zahlen entstanden aus den zuvor der Reihe nach aufgestellten ungeraden Zahlen, die geradzahligfach geraden Zahlen aus dem Fortschreiten der Doppelten.

(8) Es werden also alle ungeraden Zahlen von 3 an in natürlicher Reihenfolge angeordnet und unter ihnen von 4 beginnend alle Doppelten, und zwar auf diese Weise:

| | | | | | |
|---|---|---|---|---|---|
| 3 | 5 | 7 | 9 | 11 | 13 |
| 4 | 8 | 16 | 32 | 64 | 128 |

(9) Wenn nun – nachdem diese so aufgestellt sind – die erste mit der ersten durch Multiplikation zusammenwächst, das ist viermal drei, oder dieselbe erste mit der zweiten, das ist achtmal drei, oder dieselbe erste mit der dritten, das ist drei sechzehnmal, und so weiter bis zur letzten; oder die zweite mit der ersten (5 · 4) oder die zweite mit der zweiten (5 · 8) oder die zweite mit der dritten (5 · 16) und so weiter die Multiplikation bis zum Ende fortgesetzt wird; oder wenn die dritte ab der ersten beginnend (7 · 4) bis zum Ende weitergeht und so die vierte und alle der Reihe nach mit ihnen multipliziert werden, dann werden alle ungeradzahligfach geraden Zahlen erzeugt werden.

(10) Für diese Sache wollen wir folgendermaßen ein Beispiel nehmen: Wenn 3 viermal multipliziert wird, ergibt es 12; oder wenn 5 mit 4 multipliziert wird, erwächst die Zahl 20; oder wenn 7 mit 4 multipliziert wird, wächst es zu 28 an; und so weiter bis zum Ende. Wiederum, wenn 8 mit 3 multipliziert wird, entsteht 24; wenn 8 mit 5, ergibt sich 40; wenn 8 mit 7 zusammengestellt (multipliziert) werden, dann werden 56 erzielt. Und wenn auf diese Weise alle unteren doppelten Zahlen mit den oberen multipliziert werden oder die obe-

eosdem inferiores multiplicent, cunctos, qui nati fuerint, inpariter pares invenies.
(11) atque haec est admirabilis huius numeri forma, quod cum fuerit ipsa dispositio descriptioque perspecta numerorum, ad latitudinem pariter inparium, ad longitudinem pariter parium numerorum proprietas invenitur.

sunt enim duabus in latitudine medietatibus aequales duae ex[28] tremitates vel una medietate duae duplices extremitates.

in longitudine vero pariter paris numeri rem proprietatemque designat. quod enim sub duabus medietatibus continetur, aequale est ei, quod sub extremis conficitur, vel quod ab una medietate nascitur, aequale est illi, quod sub utrisque extremitatibus continetur.

(12) descriptio autem, quae subposita est, hoc modo facta est:

| | | | |
|---|---|---|---|
| III | V | VII | VIIII |
| IIII | VIII | XVI | XXXII |

quantoscunque in ordine pariter parium numerorum ternarius numerus multiplicavit, quicunque ex eo procreati sunt, primo sunt versu dispositi; rursus qui eosdem multiplicante quinario nati sunt, secundo loco sunt constituti, post vero, quos septenarius ceteros multiplicando procreavit, eosdem tertio conscripsimus loco, atque idem in reliqua descriptionis parte perfecimus.

ren mit denselben unteren, dann wird man alle Zahlen, die erzeugt worden sind, ungeradzahligfach gerade finden.

(11) So ist die bewundernswerte Form dieser (ungeradzahligfach geraden) Zahl, dass, wenn es diese Anordnung und klare Darstellung der Zahlen gibt, entlang der Breite die Eigenschaft der geradzahligfach ungeraden und entlang der Länge die Eigenschaft der geradzahligfach geraden Zahlen gefunden wird.

In der Breite ist bei zwei mittleren Zahlen ihre Summe gleich der Summe der zwei Randwerte, oder bei einer einzigen mittleren Zahl ihr Doppeltes die Summe der Randwerte.

In der Länge dagegen zeigt die Darstellung die Sache und Eigenschaft der geradzahligfach geraden Zahl: Was aus zwei mittleren Zahlen multipliziert wird, ist gleich dem, was aus den Randwerten zustande gebracht wird, oder was aus einer einzigen mittleren Zahl entsteht, ist gleich jenem, was aus den beiden Randwerten multipliziert wird.

(12) Die Darstellung, die (hier) unten (in diesem Band auf Seite 64 bzw. 81) aufgestellt ist, ist auf folgende Weise gemacht:

| | | | |
|---|---|---|---|
| 3 | 5 | 7 | 9 |
| 4 | 8 | 16 | 32 |

Welche in der Reihenfolge der geradzahligfach geraden Zahlen die Zahl 3 multipliziert hat, diejenigen Zahlen, die daraus erzeugt wurden (3 · 4, 3 · 8, 3 · 16 usw.), werden in die erste Zeile angeordnet. Wiederum werden diejenigen, die aus der Multiplikation derselben mit 5 entstanden sind (5 · 4, 5 · 8, 5 · 16 usw.), an zweiter Stelle aufgestellt. Danach hingegen, welche übrigen die 7 durch Multiplikation erzeugt hat (7 · 4, 7 · 8, 7 · 16 usw.), diese haben wir an die dritte Stelle geschrieben, und dasselbe haben wir auch in den übrigen Teilen der Darstellung vollbracht:

*[Abb. fol. 48r, hier S. 80]*

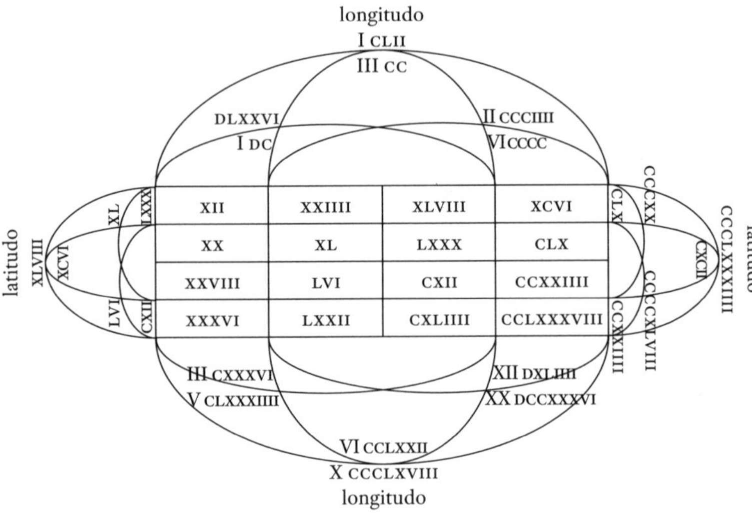

Staatsbibliothek Bamberg, *Msc. Class.* 5
*fol.* 2v: Symmachus und Boethius (s. o. S. 13–14)

*fol.* 7[v]: Boethius, *Arithmetik* I, Kapitelübersicht

*fol.* 9[v]: Personfikationen des *quadruvium* (s. o. S. 14)

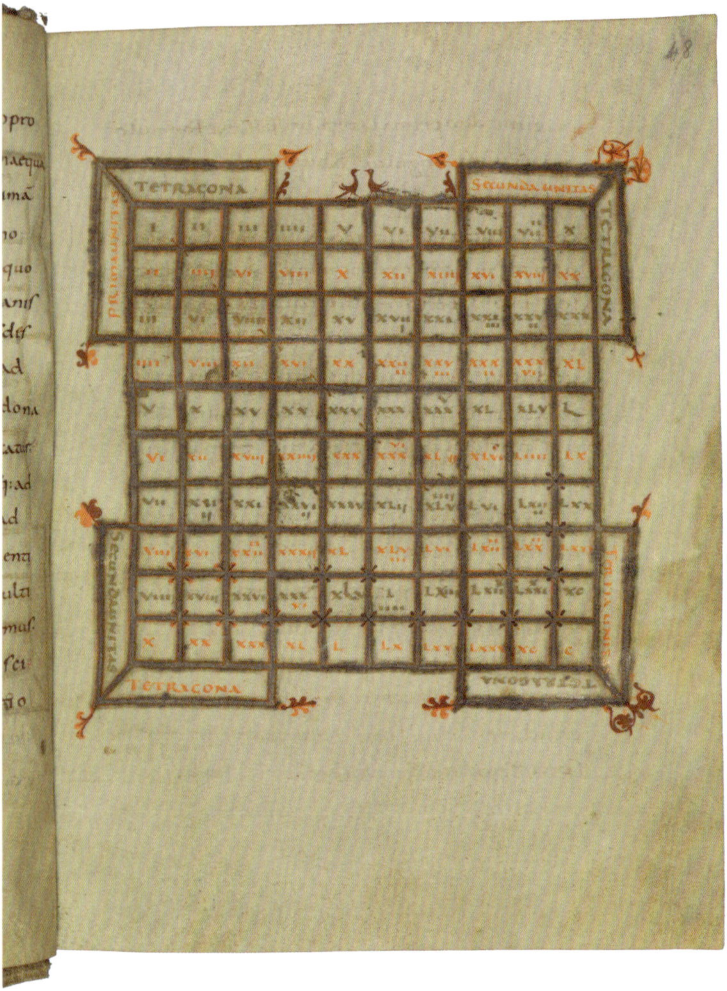

*fol.* 48r: Boethius, *Arithmetik* I 26,2

| | | |
|---|---|---|
| VIIII | VI | IIII |

Superioris igitur discriptionis primo primus
aequus numerus adscribatur id est VIIII. secundus uero
primus et secundo id est XV. tertius uero primo duo
b(us) secundis et tertio id est XXV. et uenit haec forma

| | | |
|---|---|---|
| VIIII | VI | IIII |
| VIIII | XV | XXV |

Si uero sesquitertium eodem modo uertamus ordo su
per tripartiens inuenitur. Sit enim prima propo
sitio sesquitertia.

| | | |
|---|---|---|
| XVI | XII | VIIII |

Ponatur enim secundum priorem modum primo
primus par id est XVI. secundus primo et secun
do id est XXVIII. tertius primo et duob(us) secundis et
tertio id est XLVIIII. Omnis ergo summa disposita
sup(er) tripartientes efficiet.

| | | |
|---|---|---|
| XVI | XII | VIIII |
| XVI | XXVIII | XLVIIII |

*fol.* 60v: Boethius, *Arithmetik* I 32,18

*fol.* 63^v: Boethius, *Arithmetik* II, Kapitel

*fol.* 66v: Boethius, *Arithmetik* II 1,1

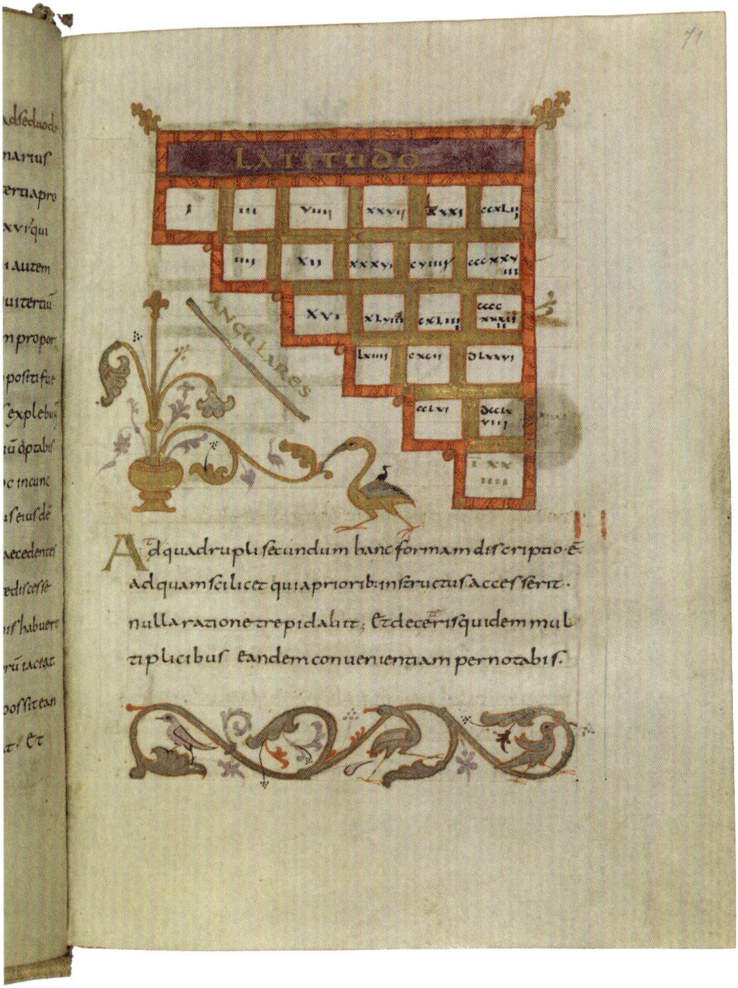

*fol.* 71r: Boethius, *Arithmetik* II 2,10

*fol.* 71[v]: Boethius, *Arithmetik* II 2,12

*fol.* 73[v]: Boethius, *Arithmetik* II 3,4

*fol.* 81v: Boethius, *Arithmetik* II 10,1

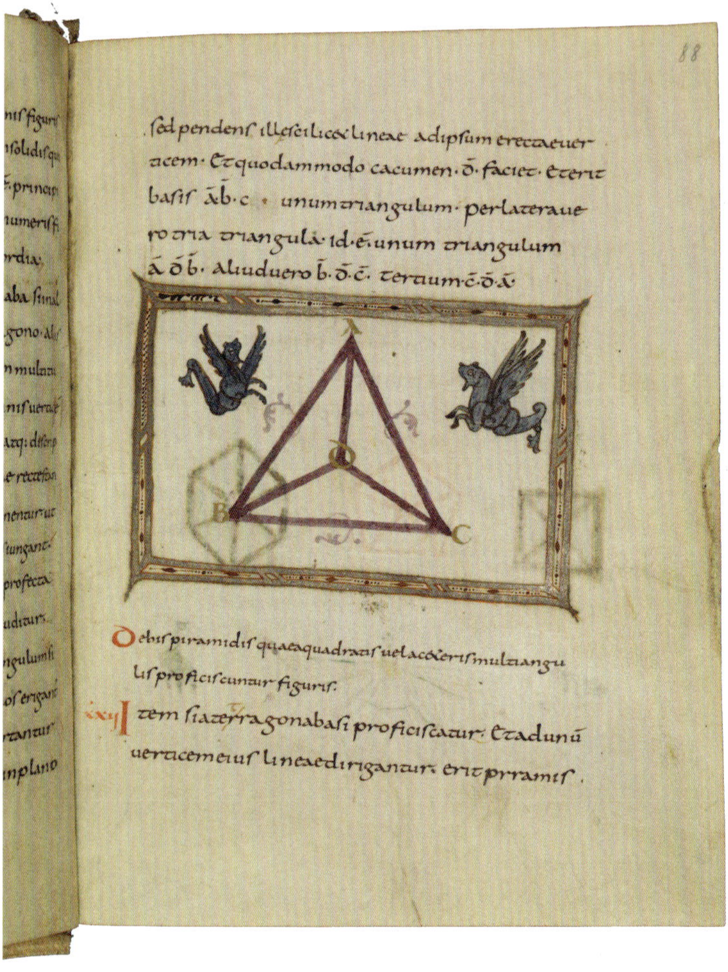

*fol.* 88r: Boethius, *Arithmetik* II 21,5

*fol.* 96v: Boethius, *Arithmetik* II 27.4

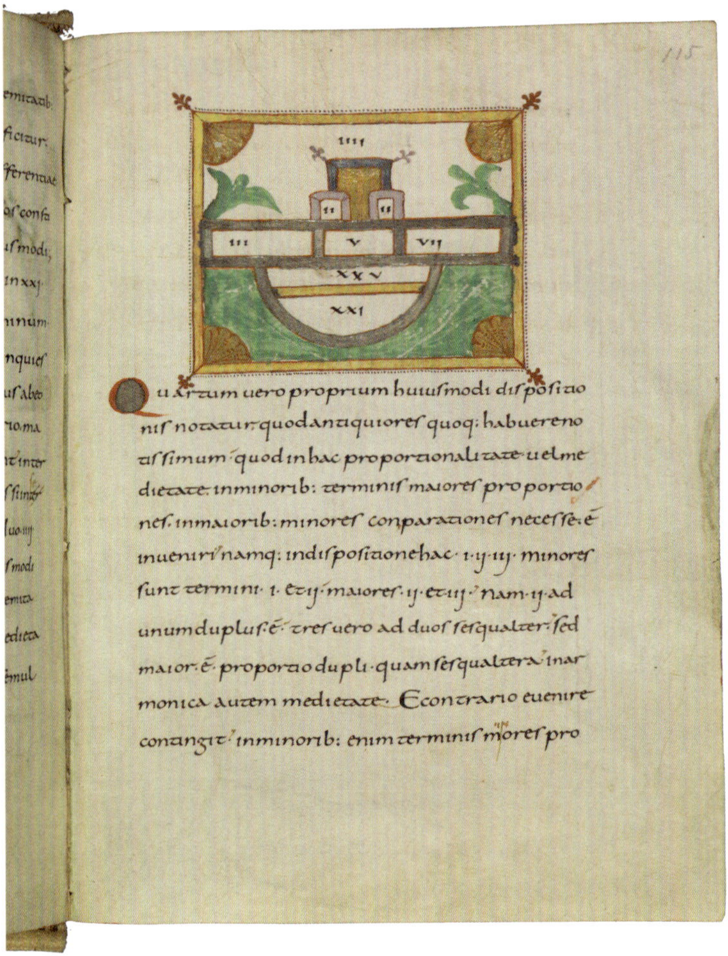

IIII
II II
III V VII
XXV
XXI

Quartum uero proprium huiusmodi dispositio
nis notatur. quod antiquiores quoq; habuere no
tissimum. quod in hac proportionalitate uel me
dietate. in minorib: terminis maiores proportio
nes. in maiorib: minores conparationes necesse ē
inueniri. namq; in dispositione hac. i. ii. iii. minores
sunt termini. i. et ii. maiores. ii. et iii. nam ii. ad
unum duplus ē. tres uero ad duos sesqualter. sed
maior ē proportio dupli quam sesqualtera. In har
monica autem medietate. E contrario euenire
contingit. in minorib: enim terminis minores pro

*fol.* 115v: Boethius, *Arithmetik* II 43,12

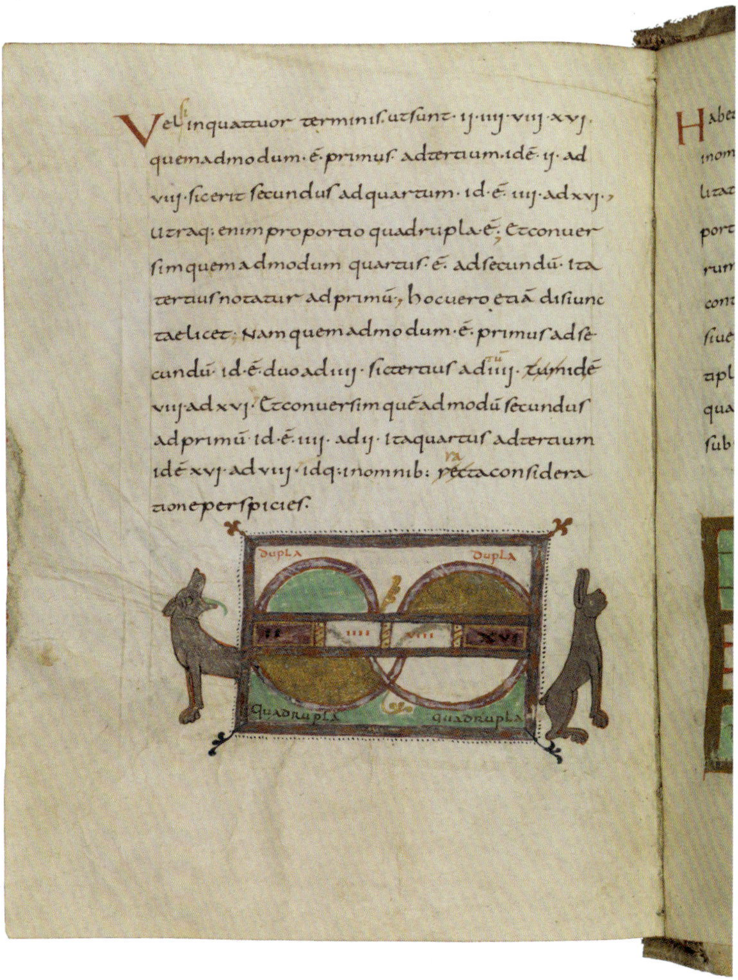
Vel in quattuor terminis. ut sunt. ii. iiii. viii. xvi.
quemadmodum. ē. primus ad tertium. id ē. ii. ad
viii. sic erit secundus ad quartum. id ē. iiii. ad xvi.
Utraq; enim proportio quadrupla ē. Et conuer
sim quemadmodum quartus ē. ad secundū. ita
tertius notatur ad primū. hoc uero etiā disiunc
tae licet. Nam quemadmodum. ē. primus ad se
cundū. id ē. duo ad iiii. sic tertius ad iiii. tum id ē
viii. ad xvi. Et conuersim quēadmodū secundus
ad primū. id ē. iiii. ad ii. ita quartus ad tertium
id ē. xvi. ad viii. idq; in omnib; recta considera
tione perspicies.


*fol.* 116[v]: Boethius, *Arithmetik* II 44,3

*fol.* 48ʳ: Boethius, *Arithmetik* I 11,12

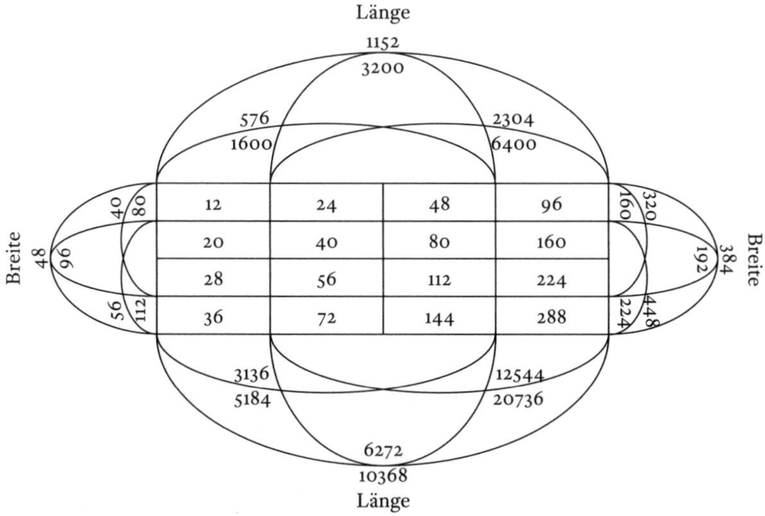


(Die nachstehende Graphik gibt die Zahlen in moderner Potenzschreibweise wieder.)

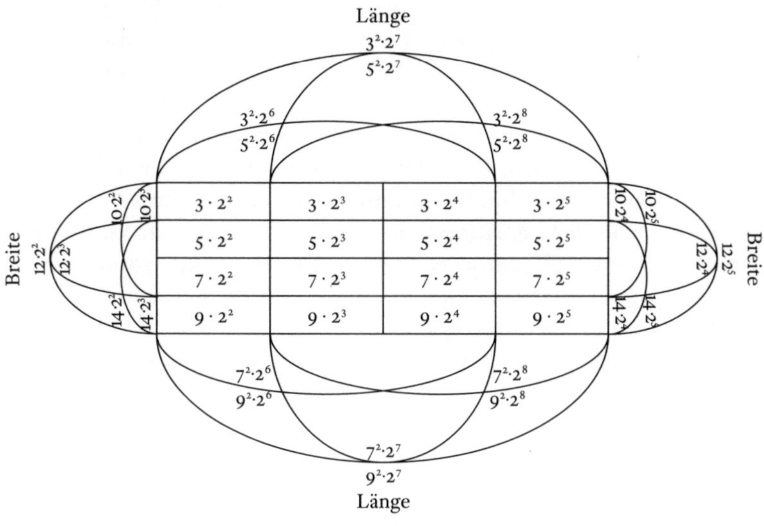

## XII. descriptionis ad inpariter paris naturam pertinentis expositio

(1) superius igitur digestae descriptionis haec ratio est: si ad latitudinem respicias, ubi est duorum terminorum una medietas, ipsosque terminos iungas, duplos eos medietate propria reperies, ut XXXVI et XX faciunt LVI, quorum medietas est XXVIII, qui medius est inter eos terminus constitutus. et rursus XXVIII et XII si iungas, faciunt XL, quorum XX medietas medius eorum [29] terminus invenitur. at vero ubi duas medietates habent, utraeque extremitates iunctae utrisque medietatibus aequales fiunt, ut XII et XXXVI, cum iunxeris, fiunt XLVIII horum si medietates sibimet applicaveris, id est XX et XXVIII, idem erit. atque in alia parte latitudinis eodem ordine qui fiunt numeri notati sunt, neque ulla in re ratio utriusque latitudinis discrepabit; idemque in eodem ordine in ceteris numeris pernotabis; et hoc secundum formam pariter inparis numeri fit, in quo hanc proprietatem esse supra iam dictum est.

(2) rursus si ad longitudinem respicias, ubi duo termini unam medietatem habent, quod fit ex multiplicatis extremitatibus, hoc fit, si medius terminus suae capiat pluralitatis augmenta. nam duodecies XLVII faciunt DLXXVI; medius vero eorum terminus, id est XXIIII si multiplicetur, eosdem rursus DLXXVI procreabit. et rursus si XXIIII in XCVI multiplicentur, faciunt II CCCIIII, quorum medius terminus, id est XLVIII, si in semet ipsum ducatur, idem II CCCIIII procreantur. ubi autem termini duo duas medietates includunt, quod fit multiplicatis extremitatibus, hoc idem redditur in alterutram summam medietatibus ductis. duodecies enim XCVI multiplicatis I CLII procreantur. duae vero eorum medietates, id est XXIIII et XLVIII si in semet ipsas multiplicentur, eosdem I CLII restituent. atque hoc est ad imitationem cognationemque numeri pariter paris, a quo participatione tracta haec ei recognoscitur ingenerata proprietas. et in alio vero latere longitudinis [30] eadem ratio descriptioque notata

## 12. Erklärung der Darstellung, die sich auf die Natur der ungeradzahligfach geraden Zahl bezieht

(1) Die Ratio der oben durchgenommenen Darstellung ist folgende: Wenn du auf die Breite schaust, wo es nur einen Mittelwert zwischen zwei Werten gibt, und eben diese Werte verbindest, wirst du feststellen, dass sie das Doppelte des eigentlichen Mittelwerts bilden, denn 36 und 20 ergeben 56, wovon die Hälfte 28 ist, was der Wert ist, der zwischen ihnen liegt. Wenn du wiederum 28 und 12 verbindest, ergeben sie 40, wovon die Hälfte 20 ist, und 20 wird als ihr Mittelwert in ihrer Mitte gefunden. Aber wo es zwei Werte in der Mitte gibt, sind die beiden zusammengefügten Randwerte gleich den mittleren Werten, etwa werden 12 und 36, wenn du sie zusammenfügst, 48. Wenn du ihre mittleren Werte aufeinander anwendest (addierst), also 20 und 28, ist die Gesamtzahl die gleiche. Und in dem anderen Teil der Breite sind die Zahlen, die entstehen, in derselben Anordnung notiert, und in keiner Weise wird die Ratio beider Breiten voneinander abweichen. Das Gleiche wirst du auch bei den anderen Zahlen feststellen. Dies geschieht nach der Form der geradzahligfach ungeraden Zahl, über die schon oben (in I 10,14) gesagt wurde, dass sie diese Eigenschaft hat.
(2) Wenn du wiederum auf die Länge schaust, wo zwei Werte nur einen Mittelwert haben, ergibt das, was aus den Randwerten multipliziert ist, die gleiche Gesamtzahl wie der mittlere Wert, mit seiner eigenen Vielheit vermehrt (mit sich selbst multipliziert), denn zwölfmal 48 ergibt 576. Wenn der mittlere Wert, also 24, mit sich selbst multipliziert wird, erzeugt es wiederum die gleiche Zahl, 576. Wenn wiederum 24 mit 96 multipliziert wird, ergibt es 2304, und ihr mittlerer Wert, also 48, erzeugt, wenn er mit sich selbst multipliziert wird, die gleichen 2304. Wo jedoch zwei Randwerte zwei mittlere Werte einschließen, ist die Zahl, die durch die Multiplikation der äußeren Randwerte entsteht, dieselbe wie diejenige, die durch die Multiplikation der mittleren Werte entsteht. Zwölfmal 96 erzeugt 1152. Die beiden mittleren Werte, also 24 und 48, ergeben, wenn sie multipliziert werden, ebenso 1152. Dies geschieht in Nachahmung und Verwandtschaft mit der geradzahligfach geraden Zahl, weshalb durch die erworbene Beteiligung ihr (der geradzahligfach geraden Zahl) diese Eigenschaft als eingepflanzt zuerkannt wird. An der anderen Seite der Länge können dieselbe Ratio und Darstellung bemerkt werden. Aus diesem Grund ist es offensichtlich, dass diese (ungeradzahligfach gerade) Zahl aus den

est. quare manifestum est, hunc numerum ex prioribus duobus esse procreatum, quoniam eorum retinet proprietates.

## XIII. de numero inpari eiusque divisione

(1) inpar quoque numerus, qui a paris numeri natura substantiaque disiunctus est – si quidem ille in gemina aequa dividi potest, hic ne secari queat, unitatis inpedit interventus –, tres habet similiter subdivisiones, quarum una eius pars est is numerus, qui vocatur primus et incompositus, secunda vero, qui est secundus et compositus, et tertia is, qui quadam horum medietate coniunctus est et ab utriusque cognatione aliquid naturaliter trahit, qui est per se quidem secundus et compositus, sed ad alios comparatus primus et incompositus invenitur.

## XIIII. de primo et incomposito

(1) et primus quidem et incompositus est, qui nullam aliam partem habet nisi eam, quae a tota numeri quantitate denominata sit, ut ipsa pars non sit nisi unitas, ut sunt

| | | | | | | | | | |
|---|---|---|---|---|---|---|---|---|---|
| III | V | VII | XI | XIII | XVII | XVIIII | XXIII | XXVIIII | XXXI |

in his ergo singulis nulla unquam alia pars invenietur, nisi quae ab ipsis denominata est, et ipsa tantum unitas, ut supra iam dictum est. in tribus enim una pars sola est, id est tertia, quae a tribus scilicet denominata est, et ipsa tertia pars unitas; eodemque modo quinarii sola quinta pars est et haec unitas, atque idem in singulis consequens reperietur.
(2) dicitur autem primus et incompositus, quod nullus eum alter numerus metiatur praeter solam, quae cunctis mater est, unitatem.

(3) namque ter[31]narium II non numerant, idcirco, quoniam si solos duos contra III compares, pauciores sunt, sin vero binarium bis

beiden vorherigen (geradzahligfach geraden und geradzahligfach ungeraden) erzeugt wird, weil sie deren Eigenschaften beibehält.

## 13. Über die ungerade Zahl und ihre Einteilung

(1) Ungerade ist eine Zahl, die durch Natur und Wesen von der geraden Zahl disjunkt ist – jene kann ja in zwei gleiche Hälften geteilt werden, die ungerade aber kann nicht gleich geteilt werden, weil das Dazwischentreten einer Einzahl dies verhindert – und hat auf ähnliche Weise drei Unterteilungen. Von diesen ist ein Teil eine Zahl, die Primzahl und unzusammengesetzt genannt wird, ein anderer eine, die sekundär und zusammengesetzt ist, und ein dritter die Zahl, die in der Mitte mit diesen beiden anderen verbunden ist und aus der Verwandtschaft der beiden anderen von Natur aus schöpft. Sie ist absolut (*per se*) sekundär und zusammengesetzt, aber wenn man sie mit anderen (*ad alios*) vergleicht, findet man sie als prim und unzusammengesetzt.

## 14. Über die Prim- und unzusammengesetzte Zahl

(1) Eine Prim- und unzusammengesetzte Zahl ist nun aber diejenige, die keinen anderen Teil hat als den, der nach der Gesamtmenge dieser Zahl benannt ist, so dass ihr Teil nichts anderes als die Einzahl ist; dies sind etwa

| | | | | | | | | | |
|---|---|---|---|---|---|---|---|---|---|
| 3 | 5 | 7 | 11 | 13 | 17 | 19 | 23 | 29 | 31 |

In diesen einzelnen Zahlen ist kein anderer Teil zu finden als der, der jeweils nach ihnen selbst benannt ist und der selbst die Einzahl ist, wie bereits oben gesagt wurde. In 3 ist nur ein Teil, nämlich ein Drittel, das eben nach der 3 benannt ist, und das Drittel selbst ist die Einzahl. In gleicher Weise gibt es von 5 nur einen fünften Teil, und das ist die Einzahl; dies findet man der Reihe nach bei jeder einzelnen Zahl.
(2) Eine solche wird Prim- und unzusammengesetzte Zahl genannt, weil keine Zahl durch eine andere Zahl geteilt werden kann, außer durch die, welche die Mutter aller Zahlen ist: die Einzahl.
(3) Die 2 kann die 3 nicht zählen (teilen), denn wenn man nur die 2 mit der 3 vergleicht, ist sie kleiner als die 3, aber wenn man die 2

facias, amplior est tribus, cum crescit in IIII. metitur autem numerus numerum, quotiens vel semel vel bis vel tertio vel quotienslibet numerus ad numerum comparatus neque deminuta summa neque aucta ad comparati numeri terminum usque pervenerit, ut II si ad VI compares, binarius numerus senarium tertio metietur.

(4) primos ergo et incompositos nullus numerus metietur praeter unitatem solam, quoniam ex nullis aliis numeris compositi sunt, sed tantum ex unitatibus in semet ipsis auctis multiplicatisque procreantur. ter enim unus III et quinquies unus V et septies unus VII fecerunt, et alii quidem, quos supra descripsimus, eodem modo nascuntur. hi autem in semet ipsos multiplicati faciunt alios numeros velut primi, eosque primam rerum substantiam vimque sortitos cunctorum a se procreatorum velut quaedam elementa reperies, quia scilicet incompositi sunt et simplici generatione formati atque in eos omnes, quicunque ex his prolati sunt numeri, resolvuntur, ipsi vero neque ex aliis producuntur neque in alios reducuntur.

## XV. de secundo et composito

(1) secundus vero et compositus et ipse quidem inpar est, propterea quod eadem inparis proprietate formatus est, sed nullam in se retinet substantiam principalem compositusque est ex aliis numeris habetque partes et a se ipso et ab alieno vocabulo denominatas; sed a se ipso denominatam partem solam semper in his reperies unitatem, ab alieno vero vocabulo vel unam vel quotlibet [32] alias, quanti fuerint scilicet numeri quibus ille compositis procreatur, ut sunt hi:

| | | | | | | |
|---|---|---|---|---|---|---|
| VIIII | XV | XXI | XXV | XXVII | XXXIII | XXXVIIII |

verdoppelt, wird sie größer als die 3, da sie zu 4 anwächst. Eine Zahl ist ein Maß für eine andere Zahl, so oft entweder einmal oder zweimal oder dreimal oder wie oft auch immer diese Zahl mit einer Zahl verglichen wird und die Gesamtzahl weder verringert noch vermehrt wird, sondern genau auf den Betrag der Zahl gelangt ist, mit der sie verglichen wird. Wenn du also 2 mit 6 vergleichst, misst (teilt) die Zweizahl die 6 dreimal.
(4) Daher kann keine andere Zahl Prim- und unzusammengesetzte Zahlen teilen außer allein der Einzahl, weil sie aus keinen anderen Zahlen zusammengesetzt sind, sondern nur aus vermehrten und multiplizierten Einzahlen erzeugt werden. Dreimal 1 ist 3, fünfmal 1 ist 5 und siebenmal 1 ist 7; so entstehen auch alle anderen, die wir oben beschrieben haben, auf dieselbe Weise. Diese mit sich selbst multipliziert erzeugen als Primzahlen andere Zahlen, und du wirst finden, dass sie das erste Wesen und die Kraft aller Zahlen sind, die aus ihnen erzeugt werden, als ob sie Elemente wären, weil sie nämlich unzusammengesetzt sind und durch einfache Erzeugung gebildet werden. In sie werden alle Zahlen aufgelöst, da alle Zahlen aus ihnen gezogen werden; weder werden diese Zahlen aus anderen hergestellt noch können sie auf andere reduziert werden.

## 15. Über die sekundäre und zusammengesetzte Zahl

(1) Sekundär, zusammengesetzt und selbst ungerade ist eine Zahl, weil sie durch dieselben Eigenschaften wie eine ungerade Zahl gebildet wurde, aber sie bewahrt in sich kein elementares vorrangiges Wesen; sie ist aus anderen Zahlen zusammengesetzt und hat Teile, die sowohl nach sich selbst als auch nach einem anderen Wert benannt werden. Als nach sich selbst benannten Teil wirst du immer allein die Einzahl finden, als nach einem anderen Wert benannten Teil entweder einen oder so viele andere, wie es nämlich Zahlen waren, aus denen jene zusammengesetzt erzeugt wurde. Es sind etwa diese:

| | | | | | | |
|---|---|---|---|---|---|---|
| 9 | 15 | 21 | 25 | 27 | 33 | 39 |

horum ergo singuli habent quidem a se denominatas partes proprias, scilicet unitates, ut VIIII nonam, id est unum, XV quintam decimam eandem rursus unitatem et in ceteris, quos supra descripsimus, idem convenit. habent etiam ab alieno vocabulo partem, ut VIIII tertiam, id est ternarium, et XV tertiam, id est quinque, et quintam, id est tres; XXI vero tertiam VII, septimam III; et in omnibus aliis eadem consequentia est.

(2) secundus autem vocatur hic numerus, quoniam non sola unitate metitur sed etiam alio numero, a quo scilicet coniunctus est, neque habet quicquam in se principalis intellegentiae. nam ex aliis numeris procreatur. VIIII quidem ex tribus, XV vero ex tribus et V, at XXI ex tribus et VII et ceteri eodem modo. compositus autem dicitur eo, quod resolvi potest in eosdem ipsos, a quibus dicitur esse compositus, in eos scilicet, qui compositum numerum metiuntur. nihil autem, quod dissolvi potest, incompositum est, sed omni rerum necessitate compositum.

## XVI. de eo, qui per se secundus et compositus est, ad alium primus et incompositus

his vero contra se positis, id est primo et incomposito et secundo et composito, et naturali diversitate disiunctis alius in medio consideratur, qui ipse quidem [33] compositus sit et secundus et alterius recipiens mensionem atque ideo et partis alieni vocabuli capax, sed cum fuerit ad alium eiusdem generis numerum comparatus, nulla cum eo communi mensura coniungitur; nec habebunt partes aequivocas; ut sunt VIIII ad XXV. nulla hos communis numerorum mensura metitur, nisi forte unitas, quae omnium numerorum mensura communis est. et hi quidem non habent aequivocas partes. nam quae in VIIII tertia est, in XXV non est, et quae in XXV quinta est, in novenario non est. ergo hi per naturam utrique secundi et compositi sunt, comparati

Jede einzelne von ihnen hat einen eigenen Teil, der nach ihr selbst benannt ist, nämlich die Einzahl; etwa 9 den neunten, der 1 ist; 15 den fünfzehnten von sich, wiederum die Einzahl; und bei den übrigen, die wir oben genannt haben, findet dasselbe statt. Sie haben aber auch einen nach einem anderen Wert benannten Teil; etwa 9 den dritten, der 3 ist; 15 den dritten, der 5 ist, und den fünften, der 3 ist; 21 den dritten, 7, und den siebten, 3; und bei allen anderen gibt es die gleiche Abfolge.
(2) Sekundär wird diese Zahl genannt, weil sie nicht allein durch die Einzahl, sondern auch durch eine andere Zahl geteilt wird, nämlich die, aus der sie verbunden ist; sie hat nicht in sich selbst etwas von einer vorrangigen Einsicht, denn sie wird ja aus anderen Zahlen erzeugt: 9 aus 3, 15 aus 3 und 5, 21 aus 3 und 7 und die anderen auf ähnliche Weise. Man sagt, dass eine Zahl zusammengesetzt ist, wenn sie in dieselben Zahlen aufgelöst werden kann, aus der sie zusammengesetzt sein soll, nämlich in Zahlen, welche die zusammengesetzte Zahl teilen. Nichts, was sich so auflösen lässt, ist unzusammengesetzt, sondern durch die eigentliche Notwendigkeit der Dinge zusammengesetzt.

## 16. Über die Zahl, die absolut (*per se*) sekundär und zusammengesetzt ist, in Bezug auf eine andere dagegen eine Prim- und unzusammengesetzte Zahl

Nachdem nun diese, also die Prim- und unzusammengesetzte Zahl und die sekundäre und zusammengesetzte, gegenübergestellt und durch einen natürlichen Unterschied getrennt sind, wird in der Mitte eine weitere Zahl betrachtet, die selbst zusammengesetzt und sekundär ist und die fähig ist, die Messung einer anderen zu gestatten und die daher auch einen Teil mit anderem Nenner haben kann, die aber, wenn sie mit einer anderen Zahl von derselben Art verglichen wird, mit ihr durch kein gemeinsames Maß verbunden ist; sie werden keine gleichnamigen Teile haben. Etwa gibt es 9 zu 25: Kein gemeinsames Maß der Zahlen teilt sie außer eben die Einzahl, die das gemeinsame Maß aller Werte ist. Diese Zahlen haben keine gleichnamigen Teile, denn was in 9 ein Drittel ist, gibt es in 25 nicht, und was in 25 ein Fünftel ist, gibt es in 9 nicht. Daher sind diese Zahlen von Natur aus beide sekundär und zusammengesetzt, aber wenn sie

vero ad se invicem primi incompositique redduntur, quod utrosque nulla alia mensura metitur, nisi unitas, quae ab utrisque denominata est; nam in novenario nona est, in XXV vicesima quinta.

## XVII. de primi et incompositi et secundi et compositi et ad se quidem secundi et compositi, ad alterum vero primi et incompositi procreatione

(1) generatio autem ipsorum atque ortus huiusmodi investigatione colligitur, quam scilicet Eratosthenes cribrum nominabat, quod cunctis inparibus in medio conlocatis per eam quam tradituri sumus artem, qui primi quique secundi quique tertii generis videantur esse distinguitur.

(2) disponantur enim a ternario numero cuncti in ordinem inpares in quamlibet longissimam porrectionem.

III. V. VII. VIIII. XI. XIII. XV. XVII. XVIIII. XXI. XXIII. XXV. XXVII. XXVIIII. XXXI. XXXIII. [34] XXXV. XXXVII. XXXVIIII. XLI. XLIII. XLV. XLVII.

his igitur ita dispositis considerandum, primus numerus quem eorum, qui sunt in ordine positi, primum metiri possit. sed duobus praeteritis illum, qui post eos est positus, mox metitur, et, si post eundem ipsum, quem mensus est, alii duo transmissi sint, illum qui post duos est, rursus metitur, et eodem modo, si duos quis reliquerit, post eos qui est, a primo numero metiendus est; eodemque modo relictis semper duobus omnes a primo in infinitum pergentes metientur.

(3) sed id non vulgo neque confuse. nam primus numerus illum, qui est post duos secundum se locatos, per suam quantitatem metitur. ternarius enim intermissis duobus id est V et VII novenarium metitur, et hoc per suam quantitatem id est per ternarium. ternarius enim numerus tertio VIIII metitur. si autem post novenarium duos reliquero, qui mihi post illos incurrerit, a primo metiendus est per

gegenseitig miteinander verglichen werden, dann werden sie Primzahlen und unzusammengesetzt, weil kein anderes Maß zu beiden passt, außer der Einzahl, die von beiden benannt wird: In 9 kommt die Einzahl neunmal vor, in 25 fünfundzwanzigmal.

## 17. Über die Erzeugung der Prim- und unzusammengesetzten Zahl, der sekundären und zusammengesetzten Zahl und der Zahl, die absolut (*ad se*) sekundär und zusammengesetzt ist, aber in Bezug auf eine andere eine Prim- und unzusammengesetzte Zahl

(1) Die Erzeugung und der Ursprung dieser Zahlen werden mit der Art der Untersuchung zusammengestellt, die bekanntlich Eratosthenes ein Sieb nannte, weil mit allen ungeraden Zahlen, die in die Mitte gelegt werden, durch das Sieb mittels jener Kunst, die wir gleich weitergeben werden, jede Zahl von den anderen ausgesiebt wird, die als von der ersten, zweiten und dritten Art angesehen werden.
(2) Es sollen alle ungeraden Zahlen von 3 an in einer geordneten Reihe in einer beliebig langen Erstreckung angeordnet sein:

3, 5, 7, 9, 11, 13, 15, 17, 19, 21, 23, 25, 27,
29, 31, 33, 35, 37, 39, 41, 43, 45, 47.

Mit den auf diese Weise angeordneten Zahlen müssen wir nun überlegen, welche der Zahlen, die in der geordneten Reihe platziert sind, von der ersten Zahl (3) als Erste geteilt werden können. Nach Übergehen von zwei Zahlen teilt sie sofort diejenige, die nach diesen platziert ist, und wenn nach dieser Zahl selbst, die geteilt wurde (9), zwei weitere Zahlen übergangen werden, wird die Zahl, die nach den beiden ist (15), wiederum geteilt werden, und auf die gleiche Weise werden alle (Zahlen), immer unter Auslassung von zweien, die von der ersten Zahl bis ins Unendliche fortlaufen, Teilungen vornehmen.
(3) Aber lass mich dies nicht auf eine allgemeine oder verwirrende Weise tun. Die erste Zahl teilt jene, die zwei Zahlen nach ihr platziert ist, nach ihrer Menge. Die 3 teilt, zwei Zahlen auslassend, nämlich 5 und 7, die 9, und zwar mit ihrer eigenen Menge, also dreimal, denn die Zahl 3 misst ein Drittel von 9. Wenn ich aber nach der 9 zwei Zahlen überspringe, wird diejenige, die mir nach jenen auftritt, von der ersten Zahl in Bezug auf die Menge der zweiten ungeraden Zahl in der

secundi inparis quantitatem, id est per quinarium. nam si post VIIII duos relinquam, id est XI et XIII ternarius numerus XV metietur per secundi numeri quantitatem, id est per quinarii, quoniam ternarius XV quinquies metitur. rursus si a quindenario inchoans duos intermisero, qui posterior positus est, eius primus numerus mensura est per tertii inparis pluralitatem. nam si post XV intermisero XVII et XVIIII, incurrit XXI, quem ternarius numerus secundum septenarium metitur XXI enim numeri ternarius septima pars est, atque ideo hoc in infinitum faciens reperio primum numerum, si binos intermiserit, omnes sequentes posse metiri secundum quantitatem positorum ordine inparium numerorum.

[35] (4) sin vero quinarius numerus, qui in secundo loco est constitutus, velit quis, cuius prima ac deinceps mensura sit, invenire, transmissis IIII inparibus quintus ei, quem metiri possit, occurrit. intermittantur enim IIII inpares, id est VII et VIIII et XI et XIII post hos est XV, quem quinarius metitur secundum primi scilicet quantitatem id est ternarii. V enim XV tertio metitur. ac deinceps si quattuor intermittat, eum, qui post illos locatus est secundus, id est quinarius, sui quantitate metitur. nam post XV intermissis XVII et XVIIII et XXI et XXIII post eos XXV reperio, quos quinarius scilicet numerus sua pluralitate metitur. quinquies enim quinario multiplicato XXV succrescunt. si vero post hunc quilibet IIII intermittat, eadem ordinis servata constantia, qui eos sequitur, secundum tertii, id est septenarii numeri, summam a quinario metietur; atque haec est infinita progressio.

(5) si vero tertius numerus quem metiri possit, exquiritur, sex in medio relinquentur, et quem septimum ordo monstraverit, hic per primi numeri, id est ternarii, quantitatem metiendus est; et post illum sex aliis interpositis, quem post eos numerum series dabit, per quinarium, id est per secundum, tertii eum mensura percurret. sin vero alios rursus sex in medio quis relinquat, ille, qui sequitur, per septenarium numerum ab eodem septenario metiendus est id est per tertii quantitatem; atque hic usque in extremum ratus ordo progreditur.

Reihe geteilt werden müssen, also durch 5. Wenn wir also nach der 9 zwei fortlassen, das heißt 11 und 13, wird die dritte Zahl 15 in Bezug auf die Menge der zweiten Zahl in der Reihe geteilt, das heißt durch die 5, denn 3 teilt 15 fünfmal. Wenn man wiederum von 15 beginnt und die zwei auslässt, die nach ihr platziert sind, teilt die erste Zahl sie durch die Menge der dritten ungeraden Zahl in der Reihe. Wenn man nämlich nach 15 die 17 und 19 auslässt, tritt 21 auf, die durch die Zahl 3 siebenmal geteilt wird. Von der Zahl 21 ist 3 ein Siebtel. Und indem ich dies bis ins Unendliche tue, finde ich, dass die erste Zahl dieser Reihe, wenn zwei ausgelassen werden, in der Lage ist, jede der folgenden Zahlen in der Reihenfolge um die Menge einer ungeraden Zahl in der Reihe zu teilen.

(4) Wenn im Fall der Zahl 5, die an zweiter Stelle in der Reihe steht, jemand herausfinden möchte, wovon sie das erste und folgende Maß ist, erscheint nach Auslassen von vier ungeraden Zahlen die fünfte als die, welche geteilt werden kann. Es sollen also vier ungerade Zahlen ausgelassen werden, nämlich 7, 9, 11 und 13; nach diesen kommt 15, welche die Zahl 5 entsprechend der Menge der ersten Zahl teilt, also 3, denn 5 misst ein Drittel von 15. Wenn man dann vier Zahlen danach auslässt, wird die Zahl, die dahinter liegt, von der zweiten, also 5, nach ihrer eigenen Menge geteilt. So finden wir nach der 15, wenn wir 17, 19, 21 und 23 auslassen, danach die 25, welche von der Zahl 5 nach deren eigener Menge geteilt wird. Fünfmal 5 multipliziert wächst nämlich zu 25 an. Wenn man danach man weitere vier Zahlen auslässt und dabei die Konstanz der gleichen Reihenfolge beibehält, wird die Zahl, die folgt (35), entsprechend der dritten, also der Zahl 7, als Gesamtzahl durch 5 geteilt. Und dies ist ein unendliches Fortschreiten.

(5) Wenn gefragt ist, welche von der dritten Zahl (7) geteilt wird, werden sechs dazwischen fortgelassen, und welche sich als siebte in der Reihenfolge gezeigt hat, kann mit der Menge der ersten Zahl, also 3, geteilt werden. Nach dieser, mit sechs anderen dazwischen, ist die Zahl, welche die Reihe dann ergibt (35), in der Lage, durch 5, also durch die zweite, durch das Maß der dritten (7) geteilt zu werden. Wenn man dann wiederum weitere sechs Zahlen dazwischen fortlässt, so muss die Zahl, die folgt (49), durch die Zahl 7 mit derselben 7 geteilt werden, also durch die Menge der dritten. Und diese berechnete Ordnung rückt vor bis zur letzten Zahl der Reihe.

(6) suscipiant ergo metiendi vicissitudinem quemadmodum sunt in ordinem naturaliter inpares constituti. metientur autem, si per pares numeros a binario inchoantes [36] positos inter se inpares rata intermissione transiliant, ut primus duo, secundus IIII, tertius VI quartus VIII quintus X, vel si locos suos conduplicent et secundum duplicationem terminos intermittant, ut ternarius qui primus est numerus et unus – omnis enim primus unus est – bis locum suum multiplicet faciatque bis unum; qui cum II sint, primus II medios transeat. rursus secundus, id est quinarius, si locum suum duplicet, IIII explicabit, hic quoque uti IIII intermittat. item si septenarius, qui tertius est, locum suum duplicet, sex creabit. bis enim III senarium iungunt. hic ergo in ordinem VI relinquat. quartus quoque si locum suum duplicet, VIII succrescent. ille quoque octo transiliat. atque hoc quidem in ceteris perspiciendum.

(7) modum autem mensionis secundum ordinem conlocatorum ipsa series dabit. nam primus primum quem numerat, secundum primum numerat, id est secundum se; et secundum primus quem numerat, per secundum numerat, et tertium per tertium et quartum item per quartum. cum autem secundus mensionem susceperit, primum quem numerat, secundum primum metitur, secundum vero quem numerat, per se, id est per secundum, et tertium per tertium, et in ceteris eadem similitudine mensura constabit.

(8) alios ergo si respicias vel qui alios mensi sunt, vel qui ipsi ab aliis metiuntur, invenies omnium simul communem mensuram esse non posse, neque ut omnes quemquam alium simul numerent; quosdam autem ex his ab alio posse metiri, ita ut ab uno tantum numerentur; alios vero, ut etiam a pluri[37]bus; quosdam autem, ut praeter unitatem eorum nulla mensura sit.

(6) Also sollen sich die ungeraden Zahlen der Wechselseitigkeit der Teilung unterwerfen, so wie sie in eine der Natur entsprechende Ordnung gebracht wurden. Sie werden aber gemessen, wenn die ungeraden Zahlen mit berechneter Auslassung jeweils gerade Zahlen, von 2 beginnend aufgestellt, überspringen, so dass die erste 2 überspringt, die zweite 4, die dritte 6, die vierte 8, die fünfte 10 – wenn sie also ihre Positionen verdoppeln und entsprechend der Verdopplung Werte auslassen. So wie die 3, welche die erste Zahl ist und die Nummer eins – jeder erste ist ja die Nummer eins –, ihre Position zweimal multipliziert und zweimal eins macht; weil das 2 ist, übergeht die erste jeweils zwei dazwischen. Wenn die zweite wiederum, das ist die 5, ihre Position verdoppelt, entfaltet das 4, also ist es notwendig, jeweils vier auszulassen. Wenn so auch die 7, welche die dritte ist, ihre Position verdoppelt, schafft sie 6, denn zweimal 3 verbindet sich zu 6; sie lässt also sechs in der Reihe fort. Wenn die vierte (9) ihre Position verdoppelt, wächst es zu 8 an; diese überspringt jeweils acht. Dies muss auch in den übrigen Zahlen durchschaut werden.
(7) Die Reihe selbst wird uns die Möglichkeit geben, eine Messung nach der Reihenfolge der angeordneten Zahlen vorzunehmen. Was auch immer die erste Zahl zählt (teilt), das teilt sie nach der ersten Zahl, das heißt, nach sich selbst. Wenn die erste Zahl die zweite teilt, teilt sie die durch die zweite, und die dritte durch die dritte und die vierte durch die vierte. Wenn aber die zweite Zahl das Maß nimmt (teilt), teilt sie die erste Zahl, die sie teilt, nach der ersten, die zweite, die sie teilt, durch sich, also durch die zweite, die dritte durch die dritte; in den übrigen Zahlen wird dieses Maß mit dieser gleichen Beständigkeit fortbestehen.
(8) Wenn du also andere Zahlen oder andere, die geteilt werden, oder die selbst von anderen geteilt werden, anschaust, wirst du feststellen, dass es kein Maß für alle diese zugleich geben kann und dass auch nicht alle Zahlen zugleich geteilt werden können. Einige aus dieser Reihe können von einer anderen Zahl geteilt werden, so dass sie nur von einer geteilt werden; andere können von vielen Zahlen geteilt werden. Doch es gibt einige, für die es kein anderes Maß als die Einzahl gibt.

(9) qui ergo nullam mensuram praeter unitatem recipiunt, hos primos et incompositos iudicamus, qui vero aliquam mensuram praeter unitatem vel alienigenae partis vocabulum sortiuntur, eos pronuntiemus secundos atque compositos.

(10) tertium vero illud genus per se secundi et compositi, primi vero et incompositi ad alterutrum comparati, hac inquisitor ratione, reperiet. si enim quoslibet illos numeros secundum suam in semet ipsos multiplices quantitatem, qui procreantur, ad alterutrum comparati nulla mensurae communione iunguntur. III enim et V si multiplices, III tertio VIIII facient, et quinquies V reddent XXV. his igitur nulla est communis mensurae cognatio. rursus V et VII quos procreant, si compares, hi quoque incommensurabiles erunt. quinquies enim V, ut dictum est, XXV, septies VII faciunt XLVIIII, quorum mensura nulla communis est; nisi forte omnium horum procreatrix et mater unitas.

## XVIII. de inventione eorum numerorum, qui ad se secundi et compositi sunt, ad alios vero relati primi et incompositi

(1) qua vero ratione tales numeros invenire possimus, si quis nobis eosdem proponat et imperet agnoscere, utrum aliqua mensura commensurabiles sint, an certe sola unitas utrosque metiatur, reperiendi ars talis est.

(2) datis enim duobus numeris inaequalibus, auferre de maiore minorem oportebit, et qui relictus fuerit, si maior est, auferre ex eo rursus minorem, si vero minor fuerit, eum ex reliquo maiore detrahere atque hoc eo [38] usque faciendum, quoad unitas ultima vicem retractionis inpediat, aut aliquis numerus, inpar necessario, si utrique numeri inpares proponantur; sed eum, qui relinquitur, numerum sibi ipsi videbis aequalem.

(9) Wir können also diejenigen, die kein Maß außer der Einzahl gestatten, als Prim- und unzusammengesetzte Zahlen beurteilen. Diejenigen Zahlen, die ein Maß außer der Einzahl oder den Nenner eines fremden Teils haben, wollen wir als sekundär und zusammengesetzt verkünden.
(10) Eine dritte Art ist absolut (*per se*) sekundär und zusammengesetzt, aber wenn sie mit einer anderen verglichen wird, ist sie prim und unzusammengesetzt. Wer dies untersucht, kann diese Art durch die folgende Ratio erhalten: Wenn du beliebige solche Zahlen jeweils mit ihrer eigenen Menge multiplizierst, werden die Zahlen, die erzeugt werden, im Vergleich zueinander durch kein gemeinsames Maß verbunden sein. Wenn du nämlich sowohl die 3 als auch die 5 (mit sich selbst) multiplizierst, ergibt dreimal 3 die 9 und fünfmal 5 die 25, und es gibt keine gemeinsame Verwandtschaft beim Maß. Wenn du wiederum die Zahlen untersuchst, die 5 und 7 erzeugen, wirst du auch sehen, dass diese ebenfalls keinen gemeinsamen Teiler haben werden. Fünfmal 5 ergibt ja, wie wir sagten, 25, und siebenmal 7 ergibt 49, und zwischen diesen beiden gibt es kein gemeinsames Maß, außer jener Erzeugerin und Mutter aller dieser Zahlen, der Einzahl.

## 18. Über die Entdeckung jener Zahlen, die in Bezug in sich selbst sekundär und zusammengesetzt sind, in Bezug auf andere dagegen Prim- und unzusammengesetzte Zahlen

(1) Wir sind in der Lage, solche Zahlen durch folgende Ratio zu finden, wenn uns jemand solche Zahlen vorlegt und uns bittet, wahrzunehmen, ob sie durch ein bestimmtes Maß messbar sind oder ob nur die Einzahl jede von ihnen mit Sicherheit teilt, dann ist die Kunst, sie zu finden, folgende:
(2) Bei zwei gegebenen ungleichen Zahlen soll man von der größeren die kleinere wegnehmen, und wenn die übrigbleibende größer (als die kleinere) ist, wiederum von ihr die kleinere wegnehmen, wenn sie aber kleiner ist, sie (die übrigbleibende) von der übrigen größeren abziehen und dies so lange tun, bis die letzte Einzahl den Weg der Reduktion verhindert oder bis eine andere Zahl (entsteht), die zwangsläufig ungerade ist, wenn beide Zahlen als ungerade vorgelegt sind. Dann wirst du sehen, dass die Zahlen, die übrigbleiben, einander gleich sind.

(3) ergo si in unum incurrat vicissim ista subtractio, primi contra se necessario numeri dicentur et nulla alia mensura nisi sola unitate coniuncti. si vero ad aliquem numerum, ut superius dictum est, finis deminutionis incurrerit, erit numerus, qui metiatur utrasque summas, atque eundem ipsum, qui remanserit, dicemus utrorumque communem esse mensuram.

(4) age enim duos numeros propositos habeamus, quos iubeamur agnoscere, an eos aliqua communis mensura metiatur; atque hi sint VIIII scilicet et XXVIIII hoc igitur modo faciemus reciprocam deminutionem. auferamus de maiore minorem, hoc est de XXVIIII novenarium, relinquentur XX ex his ergo XX rursus minorem detrahamus, id est VIIII et relinquentur XI ex his rursus detraho VIIII, relicti sunt II quos si detraho novenario, reliqui sunt VII; quos si duo rursus septenario dempserim, supersunt V, atque ex his alios duos, III rursus exuberant, quos alio binario deminutos sola unitas superstes egreditur. rursus si ex duobus unum auferam in uno terminus detractionis haerebit, quem duorum illorum numerorum, id est VIIII et [39] XXVIIII solam neque aliam constat esse mensuram. hos ergo contra se primos vocabimus.

(5) sed sint alii numeri nobis eadem condicione propositi, id est XXI et VIIII, ut quales hi sint investigentur, cum sibimet fuerint invicem comparati. rursus aufero de maiore minoris numeri quantitatem, id est VIIII de XXI, relinquuntur XII ex his rursus demo VIIII, supersunt III qui si ex novenario detrahantur, senarius relinquetur. quibus item si quis ternarium demat, III relinquentur, de quibus III detrahi nequeunt, atque hic est sibi ipsi aequalis. nam III, qui detrahebantur, usque ad ternarium numerum pervenerunt, a quo quoniam aequales sunt, detrahi minuique non poterunt. hos igitur commensurabiles pronuntiabimus et est eorum, qui est reliquus, ternarius mensura communis.

(3) Wenn diese abwechselnde Subtraktion bei 1 eintrifft, werden diese Zahlen durch die Notwendigkeit in Bezug zueinander Primzahlen genannt und es wird gesagt, dass sie durch kein anderes Maß als die Einzahl selbst verbunden sind. Wenn aber der Vorgang zu einer anderen Zahl führt, wie oben gesagt, und das Ende der Verkleinerung eintritt, wird es die Zahl sein, die beide Beträge teilt, und das, was übrigbleibt, wird daher als ihr gemeinsames Maß bezeichnet.
(4) Auf, nehmen wir an, dass uns zwei Zahlen vorgelegt werden und wir erkennen sollen, ob sie durch irgendein gemeinsames Maß geteilt werden können. Diese seien nämlich etwa 9 und 29, und wir machen eine reziproke Subtraktion auf folgende Weise: Wir nehmen die kleinere von der größeren weg, also 9 von 29, übrig bleibt 20; von dieser 20 ziehen wir wiederum die kleinere Zahl ab, das ist 9, und übrig bleibt 11; wenn wir davon wiederum 9 abziehen, bleibt 2 übrig, was von 9 abgezogen 7 übrig lässt; und wenn wir 2 wiederum von 7 abziehen, ist noch 5 da; und eine weitere 2 davon abgezogen, verbleibt wiederum 3, von der, wenn man sie um eine weitere 2 vermindert, nur die Einzahl als Rest herauskommt. Wenn wir wiederum von zwei 1 wegnehmen, wird der Endpunkt der Subtraktion in der Zahl 1 liegen; von diesen beiden Zahlen, also 9 und 29, kann es kein anderes Maß als das obige geben. Diese beiden Zahlen werden also einander gegenüberstehende Primzahlen genannt.
(5) Es sollen uns noch andere Zahlen unter der gleichen Bedingung vorgelegt werden, nämlich 21 und 9, damit sie gegenseitig miteinander verglichen werden können und untersucht werden kann, was sie sind. Wiederum werde ich die Menge der kleineren Zahl von der Menge der größeren wegnehmen, also 9 von 21, und übrig bleibt 12; von dieser nehme ich wiederum 9 weg, es ist noch 3 da. Zieht man diese von 9 ab, bleibt 6 übrig. Nimmt man davon 3 weg, bleibt 3 übrig, von der keine 3 abgezogen werden kann, und diese ist gleich sich selbst. Nun gelangt die 3, die abgezogen wurde, bis zur Zahl 3, und da sie dieser gleich ist, kann sie nicht abgezogen werden und vermindern. Wir können daher verkünden, dass diese beiden Zahlen (21 und 9) kommensurabel sind und dass die Zahl 3, die übrig bleibt, ihr gemeinsames Maß ist.

## XVIIII. alia partitio paris secundum perfectos, inperfectos et ultra quam perfectos

(1) ac de inparibus numeris quantum introductionis permittebat brevitas expeditum est.
(2) rursus numerorum parium sic fit secunda divisio. alii enim eorum sunt superflui, alii deminuti secundum utrasque habitudines inaequalitatis. omnis quippe inaequalitas aut in maioribus aut in minoribus consideratur. illi enim inmoderata quodammodo plenitudine proprii corporis modum partium suarum numerositate praecedunt; illos autem velut paupertate inopes oppressosque quadam naturae suae inopia minor, quam ipsi sunt, partium summa componit.

(3) atque illi quidem, quorum partes ultra quam satis est sese por[40]rexerint, superflui nominantur, ut sunt XII vel XXIIII. hi enim suis partibus comparati maiorem partium summam toto corpore sortiuntur. est enim duodenarii medietas VI pars tertia IIII pars quarta III pars sexta II pars duodecima I omnisque hic cumulus redundat in XVI et totius corporis sui multitudinem vincunt.

(4) rursus XXIIII numeri medietas est XII, tertia VIII, quarta VI, sexta IIII, octava III. duodecima II, vicesima quarta I, qui omnes XXX et VI rependunt. in qua re manifestum est, quod summa partium maior est et supra proprium corpus exundat.

(5) atque hic quidem, cuius compositae partes totius summam numeri vincunt, superfluus appellatur,
(6) deminutus vero ille, cuius eodem modo compositae partes totius termini multitudine superantur, ut VIII vel XIIII habet enim octonarius partem mediam, id est IIII, habet et quartam, id est II, habet et octavam, id est I. quae cunctae in unum redactae VII colligunt, minorem scilicet summam toto corpore concludentes.

(7) rursus XIIII habent medietatem, id est septenarium, habent septimam, id est II, habent quartam decimam, id est I. quae in unum si collectae sint, denarii numeri summa succrescit, toto scilicet termino minor.

## 19. Eine andere Einteilung der geraden Zahl nach vollkommenen, defizienten und abundanten Zahlen

(1) Die Einführung in die ungeraden Zahlen ist damit, soweit es die Kürze erlaubte, dargelegt.

(2) Von den geraden Zahlen erfolgt wiederum eine zweite Einteilung so: Die einen sind abundant (überfließend), die anderen defizient (vermindert) nach ihren jeweiligen Beziehungen der Ungleichheit. Man kann ja die beiden Arten von Ungleichheit entweder in höherer oder in geringerer Form betrachten. Die einen überrunden durch eine gewissermaßen maßlose Fülle in Bezug auf die Zahl ihrer Teile die Größe ihres eigenen Körpers; die anderen, die – wie durch Armut mittellos und durch einen gewissen Mangel ihrer Natur bedrängt – werden von einer Summe ihrer Teile gebildet, die kleiner ist als sie selbst.

(3) Jene Zahlen, deren Teile sich weiter erstreckt haben als genug ist, werden abundante Zahlen genannt, wie 12 oder 24. Diese erhalten, verglichen der Gesamtzahl ihrer Teile, eine größere Gesamtzahl der Teile als der Gesamtkörper. Die Hälfte von 12 ist 6, ein Drittel ist 4, ein Viertel ist 3, ein Sechstel ist 2 und ein Zwölftel ist 1. Diese gesamte Anhäufung (6+4+3+2+1) ergibt 16 und überragt die Menge des Gesamtkörpers (12).

(4) Wiederum 24: Die Hälfte dieser Zahl ist 12, ein Drittel ist 8, ein Viertel ist 6, ein Sechstel ist 4, ein Achtel ist 3, ein Zwölftel ist 2 und ein Vierundzwanzigstel ist 1. Alle diese Zahlen addieren sich zu 36. In dieser Angelegenheit ist es offensichtlich, dass die Gesamtzahl der Teile größer als der eigene Körper der ursprünglichen Zahl ist und diese übersteigt.

(5) Und so wird diese Zahl, deren Teile zusammen die Gesamtzahl derselben Zahl überragen, abundant (überfließend) genannt,

(6) jene hingegen defizient (vermindert), deren Teile, wenn sie in gleicher Weise zusammengesetzt werden, von der Menge des ganzen Werts übertroffen werden, wie 8 oder 14. Es hat ja 8 eine Hälfte, das ist 4, ein Viertel, das ist 2, und ein Achtel, das ist 1. Wenn alle in einen Wert zusammengestellt werden, erzielen sie 7, was nämlich eine kleinere Gesamtzahl als der Gesamtkörper (8) darstellt.

(7) Wiederum hat 14 eine Hälfte, die ist 7, ein Siebtel, das ist 2, und ein Vierzehntel, das ist 1. Wenn diese in eines zusammengestellt sind, wächst die Gesamtzahl zu 10 an, nämlich kleiner als der Gesamtwert (14).

(8) atque hi quidem hoc modo sunt, ut prior ille, quem suae partes superant, talis videatur, tamquam si quis multis super naturam manibus natus, ut centimanus gigas vel triplici coniunctus corpore, ut Geryo tergeminus, vel quicquid unquam monstruosum naturae in partium mul[41]tiplicatione subripuit; ille vero, ut si naturaliter quadam necessaria parte detracta aut minus oculo nasceretur, ut Cyclopeae frontis dedecus fuit, vel quo alio curtatus membro naturale totius suae plenitudinis dispendium sortiretur.

(9) inter hos autem velut inter inaequales intemperantias medii temperamentum limitis sortitus est ille numerus, qui perfectus dicitur, virtutis scilicet aemulator, qui nec supervacua progressione porrigitur, nec contracta rursus deminutione remittitur, sed medietatis obtinens terminum suis aequus partibus nec crassatur abundantia, nec eget inopia, ut VI vel XXVIII. namque senarius habet partem mediam, id est III, et tertiam, id est II et sextam, id est I quae in unam summam si redactae sint par totum numeri corpus suis partibus invenitur. XXVIII vero habet medietatem XIIII et septimam IIII nec caret quarta, id est VII, possidet quartam decimam II et reperies in eo vicesimam octavam I, quae in unum redactae totum partibus corpus aequabunt. XXVIII enim iunctae partes efficient.

## XX. de generatione numeri perfecti

(1) est autem in his quoque magna similitudo virtutis et vitii. perfectos enim numeros rarenter invenies, eosque facile numerabiles, quippe qui pauci sint et nimis constanti ordine procreati. at vero superfluos ac demi[42]nutos longe multos infinitosque reperies, nec ullis ordinibus passim inordinateque dispositos et a nullo certo fine

(8) Und diese sind von dieser Art, dass jene erstgenannte, bei der die Teile sie übertreffen, als ähnlich zu jemandem gesehen wird, der mit übernatürlich vielen Händen geboren ist, wie es bei einem Riesen der Fall ist, der hundert Hände hat oder drei Körper, die miteinander verbunden sind, wie der dreifach geformte Geryon (vgl. Hesiodos, *Theogonie* 287). Oder diese Zahl gleicht irgendeiner Ungeheuerlichkeit der Natur, die plötzlich mit einer Vielzahl von Gliedmaßen erscheint. Die zweitgenannte Zahl, deren Teile, wenn man sie zusammenzählt, kleiner sind als die Größe der gesamten Zahl, ist wie einer, der mit einem fehlenden Glied oder nur einem Auge geboren wird, wie die Hässlichkeit im Gesicht des Kyklopen war (vgl. Hesiodos, *Theogonie* 143–145), oder wie einer, der um irgendein anderes Glied verstümmelt, von Natur aus einen Verlust seiner gesamten Fülle erlitt.
(9) Zwischen diesen Zahlen steht wie zwischen ungleichen Unmäßigkeiten die Zahl, welche die Ausgeglichenheit des mittleren Platzes erlangt hat, wie einer nämlich, der nach Tugend strebt; diese Zahl wird vollkommen genannt, und weder erstreckt sie sich in einem überflüssigen Fortschreiten noch wird sie wiederum in einer verkürzten Reduktion eingeschränkt, sondern sie nimmt den Platz der Mitte ein. Die Gesamtzahl ihrer Teile wird weder durch Überfluss verdickt noch leidet sie Mangel im Vergleich zum Ganzen, wie etwa 6 oder 28. 6 hat eine Hälfte, das ist 3, und ein Drittel, das ist 2, und ein Sechstel, das ist 1, die, wenn sie in eine Gesamtzahl zusammengebracht werden, als gleich dem Gesamtkörper der Zahl befunden werden. 28 hat nämlich eine Hälfte, 14, und ein Siebtel, 4, und es fehlt ihr auch nicht an einem Viertel, 7, sie besitzt auch ein Vierzehntel, 2, und man wird auch noch ein Achtundzwanzigstel, 1, finden, wobei alle diese Zahlen, zu einer Gesamtzahl zusammengebracht, der Größe des Gesamtkörpers aus den Teilen gleichkommen. 28 nämlich bringen die verbundenen Teile hervor.

## 20. Über die Erzeugung der vollkommenen Zahl

(1) Bei diesen gibt es eine große Ähnlichkeit mit Tugend und Laster. Du wirst die vollkommenen Zahlen selten finden und sie sind leicht aufzählbar, weil sie ja wenige sind und in einer sehr regelmäßigen Ordnung erzeugt werden (s. u. I 20,3). Die abundanten und defizienten Zahlen hingegen wirst du überaus zahlreich und unendlich finden und nicht in irgendwelchen Anordnungen, sondern durcheinander und

generatos. sunt autem perfecti numeri intra denarium numerum VI intra centenarium XXVIII intra millenarium CCCCXCVI intra decem milia VIII CXXVIII. et semper hi numeri duobus paribus terminantur, VI et VIII, et semper alternatim in hos numeros summarum fines provenient.

(2) nam et primum VI, inde XXVIII post hos CCCCXCVI. idem senarius, qui primus, post quem VIII CXXVIII. idem octonarius, qui secundus. (3) generatio autem procreatioque eorum est fixa firmaque, ne quo alio modo fieri possint, nec ut si hoc modo fiant, aliud quiddam ullo modo valeat procreari. dispositos enim ab uno omnes pariter pares numeros in ordinem quousque volueris, primo secundum adgregabis, et si primus numerus et incompositus ex illa coacervatione factus sit, totam summam in illum multiplicabis, quem posterius adgregaveras. si vero coacervatione facta primus et incompositus inventus non fuerit, sed compositus et secundus, hunc transgredere, atque alium, qui sequitur, adgregabis. si vero nec dum fuerit primus et incompositus, alium rursus adiunge et vide, quid fiat. quod si primum incompositumque reperies, tunc in ultimae multitudinem summae coacervationem multiplicabis.

(4) disponantur enim omnes pariter pares numeri hoc modo:

| | | | | | | | |
|---|---|---|---|---|---|---|---|
| I | II | IIII | VIII | XVI | XXXII | LXIIII | CXXVIII |

facies ergo ita. pones I eique adgregabis II tunc respicias ex hac adgregatione qui numerus factus sit. [43] inde III qui scilicet primus et incompositus est; et post unitatem ultimum binarium numerum adgregaveras. si igitur ternarium, id est qui ex coacervatione collectus est, per binarium multiplices, qui est ultimus adgregatus, perfectus sine ulla dubitatione nascetur. bis enim III VI faciunt, qui habet unam quidem a se denominatam partem, id est sextam, III vero medietatem

ungeordnet angeordnet und nicht von einem bestimmten Punkt aus erzeugt. Die vollkommenen Zahlen aber sind: innerhalb des Zehners die Zahl 6, innerhalb des Hunderters die 28, innerhalb des Tausenders die 496, innerhalb des Zehntausenders die 8128 (hier wird also wie in II 30 ein Zehnersystem vorausgesetzt). Diese Zahlen enden immer in zwei geraden Zahlen, 6 und 8, und immer abwechselnd kommen sie als Ende der Gesamtzahl bei diesen (vollkommenen) Zahlen hervor.
(2) Zuerst gibt es nämlich 6, dann 28, danach 496, das auf 6 endet, was die erste Zahl war, danach 8128, das wie die zweite Zahl auf 8 endet.
(3) Die Schaffung und Erzeugung dieser Zahlen sind festgelegt und stabil, damit sie, wenn sie auf diese Weise entstehen, auf keine andere Weise erzeugt werden können. Es ist auch überhaupt nicht möglich, sie, wenn sie auf diese Weise herbeigeführt werden, auf eine andere Art zu erzeugen. Lass die geradzahligfach geraden Zahlen von 1 ab angeordnet werden, und zwar in der Abfolge, soweit du willst. Dann wirst du die zweite zu der ersten addieren, und wenn aus dieser Addition eine Prim- und unzusammengesetzte Zahl entsteht, dann wirst du die Gesamtzahl mit der zweiten Zahl multiplizieren, die du später addiert hattest. Wenn aus dieser Anhäufung nicht eine Prim- und unzusammengesetzte, sondern eine sekundäre und zusammengesetzte Zahl entsteht, überspringe diese Zahl und addiere die nächste, die auf sie folgt. Wenn dann immer noch keine Prim- und unzusammengesetzte Zahl da ist, füge wiederum eine weitere Zahl an und schaue, was herauskommt. Wenn du aber eine Prim- und unzusammengesetzte Zahl finden wirst, dann wirst du die Anhäufung mit der Menge der letzten Gesamtzahl multiplizieren.
(4) Angeordnet werden sollen alle geradzahligfach geraden Zahlen auf folgende Weise:

| | | | | | | | |
|---|---|---|---|---|---|---|---|
| 1 | 2 | 4 | 8 | 16 | 32 | 64 | 128 |

Dann mache es wie folgt: Lege 1 hin, addiere 2 und schaue, welche Zahl aus dieser Addition entsteht. Daraus ergibt sich 3, die nämlich eine Prim- und unzusammengesetzte Zahl ist. Nach der 1 hattest du als letzte Zahl 2 addiert; wenn du nun die 3, die durch diese Anhäufung zusammengestellt wird, mit der 2 multiplizierst, welche die letzte addierte Zahl ist, dann entsteht ohne jeden Zweifel eine vollkommene Zahl: Zweimal 3 ergibt 6, die einen Teil hat, der nach ihr benannt ist, nämlich ein Sechstel, 3 als ihre Hälfte gemäß der Zweizahl, aber 2 ge-

secundum dualitatem, at vero II secundum coacervationem, id est secundum ternarium, quoniam coacervati III multiplicati sunt.
(5) XXVIII autem eodem modo nascuntur. si enim super I et II, qui sunt III addas sequentem pariter parem, id est IIII, septenariam facies summam. sed ultimum numerum quaternarium consequenter adiunxeras. per hunc igitur si illam coacervationem multiplicaveris, perfectus numerus procreatur. septies enim IIII XXVIII sunt, qui est suis partibus par, habens I a se denominatum, id est vicesimum octavum, medietatem vero secundum binarium XIIII, secundum quaternarium VII, septimum vero secundum septenarium IIII, secundum omnium collectionem quartum decimum II, qui vocabulo medietatis obponitur.
(6) ergo cum hi reperti sint, si alios invenire secteris, eadem oportet ratione ut [44] vestiges. ponas enim I licebit, et post hunc II et IIII, qui in septenarium cumulantur. sed de hoc dudum exstitit XXVIII perfectus numerus.

(7) huic igitur qui sequitur pariter par id est VIII, continens iungatur accessio, qui prioribus superveniens XV restituet. sed hic primus et incompositus non est, habet enim generis alterius partem super illam, quae est a se ipsa denominata, quintam decimam scilicet unitatem. hunc igitur, quoniam secundus est et compositus, praeterito et adiunge superioribus continentem pariter parem numerum, id est XVI, qui cum XV iunctus, unum ac triginta conficiet. sed hic primus rursus et incompositus est. hunc igitur cum extremi adgregati summa multiplica, ut fiant sedecies XXXI, qui CCCC XCVI explicant. haec autem est intra millenarium numerum perfecta et suis partibus aequa numerositas.

(8) igitur prima unitas virtute atque potentia non etiam actu vel opere et ipsa perfecta est. nam si primam ipsam sumpsero de proposito ordine numerorum, video primam atque incompositam, quam si per se ipsam [45] multiplico, eadem mihi unitas procreatur. semel enim I solam efficit unitatem, quae partibus suis aequalis est potentia solum, ceteris etiam actu atque opere perfectis.

(9) recte igitur unitas propria virtute perfecta est, quod et prima est et incomposita et per se ipsam multiplicata sese ipsam conservat.

mäß der Anhäufung, das ist gemäß der Dreizahl, weil diese angehäufte 3 (mit 2) multipliziert worden ist.

(5) 28 aber entsteht auf die gleiche Weise. Wenn du zu 1 und 2, die 3 ergeben, die folgende geradzahligfach gerade Zahl addierst, also 4, machst du die Gesamtzahl 7. Die Zahl 4 aber hattest du als letzte der Anordnung folgend angefügt; wenn du jene Anhäufung damit multiplizierst, wird eine vollkommene Zahl erzeugt: Siebenmal 4 ist 28, das ist eine Zahl, die gleich der Gesamtzahl ihrer Teile ist; sie hat eine 1 als ihren Nenner, der ihr Achtundzwanzigstel ist, und eine Hälfte von 14, ein Viertel von 7, ein Siebtel von 4 und ein Vierzehntel von 2, was dem Mittelwert entgegengesetzt ist.

(6) Nachdem also diese Zahlen gefunden worden sind, ist es notwendig, dass du die anderen mit der gleichen Ratio aufspürst, um sie zu entdecken. Du magst die 1 aufschreiben, danach die 2 und die 4, die zu 7 aufgehäuft werden. Die vollkommene Zahl 28 hat sich zuvor durch diesen Vorgang gezeigt.

(7) Dieser (der 7) wird die nächste geradzahligfach gerade Zahl, die folgt – das ist 8 – als Zuwachs hinzugefügt; sie erhöht die vorherige Zahl auf 15. Aber dies ist keine Prim- und unzusammengesetzte Zahl, denn sie hat noch eine Aufteilung anderer Art (nämlich fünfmal 3) jenseits derer, die nach ihr selbst benannt ist, nämlich fünfzehnmal 1. Weil diese Zahl sekundär und unzusammengesetzt ist, übergehe sie und addiere zu der vorherigen Zahl die nächste geradzahligfach gerade Zahl, nämlich 16, die, wenn sie zu 15 addiert wird, 31 ergibt. Dies ist wiederum eine Prim- und unzusammengesetzte Zahl. Multipliziere diese Zahl mit der letzten Zahl, die zur Gesamtzahl addiert wurde, so dass sechzehnmal 31 dann 496 entfaltet. Dies ist innerhalb des Tausenders die vollkommene und mit ihren Teilen gleiche Zahl.

(8) Die Einzahl ist potentiell (*virtute atque potentia*) die erste vollkommene Zahl, nicht aber tatsächlich (*actu vel opere*). Wenn ich diese erste aus der vorgelegten Ordnung der Zahlen nehme, sehe ich, dass sie Primzahl und unzusammengesetzt ist, denn wenn ich sie mit sich selbst multipliziere, wird mir dieselbe Einzahl erzeugt. Einmal 1 bringt nämlich nur eine Einzahl hervor, die ihren Teilen nur potentiell (*potentia*) gleich ist, während die anderen auch tatsächlich (*actu atque opere*) vollkommen sind.

(9) Richtig ist also die Einzahl potentiell (*propria virtute*) vollkommen, denn sie ist eine Prim- und unzusammengesetzte Zahl, und wenn sie mit sich selbst multipliziert worden ist, bewahrt sie sich.

(10) sed quoniam de ea quantitate, quae per se fit, dictum est, operis sequentiam ad illam, quae refertur ad aliquid, transferamus.

## xxi. de relata ad aliquid quantitate

(1) ad aliquid vero quantitatis duplex est prima divisio. omne enim aut aequale est aut inaequale, quicquid alterius comparatione metimur.
(2) et aequale quidem est, quod ad aliquid comparatum neque minore summa infra est, neque maiore transgreditur, ut denarius denario vel ternarius ternario vel cubitum cubito vel pes pedi et his similia.

(3) haec autem pars relatae ad aliquid quantitatis, id est aequalitas, naturaliter indivisa est. nullus enim potest dicere, quod aequalitatis hoc quidem tale est, illud vero huiusmodi. omnis enim aequalitas unam servat in propria moderatione mensuram.

(4) illud etiam, quod, quae ei quantitas comparatur, non alio vocabulo atque ipsa, cui comparatur, edicitur. nam quemadmodum amicus amico amicus est, vicinusque vicino, ita dicitur aequalis aequali.

(5) inaequalis vero quantitatis gemina divisio est. secatur enim quod inaequale est in maius atque minus, quae contraria sibimet denominatione funguntur. namque maius minore maius est et minus maiore minus est, et utraque non eisdem vocabulis, quemadmodum secundum aequali[46]tatem dictum est, sed diversis distantibusque signata sunt, ad modum discentis scilicet vel docentis vel caedentis vel vapulantis vel quaecunque ad aliquid relata aliter denominatis contrariis comparantur.

(10) Aber nachdem über die Menge, die absolut (*per se*) entsteht, gesprochen worden ist, wollen wir den folgenden Teil unserer Arbeit der (relativen) Menge, die in Bezug zu etwas (*ad aliquid*) steht, zuwenden.

## 21. Über eine Menge, die in Bezug zu etwas steht

(1) Was den Bezug zu etwas (*ad aliquid*) betrifft, ist die erste Einteilung der Menge eine doppelte: Alles, was wir im Vergleich mit etwas anderem messen, ist nämlich entweder gleich oder ungleich.
(2) Etwas ist gleich, wenn das, was mit etwas verglichen wird, weder unter seiner kleineren Gesamtzahl liegt noch seine größere Gesamtzahl übertrifft, etwa 10 im Vergleich zu 10 oder 3 im Vergleich zu 3 oder eine Elle im Vergleich zu einer Elle oder ein Fuß im Vergleich zu einem Fuß und so weiter mit ähnlichen Vergleichen.
(3) Dieser Teil einer Menge, die in Bezug zu etwas steht, also die Gleichheit, ist von Natur aus ungeteilt. Niemand kann sagen, dass es sich bei diesem um die eine Art von Gleichheit handelt, bei jenem um eine andere, denn jede Gleichheit behält ein Maß in seiner eigenen Anordnung bei.
(4) Jenes aber, was für eine Menge auch immer es ist, mit der es verglichen wird, wird mit keinem anderen Begriff bezeichnet als eben diese Menge, mit der es verglichen wird. So wie ein Freund zu einem Freund ein Freund ist oder ein Nachbar zu einem Nachbarn, so sagt man Gleiches zu Gleichem.
(5) Bei der ungleichen Menge gibt es zweierlei Teilung: Was ungleich ist, wird in höher und geringer geteilt, die in gegensätzlicher Bezeichnung fungieren. Das Höhere ist größer als das Geringere und das Geringere ist kleiner als das Höhere, und beide können nicht mit demselben Begriff auf die Weise bezeichnet werden, wie es bezüglich der Gleichheit gesagt worden ist, sondern sind durch unterschiedliche und getrennte bezeichnet worden, nämlich wie ein Schüler oder ein Lehrer, ein Schläger oder ein Geschlagener oder was auch immer in Bezug zu etwas durch anders benannte Gegensatzpaare verglichen wird.

## XXII. de speciebus maioris quantitatis et minoris

(1) maioris vero inaequalitatis V sunt partes. est enim una, quae vocatur multiplex, alia superparticularis, tertia superpartiens, quarta multiplex superparticularis, quinta multiplex superpartiens.

(2) his igitur quinque maioris partibus obpositae sunt aliae quinque partes minoris, quemadmodum ipsum maius minori semper obponitur, quae minoris species ita singillatim speciebus quinque maioris his, quae supra dictae sunt, obponuntur, ut eisdem nominibus nuncupentur, sola tantum sub praepositione distantes. dicitur enim submultiplex, subsuperparticularis, subsuperpartiens, submultiplex superparticularis et submultiplex superpartiens.

## XXIII. de multiplici eiusque speciebus earumque generationibus

(1) rursus multiplex est prima pars maioris inaequalitatis cunctis aliis antiquior naturaque praestantior, ut paulo post demonstrabitur. hic autem huiusmodi est, ut comparatus cum altero illum, contra quem comparatus est, habeat plus quam semel; quod primum in naturalis [47] numeri dispositione conveniet. namque ad unum cuncti, qui sequuntur, omnium ordine multiplicium sequentias varietatesque custodiunt. ad primum enim, id est unitatem, II duplus, III triplus, IIII quadruplus atque ita in ordinem progredientes omnes texuntur multiplices quantitates.

quod autem dictum est plus quam semel, id a binario numero principium capit et in infinitum per ternarium, quaternariumque et ceterorum ordinem sequentiamque progreditur.
(2) contra hunc vero discriminatus est ille, qui vocatur submultiplex; et haec quoque prima minoris quantitatis species est. hic autem numerus huiusmodi est, qui in alterius comparatione productus plus quam semel maioris numerat summam, sua scilicet quantitate cum eo aequaliter inchoans aequaliterque determinans. idem autem dico numerat, quod metitur.

## 22. Über die Arten von höherer und geringerer Menge

(1) Von der höheren Ungleichheit gibt es fünf Arten. Eine heißt Vielfach, eine andere Superpartikular, eine dritte Superpartient, eine vierte Vielfach-Superpartikular und eine fünfte Vielfach-Superpartient.
(2) Diesen fünf Arten der höheren Ungleichheit stehen nun weitere fünf Arten der geringeren Ungleichheit gegenüber. Jede höhere Art wird einer geringeren gegenübergestellt, und diese Arten von geringeren Ungleichheiten stehen einzeln den fünf Arten höherer Ungleichheit, die oben erwähnt worden sind, jeweils so gegenüber, dass sie mit den gleichen Namen benannt werden, nur durch die Vorsilbe »kehr« (*sub*) unterschieden. Sie heißen Kehr-Vielfach, Kehr-Superpartikular, Kehr-Superpartient, Kehr-Vielfach-Superpartikular und Kehr-Vielfach-Superpartient.

## 23. Über das Vielfache, seine Arten und deren Erzeugungen

(1) Das Vielfache wiederum ist die erste Art der höheren Ungleichheit, älter als alle anderen und ihnen von Natur aus vorausgehend, wie wir später nachweisen werden. Dieses ist von solcher Art, dass es, mit einem anderen verglichen, dieses andere, mit dem es verglichen wird, mehr als einmal enthält. Dies erfolgt zuerst in der Anordnung der natürlichen Zahlen. Zur 1 bewahren alle Zahlen, die folgen, die Folgen und Abweichungen in der Reihenfolge aller Vielfachen. Zur ersten Zahl, also zur Einzahl, ist 2 das Doppelte, 3 das Dreifache, 4 das Vierfache, und so werden der Reihe nach vorrückend alle Vielfachen-Mengen verwoben.
Was aber als »mehr als einmal« bezeichnet wurde, nimmt von der Zahl 2 aus seinen Anfang und rückt bis ins Unendliche vor über 3, 4 und in der Reihenfolge und Abfolge der übrigen.
(2) Im Gegensatz zu diesen (Vielfachen) wird dasjenige unterschieden, das Kehr-Vielfaches genannt wird, und dies ist die erste Art der geringeren Ungleichheiten. Diese Zahl ist von solcher Art, dass sie – im Vergleich zu einer anderen hergestellt – die Gesamtzahl der größeren mehr als einmal zählt (teilt), nämlich durch ihre eigene Menge mit ihr gleichermaßen beginnt und gleichermaßen endet. Dieselbe Zahl zählt (teilt), was sie teilt. *[dazu Guillaumin 1989b]*

(3) si igitur bis solum maiorem numerum minor numerus metiatur, subduplus vocabitur, si vero ter, subtriplus, si quater, subquadruplus et fit per haec in infinitum progressio, additaque eos semper sub praepositione nominabis, ut unus duorum subduplus, trium subtriplus, IIII subquadruplus appelletur et consequenter.

(4) cum autem naturaliter multiplicitas et submultiplicitas infinita sit, eorum quoque species per proprias generationes in infinita consideratione versantur. si enim positis in naturali constitutione numeris singulos per suas sequentias pares eligas, omnium ab uno parium atque inparium sese sequentium duplices erunt et huius speculationis terminus deficit. ponatur enim naturalis numerus hoc modo:

I. II. III. IIII. V. VI. VII. VIII. VIIII. X. XI. XII. XIII. XIIII. XV. XVI. XVII. XVIII. XVIIII. XX.

horum ergo si primum sumas parem, id est II, primi duplus erit, id est unitatis; si vero sequentem parem, id est IIII, secundi duplus est, id est duorum; si vero ter[48]tium parem sumas, id est VI, tertii numeri in naturali constitutione duplus est, id est ternarii; si vero quartum parem inspicias, id est VIII quarti numeri, id est quaternarii, duplus est. idemque in ceteris in infinitum sumentibus sine aliquo inpedimento procedit.

(5) triplices autem nascuntur, si in eadem dispositione naturali duo semper intermittantur, et qui post duos sunt, ad naturalem numerum comparentur, excepto ternario, qui, ut unitatis triplus sit, solum binarium praetermittit. post unum enim et duo tres sunt, qui triplus unius est; rursus post IIII et V sunt VI, qui secundi numeri, id est duorum, triplus est; rursus post VI sunt VII et VIII et post hos VIIII, qui tertii numeri, id est ternarii triplus est; atque hoc idem in infinitum si quis faciat, sine ulla offensione procedit.

(6) quadruplorum vero generatio incipit, si quis tres numeros intermittat. post unum quippe et duo et III sunt IIII, qui primi, id est

(3) Wenn eine kleinere Zahl eine größere Zahl zweimal teilt, wird sie Kehr-Doppeltes genannt, wenn dreimal, Kehr-Dreifaches, wenn viermal, Kehr-Vierfaches, und so gibt es ein Fortschreiten ins Unendliche. Du wirst diese Zahlen immer mit der hinzugefügten Vorsilbe »kehr« (*sub*) benennen, so dass 1 zu 2 Kehr-Doppeltes, 1 zu 3 Kehr-Dreifaches, 1 zu 4 Kehr-Vierfaches genannt werden soll und so weiter.
(4) Da Vielfachheit und Kehr-Vielfachheit von Natur aus unendlich sind, findet sich ihre Art durch ihre eigene Erzeugung in einer unendlichen Betrachtung. Wenn du, nachdem die Zahlen in ihrer natürlichen Anordnung aufgestellt worden sind, einzelne gerade Zahlen in ihren natürlichen Abfolgen nimmst, werden sie die Doppelten aller geraden und ungeraden Zahlen sein, die von 1 an einander folgen; es gibt kein Ende für diese Art der Betrachtung. Man ordne die natürlichen Zahlen in folgender Weise an:

1, 2, 3, 4, 5, 6, 7, 8, 9, 10, 11, 12, 13, 14, 15, 16,
17, 18, 19, 20.

Wenn du von diesen Zahlen die erste gerade Zahl nimmst, also die 2, ist sie das Doppelte der ersten Zahl, also der Einzahl (1); wenn du die folgende gerade Zahl nimmst, also die 4, ist sie das Doppelte der zweiten Zahl, also der 2. Wenn du die dritte gerade Zahl nimmst, also die 6, ist sie das Doppelte der dritten Zahl in der natürlichen Reihe, also der 3. Wenn du die vierte gerade Zahl betrachtest, also die 8, ist sie das Doppelte der vierten Zahl, also der 4. Derselbe Vorgang rückt bei Verwendung der übrigen Zahlen bis ins Unendliche ohne irgendein Hindernis vor.
(5) Dreifache entstehen, wenn in derselben natürlichen Anordnung immer zwei ausgelassen werden und die Zahlen, die nach diesen zwei stehen, dann mit der natürlichen Zahl verglichen werden, mit Ausnahme der 3, die, da sie das Dreifache der Einzahl ist, nur die 2 weglässt. Nun kommt nach der 1 und der 2 die 3, die das Dreifache der 1 ist; wiederum kommt nach der 4 und der 5 die 6, die das Dreifache der zweiten Zahl ist, welche die 2 ist. Wiederum nach 6 kommen 7 und 8 und nach diesen die 9, die das Dreifache der dritten Zahl, also der 3, ist. Wenn jemand genau dieses bis ins Unendliche tut, rückt er ohne jede Behinderung vor.
(6) Die Erzeugung der vierfachen Zahlen beginnt, wenn man 3 Zahlen auslässt. Nach 1, 2 und 3 kommt ja die 4, die das Vierfache der ersten

unius, quadruplus est; rursus si intermisero quinarium, senarium et septenarium, octonarius mihi quartus occurrit, tribus scilicet intermissis, qui binarii, id est secundi numeri quadruplus est; at vero si post VIII tres terminos intermisero, id est VIIII vel X vel XI duodenarius, qui sequitur, ternarii numeri quadruplus est; atque hoc idem in infinitum progressis necesse est evenire, semperque una terminorum intermissione si crescat adiectio, ordinatas te multiplicis numeri vices invenire miraberis.

(7) si enim IIII intermittas, quincuplus invenitur, si V sescuplus, si VI septuplus, semperque ipsius multiplicationis nomine uno minus intermissionis vocabulo procreantur. nam duplus [49] unum intermittit, triplus II quadruplus III quincuplus IIII et deinceps ad eundem ordinem sequentia est.

(8) et omnes quidem dupli secundum proprias sequentias parium numerorum pares sunt; tripli vero unus semper par terminus, inpar alius invenitur; quadrupli vero rursus semper parem custodiunt quantitatem constituunturque a quarto numero uno ex prioribus per ordinem positis paribus intermisso, primo pari binario, post hunc VIII intermisso senario, post hunc XII transmisso denario, atque hoc idem in ceteris. quincupli vero propositio secundum triplicis similitudinem alternatim paribus atque inparibus positis ordinatur.

## XXIIII. de superparticulari eiusque speciebus earumque generationibus

(1) superparticularis vero est numerus ad alterum comparatus, quotiens habet in se totum minorem et eius aliquam partem;

(2) qui si minoris habeat medietatem, vocatur sesqualter, si vero tertiam partem, vocatur sesquitertius, si vero quartam, sesquiquartus, et si quintam, vocatur sesquiquintus; atque his nominibus in infinitum ductis in infinitum quoque superparticularium forma progreditur.

Zahl, also der 1, ist. Wiederum tritt, wenn ich 5, 6 und 7 ausgelassen habe, als vierte Zahl die 8 entgegen, nachdem drei Zahlen übersprungen worden sind, die das Vierfache von 2, das heißt der zweiten Zahl ist. Wenn ich nach 8 drei Zahlen auslasse, also 9, 10 und 11, dann ist die 12, die folgt, das Vierfache der dritten Zahl. Nun muss dasselbe notwendigerweise beim Fortschreiten bis ins Unendliche eintreten, und wenn die Beifügung immer um genau eine Auslassung von Werten wächst, wirst du es bewundern, die geordneten Wege der Vielfachzahl zu finden.

(7) Wenn du nämlich vier auslässt, wird das Fünffache gefunden, wenn fünf, das Sechsfache, wenn sechs, das Siebenfache, und immer werden sie durch den Namen der eigentlichen Multiplikation mit einem um eins verminderten Wert der Auslassung erzeugt. Das Doppelte lässt ja eins aus, das Dreifache zwei, das Vierfache drei, das Fünffache vier und danach ist die Reihenfolge entsprechend.

(8) Alle Doppelten sind nach der eigenen Reihenfolge der geraden Zahlen gerade. Bei den Dreifachen wird immer ein Wert gerade, ein anderer ungerade gefunden. Die Vierfachen wiederum bewahren immer eine gerade Menge und werden von einer vierten Zahl nach jeder Zahl nach Auslassung einer der in der Ordnung davorstehenden geraden Zahlen gebildet, nämlich 2 als erster geraden Zahl, danach 8 unter Auslassung von 6, danach die 12 unter Auslassung von 10, und ebenso bei den übrigen Zahlen. Die Aufstellung der Fünffachen ist nach einer Ähnlichkeit mit den Dreifachen geordnet, mit abwechselnd platzierten geraden und ungeraden.

## 24. Über den Superpartikular, seine Arten und deren Erzeugungen

(1) Der Superpartikular ist eine Zahl, die mit einer anderen so verglichen wird, wievielmal sie in sich die ganze kleinere Zahl und irgendeinen Teil von ihr hat.

(2) Wenn sie die Hälfte der kleineren Zahl in sich hat, wird sie Eineinhalb genannt, wenn sie ein Drittel in sich hat, wird sie Eineindrittel genannt, wenn ein Viertel, Eineinviertel und wenn ein Fünftel, Eineinfünftel und nachdem diese Werte bis ins Unendliche fortgeführt worden sind, rückt die Form der Superpartikularzahlen bis ins Unendliche vor.

(3) et maiores quidem numeri hoc modo vocantur, minores vero, qui habentur toti et eorum aliqua pars, unus subsesqualter, alter subsesquitertius, alius subsesquiquartus, alius vero subsesquiquintus, atque idem secundum maiorum normam multitudinemque protenditur.
(4) voco autem maiores numeros duces, minores co[50]mites.

(5) superparticularium quoque infinita est multitudo ob eam rem, quod eiusdem species interminabili progressione funguntur. namque sesqualter habebit quidem duces omnes post ternarium numerum naturaliter triplices, comites vero omnes post binarium numerum naturaliter pares, hoc modo ut primus primo, secundus secundo, tertius tertio comparetur et deinceps.

(6) describantur enim longissimi versus naturalis numeri triplicium atque duplicium et sit hoc modo:

| | | | | | | | | | |
|---|---|---|---|---|---|---|---|---|---|
| I | II | III | IV | V | VI | VII | VIII | VIIII | X |
| III | VI | VIIII | XII | XV | XVIII | XXI | XXIIII | XXVII | XXX |
| II | IIII | VI | VIII | X | XII | XIIII | XVI | XVIII | XX |

primus igitur versus continet numerum naturalem, secundus eius triplicem, tertius vero duplicem. atque in eo si ternarius binario, vel si senarius quaternario, vel novenarius senario comparetur, vel omnes triplices superiores si duplicibus numeris consequentibus opponantur, hemiolia id est sesqualtera proportio nascetur. III enim habent intra se II et eorum mediam partem, id est unum. sex quoque continent intra se IIII et eorum medietatem, id est II et VIIII intra se senarium claudunt et eius mediam partem, id est III; eodemque modo in ceteris.
(7) dicendum vero est, si quis secundam speciem superparticularis numeri considerare desideret, id est sesquitertiam, quali ratione reperiet. ac definitio quidem huius comparationis talis est. sesquitertius est, qui minori comparatus habet eum semel et eius tertiam partem. [51] sed hi inveniuntur, si omnibus a quaternario numero continuatim quadruplis constitutis a ternario numero triplices comparentur, eruntque duces quadrupli, comites tripli.

(3) Die höheren Zahlen werden auf diese Weise benannt und die geringeren, die in ihrer Gänze und als irgendein Teil ihrer selbst enthalten sind, Kehr-Eineinhalb, Kehr-Eineindrittel, Kehr-Eineinviertel bzw. Kehr-Eineinfünftel; und dasselbe zeigt sich nach Regel und Menge der höheren Zahlen.

(4) Ich nenne die höheren Zahlen »Anführer«, die geringeren »Gefolgsleute«.

(5) Auch von den Superpartikularen gibt es eine unendliche Vielzahl, weil ihre Art auf einem unbegrenzten Fortschreiten beruht. Die Eineinhalben haben Anführer nach der dritten Zahl, die von Natur aus dreifach sind, und Gefolgsleute nach der zweiten Zahl, die von Natur aus gerade sind, und sie kommen auf diese Weise vor, als das erste an der ersten Stelle, das zweite an der zweiten Stelle, das dritte an der dritten Stelle und so weiter.

(6) Es wurden nämlich sehr lange Reihen von Dreifachen und Doppelten der natürlichen Zahl beschrieben, und zwar so:

| | | | | | | | | | |
|---|---|---|---|---|---|---|---|---|---|
| 1 | 2 | 3 | 4 | 5 | 6 | 7 | 8 | 9 | 10 |
| 3 | 6 | 9 | 12 | 15 | 18 | 21 | 24 | 27 | 30 |
| 2 | 4 | 6 | 8 | 10 | 12 | 14 | 16 | 18 | 20 |

Die erste Reihe enthält die natürliche Zahl, die zweite ihr Dreifaches, die dritte ihr Doppeltes. Wenn darin die 3 mit der 2, die 6 mit der 4 oder die 9 mit der 6 verglichen wird oder wenn alle dreifachen oberen Zahlen den doppelten Zahlen gegenübergestellt werden, entsteht ein *hemiolios*-Verhältnis, also ein Eineinhalbes: 3 hat ja 2 und die Hälfte davon in sich, das ist 1. 6 umfasst auch 4 in sich und die Hälfte davon, das ist 2. 9 schließt 6 in sich und ebenfalls die Hälfte davon ein, das ist 3. So geht es mit den anderen weiter.

(7) Es muss aber gesagt werden, wenn jemand eine zweite Art von Superpartikularzahl betrachten will, nämlich Eineindrittel, nach welcher Ratio wird er sie finden? Die Definition eines solchen Verhältnisses lautet: Eineindrittel ist diejenige Zahl, die bei ihrem Vergleich die kleinere Zahl einmal und einen dritten Teil davon hat. Diese findet man, wenn man alle Zahlen von 4 an in Vierern auslegt und mit von dort ausgelegten Dreifachzahlen vergleicht. Die Anführer sind dann Vierer, die Gefolgsleute Dreier.

(8) sit enim in ordine hoc modo numerus naturalis, ut sub eo quadrupli et tripli subponantur, sub primo quadruplo primus triplus, sub secundo secundus, sub tertio tertius, et eodem modo cuncti eiusdem primi versus tripli in ordinem digerantur.

| | | | | | | | | | |
|---|---|---|---|---|---|---|---|---|---|
| I | II | III | IIII | V | VI | VII | VIII | VIIII | X |
| IIII | VIII | XII | XVI | XX | XXIIII | XXVIII | XXXII | XXXVI | XL |
| III | VI | VIIII | XII | XV | XVIII | XXI | XXIIII | XXVII | XXX |

igitur primum primo si compares, sesquitertia ratio continebitur. nam si IIII tribus compares habebunt in se IIII totum ternarium et eius tertiam partem, id est I. et si secundum secundo id est octonarium senario compares, idem invenies. habebit enim octonarius senarium totum et eius tertiam partem, id est II et per eandem sequentiam usque in infinitum progrediendum est. notandum quoque est, quod III comites sunt, duces IIII, rursus VI comites, duces VIII, et in eodem ordine ceteri simili modo vocantur duces sesquitertii comites subsesquitertii. et in cunctis secundum hunc modum posita convenit servare vocabula.

## [52] XXV. de quodam utili ad cognitionem superparticularibus accidente

(1) hoc autem admirabile profundissimumque in istorum ordinibus invenitur, quod primus dux primusque comes ad se invicem nulla numeri intermissione copulantur. nam primi se nullo in medio posito transeunt, secundi interponunt unum, tertii duos, quarti tres et deinceps uno semper minore, quam ipsi sunt, intermissione succrescunt, atque hoc vel in sesqualteris vel in sesquitertiis vel in aliis superparticularis partibus necesse est inveniri.

(8) Es seien die natürlichen Zahlen auf folgende Weise geordnet, dass zuerst sie, darunter die Vierfachen und dann die Dreifachen stehen, wobei das erste Dreifache unter dem ersten Vierfachen, das zweite unter dem zweiten, das dritte unter dem dritten steht; auf dieselbe Weise sollen alle weiteren Dreifachen der ersten Reihe in eine Ordnung gebracht werden:

| | | | | | | | | | |
|---|---|---|---|---|---|---|---|---|---|
| 1 | 2 | 3 | 4 | 5 | 6 | 7 | 8 | 9 | 10 |
| 4 | 8 | 12 | 16 | 20 | 24 | 28 | 32 | 36 | 40 |
| 3 | 6 | 9 | 12 | 15 | 18 | 21 | 24 | 27 | 30 |

Wenn du also die Erste mit der Ersten vergleichst, wird eine Eineindrittel-Ratio hergestellt, denn wenn du 4 mit 3 vergleichst, hat 4 die 3 ganz in sich und auch einen dritten Teil davon, das ist 1. Und wenn du die zweite Zahl der oberen Reihe mit der zweiten darunter vergleichst, also 8 mit 6, findest du dasselbe, denn 8 enthält 6 ganz und einen dritten Teil davon, das ist 2. Und durch diese Reihe muss derselbe Vorgang bis ins Unendliche vorrücken. Es sollte auch zur Kenntnis genommen werden, dass 3 ein Gefolgsmann und 4 ein Anführer ist und wiederum 6 ein Gefolgsmann und 8 ein Anführer. In der gleichen Reihenfolge der anderen Zahlen werden in ähnlicher Weise die Anführer der Eineindrittel als Gefolgsleute der Kehr-Eineindrittel bezeichnet. Und bei allen übrigen Zahlen müssen die Bezeichnungen, die nach dieser Maßgabe eingesetzt worden sind, beibehalten werden.

## 25. Über ein für die Erkenntnis bei den Superpartikularzahlen nützliches Ereignis

(1) Es ist bewundernswert und sehr tiefgründig, in der Anordnung dieser Zahlen zu entdecken, dass der erste Anführer und der erste Gefolgsmann (s. o. I 24,4) ohne die Auslassung einer anderen Zahl gegenseitig miteinander verknüpft sind. Die ersten (beiden) Zahlen grenzen nämlich aneinander, ohne dass eine Zahl dazwischen liegt; in der zweiten liegt 1 dazwischen, in der dritten 2, in der vierten 3, und dann wachsen sie weiter an, wobei sie immer 1 weniger als die Zahl ihres Rangs auslassen, und dies wird notwendigerweise in Eineinhalb oder Eineindrittel oder in anderen Superpartikularen gefunden.

(2) namque ut quaternarius contra ternarium comparetur, nullum intermisimus; post III enim mox IIII sunt; ut vero VI contra VIII, in secundo scilicet sesquitertio, una facta est intermissio. inter VI enim et VIII solus est septenarius, qui transmissus est numerus. rursus ut VIIII contra XII comparemus, qui sunt in dispositione tertii duorum mediorum est facta transmissio. inter VIIII enim et XII sunt X et XI secundum hunc modum quarta dispositio III, quinta IIII intermittit.

## XXVI. descriptio, per quam docetur ceteris inaequalitatis speciebus antiquiorem esse multiplicitatem

(1) quoniam autem naturaliter et secundum propriam ordinis consequentiam multiplicem inaequalitatis speciem cunctis praeposuimus primamque speciem esse monstravimus, licet hoc nobis posterioris operis ordine clarescat, hic quoque perstringentes id, quod proposui[53]mus, planissime breviterque doceamus.

(2) sit enim talis descriptio, in qua ponatur in ordinem usque ad denarium numerum continui numeri ordo naturalis et secundo versu duplus ordo texatur, tertio triplus, quarto quadruplus et hoc usque ad decuplum. sic enim cognoscemus, quemadmodum superparticulari et superpartienti et cunctis aliis princeps erit species multiplicis et quaedam alia simul inspiciemus et ad subtilitatem tenuissima et ad scientiam utilissima et ad exercitationem iucundissima.

(2) Um nämlich die vierte der dritten gegenüberzustellen und zu vergleichen, haben wir keine ausgelassen, an der nächsten Stelle nach 3 steht nämlich sofort 4. Damit aber 6 neben 8 gesetzt wird, nämlich in die zweite Eineindrittel-Position, wurde eine Zahl dazwischengesetzt. Zwischen 6 und 8 gibt es nur 7, welche die eine übergangene Zahl ist. Wiederum vergleichen wir 9 mit 12, was zwei Zahlen in der Anordnung einer dritten sind, und es wird ein Übergehen von zwei Zahlen zwischen ihnen gemacht: Zwischen 9 und 12 gibt es 10 und 11. Auf diese Weise gibt es in der vierten Anordnung von Dreiern eine fünfte, mit vier Zahlen ausgelassen.

## 26. Eine Darstellung, durch die gelehrt wird, dass die Vielfach-Beziehung den anderen Arten von Ungleichheiten vorausgeht

(1) Da wir allem vorausgeschickt haben, dass gemäß ihrer eigenen Abfolge der Anordnung die Vielfachen-Art von Ungleichheit vorkommt, und da wir gezeigt haben, dass sie die erste Art ist, mag uns auch dies durch die Anordnung des folgenden Werkes klar werden, wollen wir auch hier, indem wir es streifen, das, was wir vorgestellt haben, sehr deutlich und kurz lehren.
(2) Es sei eine solche Darstellung gegeben, in welcher der Reihen nach bis zur Zahl 10 die natürliche Ordnung der fortlaufenden Zahlen angeordnet ist; in der zweiten Zeile soll die zweifache Ordnung gewebt sein, in der dritten die dreifache, in der vierten die vierfache und dies bis zur zehnfachen. So werden wir erkennen, auf welche Weise für die Superpartikulare, Superpartienten und alle anderen der Begründer die Vielfachen-Art die erste sein wird und werden zugleich manche andere Dinge betrachten, die sowohl sehr scharfsinnig in Bezug auf die Genauigkeit als auch sehr nützlich für die Erkenntnis als auch sehr reizvoll für die Übung sind.

*[Abb. fol. 48r, hier S. 68]*

longitudo

latitudo

| | | | | | | | | | |
|---|---|---|---|---|---|---|---|---|---|
| I | II | III | IIII | V | VI | VII | VIII | VIIII | X |
| II | IIII | VI | VIII | X | XII | XIIII | XVI | XVIII | XX |
| III | VI | VIIII | XII | XV | XVIII | XXI | XXIV | XXVII | XXX |
| IIII | VIII | XII | XVI | XX | XXIV | XXVIII | XXXII | XXXVI | XL |
| V | X | XV | XX | XXV | XXX | XXXV | XL | XLV | L |
| VI | XII | XVIII | XXIIII | XXX | XXXVI | XLII | XLVIII | LIIII | LX |
| VII | XIIII | XXI | XXVIII | XXXV | XLII | XLVIII | LVI | LXIII | LXX |
| VIII | XVI | XXIIII | XXXII | XL | XLVIII | LVI | LXIIII | LXXII | LXXX |
| VIIII | XVIII | XXVII | XXXVI | XLV | LIIII | LXIII | LXXII | LXXXI | XC |
| X | XX | XXX | XL | L | LX | LXX | LXXX | XC | C |

latitudo

longitudo

## XXVII. ratio atque expositio digestae formulae

(1) si igitur duo prima latera propositae formulae, quae faciunt angulum ab uno ad X et X procedentia, respiciantur et his subteriores ordines comparentur, qui scilicet a IIII angulum incipientes in vicenos terminum ponunt, duplex, id est prima species multiplicitatis ostenditur ita, ut primus primum sola superet unitate, ut [54] duo unum, secundus secundum binario supervadat, ut quaternarius binarium, tertius tertium tribus, ut senarius ternarium, quartus quartum quaternarii numerositate transcendat, ut VIII quaternarium, et per eandem cuncti sequentiam sese minoris pluralitate praetereant.

(2) si vero tertius angulus aspiciatur, qui ab VIIII inchoans longitudinem latitudinemque tricenis altrinsecus numeris extendit, et hic cum prima latitudine et longitudine comparetur, triplex species multiplicitatis occurrit ita, ut ista comparatio per X litteram fiat, hique se numeri superabunt secundum paritatis factam naturaliter connexionem. primus enim primum duobus superat, ut unum tres,

Länge

Breite

| | | | | | | | | | |
|---|---|---|---|---|---|---|---|---|---|
| 1 | 2 | 3 | 4 | 5 | 6 | 7 | 8 | 9 | 10 |
| 2 | 4 | 6 | 8 | 10 | 12 | 14 | 16 | 18 | 20 |
| 3 | 6 | 9 | 12 | 15 | 18 | 21 | 24 | 27 | 30 |
| 4 | 8 | 12 | 16 | 20 | 24 | 28 | 32 | 36 | 40 |
| 5 | 10 | 15 | 20 | 25 | 30 | 35 | 40 | 45 | 50 |
| 6 | 12 | 18 | 24 | 30 | 36 | 42 | 48 | 54 | 60 |
| 7 | 14 | 21 | 28 | 35 | 42 | 48 | 56 | 63 | 70 |
| 8 | 16 | 24 | 32 | 40 | 48 | 56 | 64 | 72 | 80 |
| 9 | 18 | 27 | 36 | 45 | 54 | 63 | 72 | 81 | 90 |
| 10 | 20 | 30 | 40 | 50 | 60 | 70 | 80 | 90 | 100 |

Breite

Länge

## 27. Die Ratio und die Erklärung des durchgenommenen Schemas

(1) Schaut man also die beiden ersten Reihen des vorgelegten Schemas an, die einen Winkel bilden, indem sie von der 1 bis zur 10 und zur 10 vorrücken, und vergleicht man die darunter liegenden Ränge, die von der 4 an einen Winkel beginnend (jeweils) bei der 20 ein Ende setzen, erscheint das Vielfache, das heißt die erste Art der Vielfach-Beziehung in der Weise, dass die erste Zahl die erste Zahl nur um die Einzahl übersteigt, wie die 2 die 1; im zweiten Rang übersteigt die zweite Zahl die zweite um 2, wie eben die 4 die 2 übersteigt, die dritte übersteigt die dritte um 3, wie die 6 die 3, die vierte überflügelt die vierte um eine Zahl von 4, wie die 8 die 4 übersteigt, und durch dieselbe Folge überschreiten alle Zahlen in der Vielheit des kleineres Werts.
(2) Wenn wir den dritten Winkel ansehen, der sich von 9 beginnend auf die Breite und Länge zu beiden Seiten der Zahl 3 ausdehnt, und wenn wir diese Zahl mit der ersten Zahl in der Breite und der Länge vergleichen, erscheint die Dreifach-Art des Vielfachen. Wenn wir also diesen Vergleich durch das X-Zeichen machen, wird jede Zahl die nächste, die mit ihr verbunden ist, gemäß einer natürlich hergestellten Verbindung der Geradheit übertreffen. Die erste übersteigt die erste

secundus secundum quaternario, ut binarium senarius, tertius tertium sex, ut ternarium novenarius, et ad eundem ceteri modum progressionis augescunt.

(3) quam rem nobis scilicet et ipsa naturalis obiecit integritas, nihil nobis extra machinantibus, ut in ipso modulo descriptionis apparet.

(4) si quis autem quarti anguli terminum, qui XVI numeri quantitate notatus est et longitudinem latitudinemque in quadragenos determinat, velit superioribus comparare, per X litterae formam proportione conlata, quadrupli multitudinem pernotabit, hisque est ordinabilis super se [55] progressio, ut primus primum tribus superet, ut IIII unitatem, secundus secundum senario vincat, ut VIII binarium, tertius tertium novenario transeat, ut duodenarius ternarium, et sequentes summulae trium se semper adiecta quantitate transiliant. et si quis subteriores aspiciat angulos, idem per omnes multiplicitatis species usque ad decuplum dispositissima ordinatione perveniet.

(5) si quis vero in hac descriptione superparticularis species requirat, tali modo reperiet. si enim secundum angulum notet, cuius est initium quaternarius, eique superiacet binarius, atque ad hunc sequentem quis accommodet ordinem, sesqualtera proportio declarabitur. nam tertius secundi versus sesqualter est, ut III ad II, vel VI ad IIII, vel VIIII ad VI vel XII ad VIII itemque in ceteris, qui sunt in eadem serie numeri, si talis coniugatio misceatur, nulla varietatis dissimilitudo subripiet. eadem tamen summarum supergressio est in hoc quoque, quae in duplicibus fuit. primus enim primum, id est ternarius binarium, uno superat, secundus vero secundum duobus, tertius tertium tribus et deinceps.

(6) si vero quartus ordo tertio comparetur, ut IIII ad III et eodem ceteros ordine consecteris, sesquitertia comparatio colligetur, ut IIII ad III vel VIII ad VI et XII ad VIIII videsne ut in omnibus his sesquitertia comparatio conservetur? praeterea eos, qui sub ipsis sunt, si idem faciens sequentes versus alterutris comparaveris, omnes sine ullo inpedimento species superparticularis agnosces.

um 2, so wie 3 die 1 übersteigt; die zweite übersteigt die zweite um 4, so wie 6 die 2 übersteigt, und die dritte übersteigt die dritte um 6, so wie 9 die 3 übersteigt, und die übrigen Zahlen werden nach der gleichen Art des Fortschreitens vermehrt.

(3) Dies führt uns nämlich auch die natürliche Reinheit (der Zahlen) vor Augen, da wir nichts außerhalb ersinnen, wie auch in eben diesem Maß des Diagramms deutlich ist.

(4) Wenn aber jemand den Wert des vierten Winkels, der durch die Menge der Zahl 16 bezeichnet ist und den 4 in der Länge und Breite bestimmt, mit denen darüber vergleichen will, wird er, nachdem die Proportion durch das X-Zeichen hergestellt worden ist, die Menge eines Vierfachen bemerken, und diese Zahlen haben ein geordnetes Fortschreiten über sich selbst hinaus, so dass die erste die erste um 3 übertrifft, wie 4 die Einzahl übertrifft, die zweite die zweite um 6 überragt, wie 8 die 2 übertrifft, die dritte die dritte um 9 übertrifft, wie 12 die 3 übertrifft, und die folgenden Gesamtzahlen des Dreierrangs sich immer um die beigefügte Menge übertreffen. Wenn jemand die unteren Winkel ansieht, wird er auf die gleiche Weise durch alle Arten des Vielfachen in einer sehr wohlangeordneten Ordnung gelangen.

(5) Wenn jemand in dieser Darstellung Arten des Superpartikulars sucht, wird er sie auf diese Weise finden: Wenn er den zweiten Winkel zur Kenntnis nimmt, dessen Anfang 4 ist, bei dem die 2 darüber liegt, und wenn er die (darunter) folgende Ordnung annimmt, ist ein Eineinhalb-Anteil definiert. Die dritte Reihe ist im Verhältnis zur zweiten Reihe ein Eineinhalb, wie 3 zu 2 oder 6 zu 4 oder 9 zu 6 oder 12 zu 8, und ebenso in den anderen Zahlen, die in der gleichen Zahlenreihe sind; wenn eine solche Verbindung zusammengesetzt wird, dann wird (sie) keine Verschiedenheit durch Abweichung rauben. Dasselbe Aufrücken der Zahlen existiert auch bei den Doppelten. Die erste Zahl übersteigt die erste Zahl, also die 3 übersteigt die 2 um 1, die Zweite die zweite um 2, die Dritte die dritte um 3 und so weiter der Reihe nach.

(6) Wenn nun die vierte Ordnung mit der dritten verglichen wird, wie 4 zu 3, dann wird ein Eineindrittel-Vergleich zusammengestellt, wie 4 zu 3 oder 8 zu 6 oder 12 zu 9. Siehst du, wie in all diesen Zahlen das Eineindrittel-Verhältnis bewahrt wird? Wenn du nach diesen zu den Zahlen unter ihnen gehst, das Gleiche tust und die folgenden miteinander vergleichst, wirst du alle Arten des Superpartikulars ohne jedes Hindernis finden.

(7) hoc autem in hac est dispositione divinum, quod [56] omnes angulares numeri tetragoni sunt. tetragonus autem dicitur, ut brevissime dicam, quod post latius explicabitur, quem duo aequales numeri multiplicant, ut in hac quoque descriptione est. unus enim semel unus est, et est potestate tetragonus. item bis duo IIII sunt, ter tres VIIII, quos in semet ipsos multiplicationes primi ordinis perfecerunt.

circum ipsos vero qui sunt, id est circum angulares, longilateri numeri sunt. longilateros autem voco, quos uno se supergredientes numeri multiplicant.

(8) circum IIII enim II sunt et VI sed duo nascuntur ex uno et duobus, cum unum bis multiplicaveris; sed unitas a binario unitate praeceditur; VI vero ex duobus et tribus; bis enim tres senarium reddunt. novenarium vero VI et XII claudunt qui XII ex tribus nascuntur et IIII ter enim IIII fiunt XII, senarius vero ex duobus et tribus, bis enim tres faciunt VI. qui omnes uno maioribus lateribus procreati sunt. nam cum VI ex binario ternarioque nascantur, tres binarium numerum uno superant, cunctique alii eiusdem modi sunt, ut primo et secundo ordine ad alterutrum multiplicatis terminis procreentur, ita ut quod nascitur ex duobus longilateris altrinsecus positis et bis medio tetragono tetragonus sit; et rursus, quod ex duobus altrinsecus tetragonis et uno medio longilatero bis facto nascitur, ipse quoque tetragonus sit;

(9) et ut angulorum totius descriptionis ad angulares tetragonos positorum unius anguli sit prima unitas, alterius vero, qui contra est, tertia, bini vero altrinsecus anguli secundas habeant unitates; et duo angularium tetragonorum anguli aequum faciunt, quod sub ipsis continetur, illi, quod fit ab uno illorum, qui est altrinsecus, [57] angulorum.

(7) So ist die göttliche Natur der Dinge in dieser Anordnung, dass alle Winkelscheitel Quadrate sind. Ich werde nun ein Quadrat so kurz definieren, wie ich es hier erklären kann, da es später (in II 10–12) entfaltet wird: Ein Quadrat ist das, was zwei gleiche Zahlen erreichen, wenn sie miteinander multipliziert werden, wie es auch in der obigen Darstellung zu finden ist. Einmal 1 ist 1, und das ist potentiell (*potestate*) ein Quadrat. Zweimal 2 ist 4; dreimal 3 ist 9. Die Multiplikation von Zahlen der ersten Ordnung mit sich selbst wird dies immer vollbringen.

Um diese Zahlen, also um die Ecke herum, gibt es »longilaterale« Zahlen. Ich nenne die Zahlen longilateral (an einer Seite längere Rechteckzahl), deren Seiten miteinander multipliziert werden, wobei sie sich gegenseitig um genau 1 übertreffen (s. u. II 26).

(8) Nun sind um die 4 herum die 2 und die 6. 2 entsteht aus 1 und 2, wenn man 1 zweimal multipliziert. Die Einzahl wird von der Zweizahl um 1 überrundet. 6 entsteht aus 2 und 3, denn zweimal 3 ergibt 6. Die Zahlen 6 und 12 schließen die Zahl 9 ein; 12 entsteht aus 3 und 4, denn dreimal 4 ergibt 12, und 6 kommt von 2 und 3, denn zweimal 3 ergibt 6. Alle diese sind aus Zahlen mit einer (um 1) größeren Seite erzeugt worden. Da nun 6 aus 2 und 3 entsteht, übertrifft 3 die Zahl 2 um 1 und alle anderen Zahlen sind von solcher Art, dass sie aus denen der ersten und zweiten Ordnung, die miteinander multipliziert werden, erzeugt werden. So ist das, was aus zwei beiderseits liegenden longilateralen Zahlen und zweimal dem in der Mitte liegenden Quadrat entsteht, ein Quadrat (etwa $12 + 20 + 2 \cdot 16 = 64$), und wiederum auch das, was aus zwei aneinandergrenzenden Quadraten und zweimal der longilateralen Zahl in der Mitte entsteht, ein Quadrat (etwa $16 + 25 + 2 \cdot 20 = 81$).

(9) Und so, wie von den Ecken der ganzen Darstellung, die an die Quadratecken gestellt sind, die an der einen Ecke die erste Einzahl (1) ist und die an der anderen, die gegenüber ist, die dritte (100), so sind die beiden Ecken beiderseits davon die zweiten Einzahlen (10), und die zwei Ecken der Quadratecken (1 und 100) ergeben das gleiche, was aus ihnen multipliziert wird, wie jene, was aus einer von jenen Ecken (quadriert) entsteht, die beiderseits sind (10).

(Gemeint ist: So wie der erste der Eckwerte des gesamten Diagramms 1 ist, was ein Quadrat ist, so ist auch der ihm gegenüberliegende Eckwert, 100, ein Quadrat. Die anderen beiden Eckwerte, 10 und 10, sind, wenn sie multipliziert werden, gleich dem Produkt der beiden anderen Eckwerte und bilden ebenfalls ein Quadrat).

(10) multa etiam sunt alia quae in hac descriptione utilia possint admirabiliaque perpendi, quae interim propter castigatam introducendi brevitatem ignota esse permittimus. nunc vero ad sequentia propositum convertamus.

## XXVIII. de tertia inaequalitatis specie, quae dicitur superpartiens deque eius speciebus earumque generationibus

(1) igitur post duas primas habitudines multiplices et superparticulares et eas, quae sub ipsis sunt, submultiplices et subsuperparticulares tertia inaequalitatis species invenitur, quae a nobis superius superpartiens dicta est.

(2) haec autem est, quae fit, cum numerus ad alium comparatus habet eum totum intra se et eius insuper aliquas partes, vel duas vel tres vel IIII vel quotquot ipsa tulerit comparatio;

(3) quae habitudo incipit a duabus partibus tertiis; nam si duas medietates habuerit, qui illum intra se totum coercet, duplus pro superpartiente componi[58]tur. habebit autem vel duas quintas vel duas septimas vel duas nonas et ita progredientibus, si duas solas partes minoris numeri superhabuerit per easdem partes inparibus numeris minorem maior summa transcendit. nam si eum habeat totum et duas eius quartas, superparticularis necessario reperitur, nam duae quartae medietas est et fit sesqualtera comparatio; sin vero duas sextas, rursus est superparticularis, duae enim sextae pars tertia est, quod si in comparatione ponatur, sesquitertiae habitudinis efficiet formam.

(4) post hos nascuntur comites, qui subsuperpartientes vocantur. hi autem sunt, qui habentur ab alio numero, et eius vel duae vel tres vel IIII vel quotlibet aliae partes.

si ergo numerus alium intra se numerum habens eius duas partes habuerit, superbipartiens nominatur, sin vero tres, supertripartiens,

(10) Es gibt noch viele andere Dinge, die in dieser Darstellung nützlich sind und wundersam zu untersuchen, die wir aber aus Gründen der gebotenen Kürze unerwähnt gelassen haben. Wenden wir uns nun den folgenden Punkten unserer Darlegung zu.

## 28. Über die dritte Art der Ungleichheit, die Superpartient genannt wird, und über ihre Arten und deren Erzeugungen

(1) Nach diesen ersten beiden Arten von Beziehungen, den Vielfachen und den Superpartikularen, und nach den Arten, die (als Gefolgsleute, s. o. I 24,4) von ihnen abhängen, die Kehr-Vielfachen und die Kehr-Superpartikulare, gibt es eine dritte Art von Ungleichheit, die wir weiter oben Superpartient genannt haben.
(2) Dieser tritt auf, wenn eine Zahl, die mit einer anderen verglichen wird, diese Zahl ganz in sich und darüber hinaus einige Teile von ihr enthält, entweder 2 oder 3 oder 4 oder wie viele auch immer der Vergleich hervorgebracht hat.
(3) Diese Beziehung beginnt mit zwei Dritteln, denn wenn sie, die jene ganz in sich selbst enthält, zwei Halbe hätte, wird das Doppelte, das jene ganz in sich enthält, für den Superpartienten zusammengesetzt. Dieser hat dann entweder 2 Fünftel oder 2 Siebtel oder 2 Neuntel und so vorrückend; wenn es 2 einzelne Teile der kleineren Zahl zusätzlich hat, überflügelt in diesen Teilen der größere Wert den kleineren Wert um ungerade Zahlen. Wenn er nämlich die Gesamtzahl und 2 Viertel davon enthielte, würde er notwendigerweise als Superpartikular befunden werden, denn 2 Viertel sind eine Hälfte und dies ist ein Eineinhalb-Verhältnis; wenn er 2 Sechstel wäre, wäre er wiederum ein Superpartikular, denn 2 Sechstel sind ein Drittel, und wenn die beiden Teile verglichen würden, dann würden sie eine Form der Eineindrittel-Beziehung hervorbringen.
(4) Nach diesen entstehen die Gefolgsleute, die man Kehr-Superpartienten nennt. Das sind Zahlen, die in Bezug auf eine andere Zahl betrachtet werden, und von ihnen 2 oder 3 oder 4 oder wie viele andere ihrer Teile.
Wenn also eine Zahl eine andere Zahl in sich und zwei ihrer Teile enthält, wird sie Superbipartient genannt, wenn sie drei Teile hat, Supertripartient, wenn sie vier hat, Superquadripartient. Und denen, die so

quod si IIII, superquadripartiens, atque ita progredientibus in infinitum fingere nomina licet.
(5) ordo autem eorum naturalis est, quotiens disponuntur a tribus omnes pares atque inpares numeri naturaliter constituti et sub his aptantur alii, qui sunt a quinario numero incipientes omnes inpares. his igitur ita dispositis si primus primo, secundus secundo, tertius tertio et ceteri ceteris comparentur, superpartiens habitudo procreatur. sit enim dispositio hoc modo:

| | | | | | | | |
|---|---|---|---|---|---|---|---|
| III | IIII | V | VI | VII | VIII | VIIII | X |
| V | VII | VIIII | XI | XIII | XV | XVII | XVIIII |

[59] si igitur quinarii numeri ad ternarium comparatio consideretur, erit superpartiens ille, qui vocatur superbipartiens; habet enim quinarius totos in se tres et eorum duas partes id est duo. si vero ad secundum ordinem speculatio referatur, supertripartiens proportio cognoscetur atque ita in sequentibus per omnes dispositos numeros omnes in infinitum species huius numeri convenientes ordinatasque respicies.
(6) at vero quemadmodum singuli procreentur si in infinitum quis curet agnoscere, hic modus est. habitudo enim superbipartientis, si utrisque terminis duplicetur, semper superbipartiens proportio procreatur. si enim quis duplicet V, faciet X, si III, faciet VI, qui X contra senarium comparati superbipartientem faciunt habitudinem. et hos ipsos rursus si duplicaveris, idem ordo proportionis adcrescit, idemque si infinitum facias, statum prioris habitudinis non mutabit.

(7) si vero supertripartientes invenire contendas, primos supertripartientes, id est VII et IIII triplicabis et huiusmodi nascentur. si vero, qui ex his nati fuerint, ternarii multiplicatione produxeris, idem rursus efficient.

(8) quod si superquadripartientes quemadmodum in infinitum progrediantur, optes addiscere, primas eorum radices in quadruplum multiplices licet, id est VIIII et V et eos, qui illa multiplicatione proferentur, rursus in quadruplum, et eandem fieri proportionem inoffensa nimirum ratione reperies; et ceterae species una semper plus

fortfahren, ist es möglich, die Bezeichnungen bis ins Unendliche zu bilden (zur Sprechweise s. aber u. I 28,9).

(5) Die Reihenfolge dieser Zahlen ist eine natürliche, so oft, wie von 3 an alle geraden und ungeraden Zahlen natürlich angeordnet sind und dann unter ihnen andere Zahlen platziert sind, die, von 5 an beginnend, alle ungerade sind. Wenn man bei diesen so aufgestellten Zahlen die erste mit der ersten, die zweite mit der zweiten, die dritte mit der dritten und die übrigen mit den übrigen vergleicht, wird die Beziehung des Superpartienten erzeugt. Es sei die Anordnung von folgender Art:

| | | | | | | | |
|---|---|---|---|---|---|---|---|
| 3 | 4 | 5 | 6 | 7 | 8 | 9 | 10 |
| 5 | 7 | 9 | 11 | 13 | 15 | 17 | 19 |

Wenn wir die 5 im Vergleich zur 3 betrachten, wird sie ein Superpartient sein, der Superbipartient genannt würde, denn die 5 hätte die ganze 3 und zwei Teile von ihr in sich ($1\frac{2}{3}$). Wenn man diese Art der Betrachtung auf die zweite Ordnung der Zahlen überträgt, wird man den Supertripartient-Anteil erkennen, und so wird man bei den folgenden Zahlen durch alle angeordneten Zahlen bis ins Unendliche alle Arten dieses Zahlenverhältnisses anschauen.

(6) Wenn aber jemand wissen möchte, wie die einzelnen Zahlen bis ins Unendliche erzeugt werden, ist die Methode folgende: Wenn die Beziehung des Einzweidrittel in beiden Werten verdoppelt wird, dann wird immer das Einzweidrittel-Verhältnis erzeugt. Wenn nämlich jemand 5 verdoppelt hat, erhält er 10; wenn er 3 verdoppelt, erhält er 6, und 10 zu 6 bilden eine Einzweidrittel-Beziehung. Wenn man diese wiederum verdoppelt, wächst daraus die gleiche Ordnung des Verhältnisses, und wenn man das Gleiche unendlich oft macht, wird sich der Status der ursprünglichen Beziehung nicht ändern.

(7) Wenn du versuchst, die Eindreiviertel zu finden, wirst du den ersten Supertripartienten, das heißt 7 zu 4 ($1\frac{3}{4}$), verdreifachen, und auf diese Weise werden sie (21 und 12) entstehen. Wenn du aber die Zahlen, die daraus entstanden sind, durch die Multiplikation mit 3 hergestellt hast, werden sie wiederum dasselbe hervorbringen.

(8) Wenn du lernen willst, auf welche Weise die Einvierfünftel bis ins Unendliche vorrücken, mögest du ihre ersten »Wurzelzahlen« mit 4 multiplizieren, also 9 und 5, und die, welche durch diese Multiplikation entstehen, wiederum mit 4, und du wirst mit zweifellos unbeeinträchtigter Ratio feststellen, dass dasselbe Verhältnis entsteht. Die

multiplicatione crescen[60]tibus radicibus oriuntur. radices autem proportionum voco numeros in superiore dispositione descriptos, quasi quibus omnis summa supra dictae comparationis innititur.

(9) hoc quoque videndum est, quoniam, cum duae partes ex minore plus in maioribus sunt, tertii semper vocabulum subauditur, ut superbipartiens qui dicitur, quoniam duas minoris numeri tertias partes habet, dicatur superbipartiens tertias; et cum dico supertripartiens, subaudiri necesse sit supertripartiens quartas, quoniam tribus super quartis exuberat; et superquadripartienti subauditur superquadripartiens quintas, et ad eundem modum in ceteris uno semper adiecto super habitas partes subauditio facienda est, ut eorum germana convenientiaque his nomina haec sint: qui dicitur superbipartiens, idem dicatur superbitertius; qui dicitur supertripartiens, is sit supertriquartus, et qui dicitur superquadripartiens, idem dicatur superquadriquintus, eademque similitudine usque in infinitum nomina producantur.

## XXVIIII. de multiplici superparticulari

(1) igitur relatae ad aliquid quantitatis simplices et primae species hae sunt. duae vero aliae ex his velut ex aliquibus principiis componuntur, ut multiplices superparticulares et multiplices superpartientes, horumque comites submultiplices superparticulares et submultiplices superpartientes.

(2) namque in his ut in praedictis proportionibus minores numeri omnes addita sub praepositione dicuntur,

[61] (3) quorum definitio talis reddi potest.
(4) multiplex superparticularis est, quotiens numerus ad numerum comparatus habet eum plus quam semel et eius unam partem, hoc est habet eum aut duplum aut triplum aut quadruplum aut quotiens-

anderen Arten entstehen aus den »Wurzelzahlen«, die immer um eine Multiplikation anwachsen. Ich nenne »Wurzelzahlen« die Zahlen der Verhältnisse, die in der obigen Anordnung dargestellt sind, als ob auf ihnen jede Gesamtzahl des besagten Vergleichs beruht.
(9) Auch dies muss man beachten (anders s. o. I 28,4), nachdem, wenn zwei Teile mehr von einer kleineren Zahl in einer größeren Zahl sind, immer der Begriff des Drittels mitgehört wird, wie beim sogenannten Superbipartienten. Da er zwei Drittel der kleineren Zahl hat, kann man vom Einzweidrittel sprechen. Wenn ich Supertripartient sage, ist es notwendig, Eindreiviertel mitzuhören, weil er drei Viertel Überschuss hat. Bei Superquadripartient wird Einvierfünftel mitgehört, und nach diesem Modus wird in den übrigen Zahlen, indem immer eine hinzugefügt wird, ein unterschwelliges Mithören geschaffen werden, so dass dies die Bezeichnungen sind, die für diese echt und passend sind. Die Zahl, die Superbipartient genannt wird, mag ebenso Einzweidrittel (*superbitertius*) genannt werden; diejenige, die Supertripartient genannt wird, mag auch Eindreiviertel (*supertriquartus*) sein, und diejenige, die Superquadripartient genannt wird, mag auch Einvierfünftel (*superquadriquintus*) genannt werden; und auf diese Weise sollen die Bezeichnungen bis ins Unendliche hergestellt werden.

## 29. Über den Vielfach-Superpartikular

(1) Dies waren nun die einfachen und ersten Arten einer Menge in Bezug zu etwas (*ad aliquid*). Es gibt noch zwei andere Arten, die als aus anderen Grundlagen zusammengesetzt gedacht werden, und zwar die Vielfach-Superpartikulare und die Vielfach-Superpartienten (s. u. I 31); ihre Gefolgsleute (s. o. I 24,4) sind die Kehr-Vielfach-Superpartikulare und die Kehr-Vielfach-Superpartienten.
(2) Bei diesen wie bei den vorgenannten Verhältnissen werden alle geringeren Zahlen mit der hinzugefügten Vorsilbe »kehr« (*sub*) genannt,
(3) deren Definition folgendermaßen gegeben werden kann:
(4) Die Vielfach-Superpartikularzahl ist eine Zahl, die, so oft die Zahl mit einer anderen Zahl verglichen wurde, diese Zahl mehr als einmal und dazu einen Teil von ihr hat, das heißt, sie hat die Zahl doppelt oder dreifach oder vierfach oder wie oft auch immer, und dann irgendeinen bestimmten Teil von ihr, entweder die Hälfte oder ein Drittel oder ein

libet et eius quamlibet aliquam partem vel mediam vel tertiam vel quartam vel, quaecunque alia partium exuberatione contigerit.
(5) hic ergo ex multiplici et superparticulari consistit. quod enim comparatum numerum plus quam semel habet, multiplicis est, hoc vero, quod minorem in habenda parte transcendit, superparticularis. itaque ex utroque nomine fictum vocabulum est speciesque eius ad illarum scilicet fiunt imaginem proportionum, ex quibus ipse numerus originem trahit. nam prima pars huius vocabuli, quae multiplicis nomine possessa est, multiplicis numeri specierum vocabulo nominanda est, quae vero superparticularis est, eodem vocabulo nuncupabitur, quo superparticularis numeri species vocabantur.

dicetur enim, qui duplicem habuerit alium numerum et eius mediam partem, duplex sesqualter, qui vero tertiam, duplex sesquitertius, qui quartam, duplex sesquiquartus et deinceps. si vero ter eum totum contineat et eius mediam partem vel tertiam vel quartam, dicetur triplex sesqualter, triplex sesquitertius, triplex sesquiquartus et eodem modo in ceteris; diceturque quadruplus sesqualter, quadruplus sesquitertius, quadruplus sesquiquartus; et quotiens totum numerum in semet ipso continuerit per multiplicis numeri species appellabitur, quam vero partem comparati numeri clauserit, secundum superparticularem comparationem habitudinemque vocabitur.
(6) horum autem exempla huiusmodi sunt. duplex ses[62]qualter est, ut V ad duo. habent enim V binarium numerum bis et eius mediam partem, id est I. duplex vero sesquitertius est septenarius ad ternarium comparatus. at vero novenarius ad quaternarium duplex sesquiquartus; si vero XI ad V, duplex sesquiquintus;
(7) et hi semper nascentur dispositis in ordinem a binario numero omnibus naturaliter paribus inparibusque terminis, si contra eos omnes a quinario numero inpares comparentur, ut primum primo, secundum secundo, tertium tertio caute et diligenter adponas, ut sit dispositio talis:

| | | | | | | | | | |
|---|---|---|---|---|---|---|---|---|---|
| II | III | IIII | V | VI | VII | VIII | VIIII | X | XI |
| V | VII | VIIII | XI | XIII | XV | XVII | XVIIII | XXI | XXIII |

Viertel oder was auch immer für ein anderer Teil durch Überschuss dazu addiert werden kann.

(5) Diese Zahl besteht also aus einem Vielfachen und einem Superpartikular. Weil sie die Zahl, mit der sie verglichen wurde, mehr als einmal hat, ist sie ein Vielfaches. In Bezug darauf, dass sie die kleinere Zahl um einen Teil überflügelt, ist sie ein Superpartikular. Daher besteht sie aus beiden Namen, nachdem eine Bezeichnung (daraus) gebildet worden ist, und ihre Arten werden nämlich nach einer Vorstellung jener Verhältnisse gebildet, von denen eben diese Zahl ihren Ursprung hat. Nun muss der erste Teil dieser Bezeichnung, die den Namen des Vielfachen trägt, mit der Bezeichnung der Arten der vielfachen Zahl benannt werden. Der Superpartikular-Teil wird mit derselben Bezeichnung benannt, mit der die Arten der Superpartikular-Zahl bezeichnet wurden. Bezeichnet wird nämlich diejenige, die eine andere Zahl zweimal enthält und ihre Hälfte, als Zweieinhalb, die (eine andere Zahl zweimal enthält und) ein Drittel, als Zweieindrittel, die (eine andere Zahl zweimal enthält und) ein Viertel, als Zweieinviertel und so weiter. Enthält eine Zahl eine andere Zahl dreimal ganz und eine Hälfte davon oder ein Drittel oder ein Viertel, so heißt sie Dreieinhalb, Dreieindrittel, Dreieinviertel und in gleicher Weise bei den übrigen; man sagt Viereinhalb, Viereindrittel, Viereinviertel; und wie oft sie die Gesamtzahl in sich enthält, wird sie nach dieser Art der Vielfachzahl genannt, und welchen Teil der verglichenen Zahl sie enthält, wird sie nach dem Superpartikular-Vergleich und der Superpartikular-Beziehung genannt.

(6) Dafür gibt es Beispiele von folgender Art: Zweieinhalb ist wie 5 zu 2. Es hat ja 5 die Zweizahl zweimal und dann deren Hälfte, die 1 ist. Zweieindrittel aber ist 7 im Vergleich zu 3; 9 zu 4 ist ein Zweieinviertel. Wenn es aber 11 zu 5 ist, dann ist es ein Zweieinfünftel.

(7) Diese Zahlen entstehen immer, nachdem alle natürlicherweise geraden und ungeraden Zahlen in einer Reihe von der 2 an aufgestellt worden sind, wenn man jeder Zahl in dieser Reihenfolge ab der Zahl 5 ungerade Zahlen gegenüberstellt werden, so dass man sorgfältig und gewissenhaft die erste zu der ersten, die zweite zu der zweiten und die dritte zu der dritten Zahl hinzutut, so dass folgende Anordnung entsteht:

| | | | | | | | | | |
|---|---|---|---|---|---|---|---|---|---|
| 2 | 3 | 4 | 5 | 6 | 7 | 8 | 9 | 10 | 11 |
| 5 | 7 | 9 | 11 | 13 | 15 | 17 | 19 | 21 | 23 |

(8) si vero a duobus paribus omnibus dispositis terminis illi, qui a quinario numero inchoantes quinario numero rursus sese transiliunt, comparentur, omnes duplices sesqualteros creant, ut est subiecta descriptio,

| | | | | | |
|---|---|---|---|---|---|
| II | IIII | VI | VIII | X | XII |
| V | X | XV | XX | XXV | XXX |

(9) si vero a tribus inchoent dispositiones et tribus sese transiliant, et ad eos aptentur, qui a septenario inchoantes septenario sese numero transgrediuntur, omnes duplices sesquitertii habita diligenter comparatione nascuntur, ut subiecta descriptio monet.

[63]

| | | | | | | |
|---|---|---|---|---|---|---|
| III | VI | VIIII | XII | XV | XVIII | XXI |
| VII | XIIII | XXI | XXVIII | XXXV | XLII | XLVIIII |

(10) sin vero omnes in ordinem quadrupli disponantur, hi qui naturalis numeri quadrupli sunt, ut unitatis quadruplus, et duorum triumque et quattuor atque quinarii et ceterorum sese sequentium, et ad eos aptentur a novenario numero inchoantes semper sese novenario praecedentes, tunc duplicis sesquiquartae proportionis forma texetur.

| | | | | | |
|---|---|---|---|---|---|
| IIII | VIII | XII | XVI | XX | XXIIII |
| VIIII | XVIII | XXVII | XXXVI | XLV | LIIII |

(11) ea vero species huius numeri, quae est triplex sesqualtera, hoc modo procreatur, si disponantur a binario numero omnes in ordinem pares et ad eos a septenario numero inchoantes septenario sese supergredientes solito ad alterutrum modo comparationis aptentur.

| | | | |
|---|---|---|---|
| II | IIII | VI | VIII |
| VII | XIIII | XXI | XXVIII |

(12) si autem a ternario numero ingressi cunctos naturalis numeri triplices disponamus et eis a denario numero denario sese supergre-

(8) Wenn man, nachdem alle geraden Zahlen von 2 an angeordnet worden sind, jene, die von der Zahl 5 beginnend in Fünfersprüngen weitergehen, (mit jenen) vergleicht, erschaffen sie alle Zweieinhalben, wie die folgende Darstellung zeigt:

| | | | | | |
|---|---|---|---|---|---|
| 2 | 4 | 6 | 8 | 10 | 12 |
| 5 | 10 | 15 | 20 | 25 | 30 |

(9) Wenn aber die Anordnungen mit 3 beginnen und jeweils 3 überspringen und wenn diese dann mit Zahlen verglichen werden, die von 7 beginnend jeweils 7 Zahlen überspringen, entstehen alle Zweieindrittel aus einem sorgfältig durchgeführten Vergleich, wie die folgende Darstellung zeigt:

| | | | | | | |
|---|---|---|---|---|---|---|
| 3 | 6 | 9 | 12 | 15 | 18 | 21 |
| 7 | 14 | 21 | 28 | 35 | 42 | 49 |

(10) Wenn man die Vierfachzahlen in einer Reihe anordnet, nämlich die Vierfachen der natürlichen Zahlen, als Vierfaches der 1, der 2, der 3, der 4, der 5 und der übrigen ihnen folgenden und wenn man sie mit denen vergleicht, die von der Zahl 9 beginnend sich immer um 9 überrunden, so wird die Form des Zweieinviertel-Verhältnisses gewebt:

| | | | | | |
|---|---|---|---|---|---|
| 4 | 8 | 12 | 16 | 20 | 24 |
| 9 | 18 | 27 | 36 | 45 | 54 |

(11) Diejenige Art dieser Zahl, die Dreieinhalb genannt wird, wird so erzeugt: Alle geraden Zahlen werden, von der Zweizahl ausgehend, der Reihe nach angeordnet, und mit ihnen werden Zahlen verglichen, die von der Zahl 7 beginnend immer um 7 weitergehen, in der gewohnten Weise, dass man jede mit der anderen vergleicht:

| | | | |
|---|---|---|---|
| 2 | 4 | 6 | 8 |
| 7 | 14 | 21 | 28 |

(12) Wenn wir von der Zahl 3 ausgehend alle dreifachen Zahlen der natürlichen Reihe anordnen und wenn wir ihnen Zahlen, von 10 begin-

dientes ordine comparemus, omnes triplices sesquitertii in ea terminorum continuatione provenient.

[64]

| | | |
|---|---|---|
| III | VI | VIIII |
| X | XX | XXX |

## XXX. de eorum exemplis in superiori formula inveniendis

(1) horum autem eorumque qui sequuntur exempla integre planeque possumus pernotare, si in priorem descriptionem, quam fecimus, cum de superparticulari et multiplici loqueremur, ubi ab uno usque in denariam multiplicationem summa concrevit, diligens velimus acumen intendere.

(2) ad primum enim versum omnes, qui sequuntur, conlati ordinatas convenientesque multiplicis species reddent. sin vero ad secundum cunctos, qui tertii sunt ordinis, aptaveris, ordinatas species superparticularis agnosces. quod si tertio ordini, quicunque sunt in quinto versu, compares superpartientis numeri species positas convenienter aspicies. multiplex vero superparticularis ostenditur, cum ad secundum versum omnes, qui sunt quinti versus serie comparantur, vel qui sunt in septimo, vel qui sunt in nono, atque ita si in infinitum sit ista descriptio, in infinitum huius proportionis species procreabuntur.

(3) manifestum autem hoc etiam est, quod horum comites semper cum sub praepositione dicentur, ut est subduplex sesqualter, subduplex sesquitertius, subduplex sesquiquartus et ceteri quidem ad hunc modum.

nend und 10 überschreitend, gegenüberstellen, so kommen alle Dreieindrittel-Zahlen in dieser Reihenfolge der Werte hervor:

| | | |
|---|---|---|
| 3 | 6 | 9 |
| 10 | 20 | 30 |

## 30. Über Beispiele dafür, die im obigen Schema zu finden sind

(1) Von diesen Zahlen und von denen, die folgen, können wir Beispiele erkennen, wenn wir unseren umsichtigen Scharfsinn auf das weiter oben (I 26) befindliche Diagramm richten wollen, das wir gemacht haben, als wir vom Superpartikular und von der Vielfachzahl sprachen und wo die Gesamtzahl in Vielfachen von 1 bis 10 entstanden ist.

(2) Alle Zahlen, die folgen, werden, zusammengebracht mit der ersten Reihe, die geordneten und passenden Arten des Vielfachen ergeben. Wenn du aber an den zweiten Rang alle Zahlen anlegst, die vom dritten Rang sind, wirst du die geordneten Arten des Superpartikulars erkennen. (Aus dem genannten Vergleich erhält man konkret nur Eineinhalb; die weiteren Superpartikulare erhält man erst aus weiteren Vergleichen: Eineindrittel aus dem Vergleich der vierten Reihe mit der dritten, Eineinviertel aus dem Vergleich der fünften Reihe mit der vierten usw.) Wenn du mit dem dritten Rang die Zahlen der fünften Reihe vergleichst, wirst du entsprechend die geordneten Arten der Superpartientenzahlen sehen. (Aus dem genannten Vergleich erhält man konkret nur Einzweidrittel; die weiteren Superpartienten erhält man erst aus weiteren Vergleichen: Einzweifünftel aus dem Vergleich der siebten Reihe mit der fünften, Einzweisiebtel aus dem Vergleich der neunten Reihe mit der siebten usw.) Die Vielfach-Superpartikularzahl wird gezeigt, wenn mit der zweiten Reihe alle Zahlen verglichen werden, die im fünften Rang sind (konkret: Zweieinhalb), oder diejenigen, die im siebten sind (konkret: Dreieinhalb), oder diejenigen, die im neunten sind (konkret: Viereinhalb). Wenn es also eine solche Darstellung bis ins Unendliche gibt, werden auch die Arten dieses Verhältnisses bis ins Unendliche erzeugt werden.

(3) Es ist auch dies offensichtlich, dass die Gefolgsleute (s. o. I 24,4) dieser (Verhältnisse) immer mit der Vorsilbe »kehr« (*sub*) genannt werden, wie im Kehr-Zweieinhalb, Kehr-Zweieindrittel, Kehr-Zweieinviertel und der Rest auf diese Weise.

## [65] XXXI. de multiplici superpartiente

(1) multiplex vero superpartiens est, quotiens numerus ad numerum comparatus habet in se alium numerum totum plus quam semel et eius vel duas vel tres vel quotlibet plures particulas secundum numeri superpartientis figuram.
(2) in hoc quoque propter causam superius dictam non erunt duae medietates neque duae quartae neque duae sextae, sed duae tertiae vel duae quintae vel duae septimae ad priorum similem consequentiam.
(3) non est autem difficile secundum priorum exempla positorum hos quoque et praeter nostra exempla numeros invenire.

(4) vocabunturque hi secundum proprias partes duplex superbipartiens, vel duplex supertripartiens, vel duplex superquadripartiens, et rursus triplex superbipartiens et triplex supertripartiens et triplex superquadripartiens et similiter, ut, VIII ad III comparati faciunt duplicem superbipartientem, et XVI ad VI et omnes, quicunque ab VIII incipientes octonario sese numero transgrediuntur, comparati ad eos, qui a tribus inchoantes ternaria sese quantitate praetereunt.
(5) nec erit difficile alias eius partes secundum praedictum modum diligentius reperire. hic quoque illud meminisse debemus, quod minores et comites non sine sub praepositione nominantur, [66] ut sit subduplex superbipartiens, subduplex supertripartiens.

## XXXII. demonstratio quemadmodum omnis inaequalitas ab aequalitate processerit

(1) restat autem nobis profundissimam quandam tradere disciplinam, quae ad omnem naturae vim rerumque integritatem maxima ratione pertineat. magnus quippe in hac scientia fructus est, si quis non nesciat, quod bonitas definita et sub scientiam cadens animoque semper imitabilis et perceptibilis prima natura est et suae substantiae decore perpetua, infinitum vero malitiae dedecus est, nullis propriis principiis nixum, sed natura semper errans a boni definitione principii tamquam aliquo signo optimae figurae inpressa com-

## 31. Über den Vielfach-Superpartienten

(1) Der Vielfach-Superpartient aber ist diejenige Zahl, die, so oft sie mit einer anderen Zahl verglichen worden ist, die andere Zahl mehr als einmal ganz in sich selbst enthält und 1 oder 2 oder 3 oder beliebig viele Teilchen von ihr dazu, je nach der Form der Superpartientzahl.
(2) Nun gibt es in dieser Zahl aus den oben (I 28,2) genannten Gründen weder 2 Hälften noch 2 Viertel noch 2 Sechstel, sondern 2 Drittel oder 2 Fünftel oder 2 Siebtel gemäß einer ähnlichen Reihenfolge der vorherigen Zahlen.
(3) Es ist nicht schwer, nach den Beispielen der vorherigen aufgeführten Zahlen diese Zahlen und die Zahlen außerhalb unserer Beispiele zu finden.
(4) Diese werden nach den eigenen Teilen genannt, nämlich Zweizweidrittel oder Zweidreiviertel oder Zweivierfünftel und wiederum Dreizweidrittel und Dreidreiviertel und Dreivierfünftel und so weiter, so wie 8 im Vergleich zu 3 Zweizweidrittel bildet, und 16 im Vergleich zu 6, und alle beginnend mit 8, die 8 Zahlen überspringen und im Vergleich mit denen, die von 3 beginnend immer 3 Zahlen überspringen.
(5) Es wird nicht schwierig sein, mit größerer Sorgfalt andere Teilungen dieser Zahl nach der oben genannten Weise zu finden. Hier müssen wir uns daran erinnern, dass die geringeren (Verhältnisse) und Gefolgsleute (s. o. I 24,4) nicht ohne die Vorsilbe »kehr« (*sub*) genannt werden, wie Kehr-Zweizweidrittel oder Kehr-Zweidreiviertel.

## 32. Ein Nachweis, auf welche Weise jede Ungleichheit von der Gleichheit vorgerückt ist

(1) Nun bleibt uns noch, eine gewisse sehr tiefgründige Lehre zu überliefern, das sich auf die ganze Kraft der Natur und auf die Vollständigkeit der Dinge selbst mit größter Ratio bezieht. Es liegt ja eine große Fruchtbarkeit in diesem Wissen, wenn man genau weiß, dass die Güte – definiert, unter die Wissenschaft fallend und für den Geist stets nachahmbar und wahrnehmbar – die erste Natur ist und durch die Zierde ihres Wesens ewig, dass aber die Schande der Bosheit unendlich ist, die auf keiner eigenen Grundlage ruht, sondern von Natur aus immer umherirrt. Sie wird von der Definition des

ponitur et ex illo erroris fluctu retinetur. nam nimiam cupiditatem iraeque immodicam effrenationem quasi quidam rector animus pura intellegentia roboratus adstringit, et has quodammodo inaequalitatis formas temperata bonitate constituit.

(2) hoc autem erit perspicuum, si intellegamus, omnes inaequalitatis species ab aequalitatis crevisse primordiis, ut ipsa quodammodo aequalitas matris et radicis obtinens vim ipsa omnes inaequalitatis species ordinesque profundat.

(3) sint enim nobis tres aequales termini, id est tres unitates, vel ter bini vel ter terni vel ter quaterni vel quantos ultra libet ponere. quod enim in unis tribus terminis [67] evenit, idem contingit in ceteris.

(4) ex his igitur secundum praecepti nostri ordinem videas primum nasci multiplices et in his duplices prius, dehinc triplos, inde quadruplos et ad eundem ordinem consequentes.

(5) rursus multiplices si convertantur, ex his superparticulares orientur, et ex duplicibus quidem sesqualteri ex triplis sesquitertii, ex quadruplis sesquiquarti et ceteri in hunc modum.

(6) ex superparticularibus vero conversis superpartientes nasci necesse est, ita ut ex sesqualtero nascatur superbipartiens, supertripartientem sesquitertius gignat et ex sesquiquarto superquadripartiens procreetur.
(7) rectis autem positis neque conversis prioribus superparticularibus multiplices superparticulares oriuntur; rectis vero superpartientibus multiplices superpartientes efficiuntur.

(8) praecepta autem tria haec sunt, ut primum numerum primo facias parem, secundum vero primo et secundo, tertium primo, secundis duobus et tertio.

(9) hoc igitur cum in terminis aequalibus feceris, ex his qui nascentur, duplices erunt, de quibus duplicibus si idem feceris, triplices

guten Prinzips, die wie durch irgendein Siegel einer guten Gestalt geprägt ist, zusammengefügt. Übermäßige Begierde und maßlose Raserei des Zorns hält nämlich der Geist im Zaum wie einer, der regiert, gestärkt durch reine Einsicht und legt gewissermaßen gemäßigt durch die Güte diese Formen der Ungleichheit fest.

(2) Dies wird offensichtlich sein, wenn wir einsehen, dass alle Arten von Ungleichheit aus den Anfängen der Gleichheit entstanden sind, so dass die Gleichheit, die selbst gewissermaßen die Kraft einer Mutter und einer Pflanzenwurzel einnimmt, alle Arten und Ordnungen von Ungleichheit hervorströmen lässt.

(3) Lasst uns drei gleiche Werte haben, das heißt drei Einzahlen, oder dreimal 2 oder dreimal 3 oder dreimal 4 oder welche auch immer man aufstellen möchte. Was auch immer in einer (solchen) Dreierreihe eintritt (s. u. I 32,8), das ereignet sich auch in den anderen.

(4) Du kannst also entsprechend der Reihenfolge unserer Vorschrift sehen, dass zuerst die Vielfachen und bei diesen zuerst die Zweifachen entstehen, danach die Dreifachen, daraus die Vierfachen und so weiter nach dieser Reihenfolge.

(5) Wiederum, wenn die Vielfachen umgedreht werden, entstehen aus diesen die Superpartikulare, und aus den Zweifachen die Eineinhalb, aus den Dreifachen die Eineindrittel, aus den Vierfachen die Eineinviertel und die übrigen nach dieser Art.

(6) Aus den umgedrehten Superpartikularen entstehen notwendigerweise die Superpartienten, wie etwa aus dem Eineinhalb das Einzweidrittel entsteht, das Eineindrittel bringt das Eindreiviertel hervor und aus dem Eineinviertel wird das Einvierfünftel erzeugt.

(7) Aus den richtig gestellten und nicht umgedrehten früheren Superpartikularen entstehen die Vielfach-Superpartikulare; aus den richtig gestellten Superpartienten werden die Vielfach-Superpartienten hervorgebracht.

(8) Also gibt es diese drei Vorschriften, dass du die erste Zahl gleich der ersten machst, die zweite gleich der ersten und der zweiten, die dritte gleich der ersten, zweimal der zweiten und der dritten (aus a, b, c wird x, y, z mit $x = a$, $y = a+b$, $z = a+2b+c$).

(9) Wenn du dies also mit gleichen Werten getan hast, werden die Zahlen, die aus diesen entstehen, die Doppelten sein; und wenn du das Gleiche mit den Doppelten getan hast, werden die Dreifachen erzeugt, aus diesen die Vierfachen und dies wird alle Formen der

procreantur et de his quadruplices atque in infinitum omnes formas numeri multiplicis explicabit. iaceant igitur tres termini aequales.

| | | |
|---|---|---|
| I | I | I |

ponatur itaque primo primus aequalis, id est unus, secundus vero primo et secundo, id est II, tertius vero primo, duobus secundis et tertio par sit, id est uni et duobus unis et uni, quod sunt IIII ut est descriptio.

[68]

| | | |
|---|---|---|
| I | I | I |
| I | II | IIII |

videsne ut duplici proportione sequens ordo texatur?
(10) fac rursus idem de duplicibus, ut sit primus primo aequalis, id est uni, secundus primo et secundo, id est uni et duobus, qui sunt tres, tertius primo, id est uni, duobus secundis, id est IIII, et tertio, id est IIII, qui simul VIIII fiunt, et venit haec formula.

| | | |
|---|---|---|
| I | I | I |
| I | II | IIII |
| I | III | VIIII |

(11) rursus si triplicibus idem feceris, continuus quadruplus procreabitur. sit enim primus primo aequus, id est unus, sit secundus primo et secundo aequalis, id est IIII, sit tertius primo, duobus secundis et tertio aequalis, id est XVI

| | | |
|---|---|---|
| I | I | I |
| I | II | IIII |
| I | III | VIIII |
| I | IIII | XVI |

Vielfachzahl bis ins Unendliche entfalten. Liegen sollen also drei gleiche Werte:

| | | |
|---|---|---|
| 1 | 1 | 1 |

Die erste Zahl soll gleich der ersten gesetzt werden, also 1; die zweite gleich der ersten und der zweiten, also zwei; die dritte sei gleich der ersten, zweimal der zweiten und der dritten, also 1 und zweimal 1 und 1, was 4 ergibt, wie in dieser Darstellung:

| | | |
|---|---|---|
| 1 | 1 | 1 |
| 1 | 2 | 4 |

Siehst du, wie die Reihenfolge im doppelten Verhältnis gewebt ist?
(10) Mache nun das Gleiche wiederum von der Doppel-Reihenfolge aus, so dass die erste gleich der ersten ist, also 1, die zweite gleich der ersten und der zweiten, also der 1 und der 2, was 3 ist, die dritte gleich der ersten, also der 1, zweimal der zweiten, also 4, und der dritten, also 4, was zusammen 9 ergibt, und dieses Schema entsteht:

| | | |
|---|---|---|
| 1 | 1 | 1 |
| 1 | 2 | 4 |
| 1 | 3 | 9 |

(11) Wenn du das Gleiche wiederum mit Dreifachen gemacht hast, wird ein fortlaufendes Vierfaches erzeugt. Die erste sei nämlich gleich der ersten, also 1, die zweite sei gleich der ersten und der zweiten, also 4, und die dritte gleich der ersten, zweimal der zweiten und der dritten, also 16:

| | | |
|---|---|---|
| 1 | 1 | 1 |
| 1 | 2 | 4 |
| 1 | 3 | 9 |
| 1 | 4 | 16 |

(12) et in ceteris quidem ad hanc formam tribus his praeceptis utemur.
(13) si vero qui ex aequalibus nati sunt multiplices, eos disponamus et secundum haec praecepta vertamus, ita ut converso sint ordine, sesqualter ex duplici procrea[69]bitur, sesquitertius ex triplici, sesquiquartus ex quadruplo.

(14) sint enim III duplices termini, qui ex aequalibus creati sunt, et qui ultimus est, primus ponatur hoc modo:

| | | |
|---|---|---|
| IIII | II | I |

et constituatur primo in hoc ordine primus par, id est IIII, secundus vero primo et secundo par, id est VI, tertius vero primo, duobus secundis et tertio, id est VIIII

| | | |
|---|---|---|
| IIII | II | I |
| IIII | VI | VIIII |

ecce tibi illa sesqualtera quantitas ex termino duplicitatis exoritur.

(15) videamus nunc ad eundem modum, ex triplici qui nascatur. disponantur enim triplices superiores

| | | |
|---|---|---|
| VIIII | III | I |

converso scilicet ordine, sicut duplex, hic est quoque ordo dispositus. ponatur ergo primus primo aequus, id est VIIII, secundus primo et secundo, id est XII, tertius primo, duobus secundis et tertio aequus, id est XVI

| | | |
|---|---|---|
| VIIII | III | I |
| VIIII | XII | XVI |

(12) Auch bei den Übrigen können wir nach dieser Form diese drei Vorschriften anwenden.
(13) Sind die aus Gleichen entstandenen Zahlen vielfach, so wollen wir sie auch nach diesen Vorschriften anordnen und umkehren, so dass sie in umgedrehter Reihenfolge erscheinen; aus dem Doppelten wird das Eineinhalb erzeugt, aus dem Dreifachen das Eineindrittel und aus dem Vierfach das Eineinviertel.
(14) Es sollen drei doppelte Werte sein, die aus Gleichen erschaffen werden, und der letzte soll auf diese Weise an die erste Stelle gesetzt wurden:

| | | |
|---|---|---|
| 4 | 2 | 1 |

Dann soll in dieser Reihenfolge aufgestellt werden der erste gleich dem ersten, also 4, der zweite gleich dem ersten und zweiten, also 6, der dritte gleich dem ersten, zweimal dem zweiten und dem dritten, also 9:

| | | |
|---|---|---|
| 4 | 2 | 1 |
| 4 | 6 | 9 |

Siehe, es entspringt für dich das Eineinhalb-Verhältnis aus dem Wert der Doppelung.
(15) Lasst uns nun auf die gleiche Weise die Zahl sehen, die aus dem Dreifachen entsteht. Es sollen die obigen Dreifachen (wie folgt) angeordnet werden:

| | | |
|---|---|---|
| 9 | 3 | 1 |

Durch (diese) Umdrehung der Ordnung ist auch diese Ordnung nämlich so angeordnet wie die doppelte: Es soll also die erste Zahl gleich der ersten gesetzt werden, also 9, die zweite gleich der ersten und der zweiten, also 12, die dritte eine gleich der ersten, zweimal der zweiten und der dritten, also 16:

| | | |
|---|---|---|
| 9 | 3 | 1 |
| 9 | 12 | 16 |

rursus secunda species superparticularis numeri, id est sesquitertius procreatus est.
(16) quod si idem de quadruplo quis facere velit, sesquiquartus continuo nascetur, ut subiecta monstrat descriptio.

| | | |
|---|---|---|
| XVI | IIII | I |
| XVI | XX | XXV |

[70] (17) ac si quis idem de cunctis in infinitum partibus multiplicitatis faciat, convenienter ordinem superparticularitatis inveniet.

(18) quod si conversos superparticulares aliquis secundum haec praecepta convertat, continuo videat superpartientes adcrescere et ex sesqualtero quidem superbipartiens, ex sesquitertio supertripartiens procreatur et ceteri secundum communes denominationis species sine ulla ordinis interpolatione nascentur. disponantur igitur sic:

*[Abb. fol. 60ᵛ, hier S. 69]*

| | | |
|---|---|---|
| VIIII | VI | IIII |

superioris igitur descriptionis primo primus aequus numerus adscribatur, id est VIIII, secundus vero primo et secundo, id est XV, tertius vero primo, duobus secundis et tertio, id est XXV

| | | |
|---|---|---|
| VIIII | VI | IIII |
| VIIII | XV | XXV |

(19) si vero sesquitertium eodem modo vertamus, ordo supertripartiens invenitur. sit enim prima positio sesquitertii

| | | |
|---|---|---|
| XVI | XII | VIIII |

ponatur secundum priorem modum primo primus par, id est XVI, secundus primo et secundo, id est XXVIII, tertius primo, duobus se-

Wiederum ist die zweite Art der Superpartikularzahl, nämlich das Eineindrittel erzeugt.
(16) Wenn man das Gleiche mit dem Vierfachen machen will, entsteht sogleich das Eineinviertel, wie die folgende Darstellung zeigt:

| | | |
|---|---|---|
| 16 | 4 | 1 |
| 16 | 20 | 25 |

(17) Wenn jemand dasselbe mit allen Teilen der Vielfachen bis ins Unendliche tut, wird er entsprechend die Ordnung der Superpartikularität finden.
(18) Wenn aber jemand die umgedrehten Superpartikulare nach diesen Vorschriften umwandelt, so kann er sogleich sehen, dass die Superpartienten unaufhörlich wachsen und dass aus dem Eineinhalb das Einzweidrittel und aus dem Eineindrittel das Eindreiviertel erzeugt werden und dass die übrigen nach den gewöhnlichen Arten der Benennung ohne eine Unterbrechung ihrer Ordnung entstehen. Sie sollen also wie folgt angeordnet werden:

| | | |
|---|---|---|
| 9 | 6 | 4 |

Von der obigen Darstellung soll also die erste Zahl gleich der ersten aufgeschrieben werden, also 9, die zweite gleich der ersten und der zweiten, also 15, die dritte gleich der ersten, zweimal der zweiten und der dritten, also 25:

| | | |
|---|---|---|
| 9 | 6 | 4 |
| 9 | 15 | 25 |

(19) Wenn wir aber auf die gleiche Weise das Eineindrittel umwenden, finden wir die Eindreiviertel-Ordnung. Es sei die erste Lage die des Eineindrittels:

| | | |
|---|---|---|
| 16 | 12 | 9 |

Es soll auf die oben beschriebene Weise die erste Zahl gleich der ersten gesetzt werden, also 16, die zweite gleich der ersten und der

cundis et tertio, id est XLVIIII, omnis ergo summa disposita supertripartientes efficiet.

| | | |
|---|---|---|
| XVI | XII | VIIII |
| XVI | XXVIII | XLVIIII |

(20) rursus si sesquiquartum eodem modo verteris, super[71]quadripartiens statim quantitas procreabitur, ut est ea forma, quam subpositam vides.

| | | |
|---|---|---|
| XXV | XX | XVI |
| XXV | XLV | LXXXI |

(21) restat, quemadmodum ex superparticularibus et superpartientibus multiplices superparticulares vel multiplices superpartientes nascantur ostendere, quorum binas tantum faciam descriptiones. namque si rectum et non conversum sesqualterum ponimus, duplex superparticularis excrescit. sit enim hoc modo:

| | | |
|---|---|---|
| IIII | VI | VIIII |

(22) ponatur secundum superiorem modum primo primus aequalis, id est IIII, secundus primo et secundo, id est X, tertius primo, duobus secundis et tertio aequalis, id est XXV.

| | | |
|---|---|---|
| IIII | VI | VIIII |
| IIII | X | XXV |

(23) atque haec quidem duplex sesqualtera summa producta est; si vero sesquitertium non conversum ponamus duplex sesquitertius invenitur, ut subiecta descriptio docet:

| | | |
|---|---|---|
| VIIII | XII | XVI |
| VIIII | XXI | XLVIIII |

zweiten, also 28, die dritte gleich der ersten, zweimal der zweiten und der dritten, also 49. Jede wohlgeordnete Gesamtzahl bringt das Eindreiviertel hervor:

| | | |
|---|---|---|
| 16 | 12 | 9 |
| 16 | 28 | 49 |

(20) Wiederum, wenn du das Eineinviertel auf die gleiche Weise umkehrst, wird sofort das Einvierfünftel-Verhältnis erzeugt, wie in der Form, die du unten aufgestellt siehst:

| | | |
|---|---|---|
| 25 | 20 | 16 |
| 25 | 45 | 81 |

(21) Es bleibt zu zeigen, wie aus den Superpartikularen und den Superpartienten die Vielfach-Superpartikulare oder die Vielfach-Superpartienten entstehen, wovon ich nur zwei Darstellungen machen werde. Wenn wir nämlich das Eineinhalb richtig und nicht umgedreht aufstellen, erwächst daraus der Doppel-Superpartikular. Es sei dies auf folgende Weise:

| | | |
|---|---|---|
| 4 | 6 | 9 |

(22) Dann soll nach der obigen Methode die erste Zahl gleich der ersten gesetzt werden, also 4, die zweite gleich der ersten und der zweiten, also 10, die dritte gleich der ersten, zweimal der zweiten und der dritten, also 25:

| | | |
|---|---|---|
| 4 | 6 | 9 |
| 4 | 10 | 25 |

(23) So ist also als Gesamtzahl das Zweieinhalb hergestellt worden. Wenn wir aber das Eineindrittel umgedreht aufschreiben, so findet sich das Zweieindrittel, wie die folgende Darstellung lehrt:

| | | |
|---|---|---|
| 9 | 12 | 16 |
| 9 | 21 | 49 |

(24) at vero si ad superpartientes animum convertamus eosque ordinatim secundum superiora praecepta disponamus, multiplices superpartientes ordinatim progenitos reperiemus. disponatur enim superpartientis haec formula:

| | | |
|---|---|---|
| VIIII | XV | XXV |

[72] adscribatur ergo primus primo aequus, id est VIIII, secundus primo et secundo, id est XXIIII, tertius primo, duobus secundis et tertio, id est LXIIII.

| | | |
|---|---|---|
| VIIII | XV | XXV |
| VIIII | XXIIII | LXIIII |

videsne, ut ex superbipartiente duplus superbipartiens exortus sit?
(25) at vero si supertripartientem ponam, duplex sine dubio supertripartiens invenitur, ut in subiecta descriptione perspicuum est.

| | | |
|---|---|---|
| XVI | XXVIII | XLVIIII |
| XVI | XLIIII | CXXI |

(26) sic ergo de superparticularibus vel de superpartientibus multiplices superparticulares vel multiplices superpartientes oriuntur.

(27) quare constat, omnium inaequalitatum aequalitatem esse principium. ex eadem enim inaequalia cuncta nascuntur.
(28) ac de his quidem hactenus disserendum esse credidimus, ne vel infinita sectemur, vel circa res obscurissimas ingredientium animos detinentes ab utilioribus moraremur.

liber primus explicit.

(24) Wenn wir aber unsere Aufmerksamkeit den Superpartienten zuwenden und diese in geordneter Weise nach den obigen Vorschriften anordnen, finden wir die Vielfach-Superpartienten in geordneter Weise hervorgebracht. Dieses Schema des Superpartienten soll aufgestellt werden.

| | | |
|---|---|---|
| 9 | 15 | 25 |

Aufgeschrieben werden soll die erste Zahl gleich der ersten, also 9, die zweite gleich der ersten und der zweiten, also 24, die dritte gleich der ersten, zweimal der zweiten und der dritten, also 64:

| | | |
|---|---|---|
| 9 | 15 | 25 |
| 9 | 24 | 64 |

Siehst du, wie das Zweizweidrittel aus dem Einzweidrittel kommt?
(25) Wenn ich das Eindreiviertel aufstelle, kommt ohne Zweifel das Zweidreiviertel heraus, wie es in folgender Darstellung offensichtlich ist:

| | | |
|---|---|---|
| 16 | 28 | 49 |
| 16 | 44 | 121 |

(26) Und so entstehen also aus den Superpartikularen oder den Superpartienten die Vielfach-Superpartikulare und die Vielfach-Superpartienten.
(27) Daher steht fest, dass die Gleichheit die Grundlage aller Ungleichheiten ist. Aus ihr nämlich entstehen alle Ungleichheiten.
(28) Wir glaubten, dass wir nur bis hier über diese Dinge sprechen mussten, um weder nach unendlichen Dingen zu trachten noch die Sinne derer, die sich auf sehr obskure Dinge einlassen, indem wir sie damit beschäftigen, von nützlicheren Dingen abzuhalten.

Hier endet das erste Buch.

*[Abb. fol. 63$^{v}$, hier S. 70]*

# LIBER II

## incipiunt capitula libri secundi

I. quemadmodum ad aequalitatem omnis inaequalitas reducatur

[73] II. de inveniendo in unoquoque numero, quot numeros eiusdem proportionis possit praecedere eorumque descriptio descriptionisque expositio

III. quod multiplex intervallum ex quibus superparticularibus medietate posita intervallis fiat eiusque inveniendi regula

IIII. de per se constante quantitate, quae in figuris geometricis consideratur, in quo communis ratio omnium magnitudinum

V. de numero lineari

VI. de planis rectilineis figuris quodque earum triangulum principium sit

VII. dispositio triangulorum numerorum

VIII. de lateribus triangulorum numerorum

VIIII. de generatione triangulorum numerorum

X. de quadratis numeris

XI. de eorum lateribus

XII. de quadratorum numerorum generatione rursusque de eorum lateribus

XIII. de pentagonis eorumque lateribus

XIIII. de generatione pentagonorum

XV. de exagonis eorumque generationibus

XVI. de eptagonis eorumque generationibus et communis omnium figurarum inveniendae generationis regula descriptionesque figurarum

XVII. descriptio figuratorum numerorum in ordine

XVIII. qui figurati numeri ex quibus figuratis numeris fiant inque eo, quod triangulus numerus omnium reliquorum principium sit

## BUCH II

Hier beginnen die Kapitelüberschriften des zweiten Buchs.

1. Auf welche Weise jede Ungleichheit auf die Gleichheit zurückgeführt wird
2. Über das Herausfinden zu jeder einzelnen Zahl, wie vielen Zahlen desselben Verhältnisses sie vorausgehen kann, und ihre Darstellung und eine Erklärung der Darstellung
3. Welches vielfache Intervall von welchen Superpartikular-Intervallen gebildet wird, nachdem ein Mittelwert gesetzt wurde, und die Regel, dies aufzufinden
4. Über die Menge, die absolut (*per se*) besteht, die in den geometrischen Figuren betrachtet wird und in der eine gemeinsame Ratio aller Größen ist
5. Über die Linienzahl
6. Über die geradlinigen Flächenfiguren und dass ihre Grundlage das Dreieck ist
7. Die Anordnung der Dreieckzahlen
8. Über die Seiten der Dreieckzahlen
9. Über die Erzeugung der Dreieckzahlen
10. Über die Quadratzahlen
11. Über ihre Seiten
12. Über die Erzeugung der Quadratzahlen und wiederum über ihre Seiten
13. Über die Fünfecke und ihre Seiten
14. Über die Erzeugung der Fünfecke
15. Über die Sechsecke und ihre Erzeugungen
16. Über Siebenecke und ihre Erzeugungen und die allgemeine Regel zur Auffindung der Erzeugung aller Figuren und die Darstellungen der Figuren
17. Die Darstellung der figurierten Zahlen in einer Anordnung
18. Welche figurierten Zahlen von welchen figurierten Zahlen abstammen, und darin eine Demonstration, dass die Dreieckzahl die Grundlage aller anderen Zahlen ist

expliciunt capitula

Hier enden die Kapitelüberschriften.

*[Abb. fol. 66v, hier S. 71]*

## [77] incipit liber secundus

### I. quemadmodum ad aequalitatem omnis inaequalitas reducatur

(1) superioris libri disputatione digestum est, quemadmodum tota inaequalitatis substantia a principe sui generis aequalitate processerit. sed quae rerum elementa sunt, ex hisdem principaliter omnia componuntur, et in eadem rursus resolutione facta solvuntur; ut, quoniam articularis vocis elementa sunt litterae, ab eis est syllabarum progressa coniunctio et in easdem rursus terminatur extremas; eandemque vim obtinet sonus in musicis. iam vero mundum corpora quattuor non ignoramus efficere; namque ut ait <Lucretius>: ex imbri, terra atque anima gignuntur et igni. sed in haec rursus eius quattuor elementa fit postrema solutio. ita igitur, quoniam ex aequalitatis margine cunctas inaequalitatis species proficisci videmus, omnis a nobis inaequalitas ad aequalitatem velut ad quoddam elementum proprii generis resolvatur.

(2) hoc autem trina rursus imperatione colligitur, eaque resolvendi ars datis qui[78]buslibet tribus terminis inaequalibus quidem sed proportionaliter constitutis, id est ut eandem medius ad primum vim proportionis obtineat, quam qui est extremus ad medium, in qualibet inaequalitatis ratione vel in multiplicibus, vel in superparticularibus, vel in superpartientibus, vel in his, qui ex his procreantur multiplicibus superparticularibus, vel multiplicibus superpartientibus, eadem atque una ratione indubitata constabit.

(3) propositis enim tribus, ut dictum est, terminis aequis proportionibus ordinatis ultimum semper medio detrahamus et ipsum quidem ultimum primum terminum conlocemus, quod de medio relinqui-

# Hier beginnt das zweite Buch.

## 1. Auf welche Weise jede Ungleichheit auf die Gleichheit zurückgeführt wird

(1) Es wurde in der Erörterung des ersten Buchs durchgenommen, auf welche Weise das ganze Wesen der Ungleichheit aus dem Begründer ihrer Art, der Gleichheit, vorgerückt ist. Dies aber sind die Grundbausteine der Dinge, aus denselben werden alle Dinge ursprünglich zusammengesetzt und in dieselben werden sie, nachdem eine Auflösung stattgefunden hat, wieder aufgelöst; etwa, weil ja die Buchstaben die Elemente eines verständlichen Wortes sind, ist von ihnen die Verbindung der Silben fortgeschritten und wird in dieselben (Buchstaben) am Schluss aufgelöst. Dieselbe Kraft besitzt der Ton in der Musik. Wir wissen wohl, dass die Welt aus vier Körpern besteht; wie nämlich Lucretius (*De Rerum Natura* I 715) sagt, werden sie aus Wasser, Erde, Luft und Feuer erzeugt. Aber in diese vier Elemente gibt es wiederum eine Auflösung am Ende. So kann also, weil wir sehen, dass aus dem Rand der Gleichheit alle Arten von Ungleichheit hervorgehen, jede Art von Ungleichheit von uns in Gleichheit aufgelöst werden, wie in ein gewisses Element ihrer eigenen Art.

(2) Dies wird aber wiederum durch eine dreifache Vorschrift zusammengefasst und diese Kunstfertigkeit der Auflösung wird – nachdem drei beliebige ungleiche Werte gegeben, aber proportional angeordnet worden sind, das heißt, dass der mittlere (Wert) im Vergleich zum ersten dieselbe Kraft der Proportion hat wie der Randwert zum mittleren, in beliebiger Ratio der Ungleichheit, entweder bei den Vielfachen oder bei den Superpartienten oder bei denjenigen Vielfach-Superpartikularen, die aus ihnen hervorgebracht werden, oder bei den Vielfach-Superpartienten – durch dieselbe und einzige unzweifelhafte Ratio feststehen.

(3) Nachdem nämlich drei Werte, wie gesagt worden ist, in gleichen Proportionen angeordnet vorgelegt worden sind (x, y, z), wollen wir immer den letzten (Wert) vom mittleren abziehen und den letzten Wert selbst als ersten Wert (a = x) setzen und das, was vom mittleren

tur, secundum. de tertia vero propositorum terminorum summa auferemus unum primum et duos secundos, eos, qui de medietate relicti sunt, et id quod ex tertia summa relinquitur, tertium terminum constituemus. videbis igitur hoc facto in minorem modum summas reverti et ad principaliorem habitudinem comparationes proportionesque reduci,

(4) ut si sit quadrupla proportio, primo ad triplam, inde ad duplam, inde ad aequalitatem usque remeare; et si sit superparticularis sesquiquartus, primo ad sesquitertium, inde ad sesqualterum, postremo ad tres aequales terminos redire.

(5) hoc autem nos exempli gratia in multiplici tantum proportione docebimus, sollertem vero in aliis quoque inaequalitatis speciebus id experientem eadem ratio praeceptorum iuvabit. constituantur enim tres a se termini quadrupli.

| | | |
|---|---|---|
| VIII | XXXII | CXXVIII |

aufer igitur ex medio minorem, id est ex triginta duobus octonarium, relinquuntur XXIIII. et primum octonarium terminum pone, secundum vero, quod relictum fuerit ex medio, id est XXIIII, ut sint hi duo termini [79] VIII et XXIIII. de tertio vero, id est CXXVIII, aufer unum primum id est VIII et duos secundos, qui sunt reliqui, id est bis XXIIII et relinquuntur LXXII. his dispositis terminis ex quadrupla propinquior aequitati proportio tripla redacta est. sunt enim hi termini:

| | | |
|---|---|---|
| VIII | XXIIII | LXXII |

(6) ex his autem ipsis idem si feceris, ad duplam rursus comparatio remeabit. pone enim primum minori aequum, id est VIII, et ex secundo aufer primum, XVI relinquentur; sed ex tertio, id est ex LXXII, aufer primum, id est VIII et duos secundos, id est bis XVI, et erit reliqua pars XXXII, quibus positis ad duplas proportiones habitudo redigitur:

übrig ist, als zweiten (b = y–x); vom dritten der vorgelegten Werte nehmen wir einmal den ersten Wert und zweimal den zweiten weg – also die Werte, die vom Mittelwert übrig sind –, und das, was von der dritten Gesamtzahl übrig ist, setzen wir als dritten Wert (c = z–x–2(y–x), s. o. I 32,8). Du wirst also sehen, wenn dies getan ist, dass die Gesamtzahlen in einen geringeren Modus umgewandelt werden und die Vergleiche und Verhältnisse auf eine ursprünglichere Beziehung reduziert werden,

(4) dass etwa, wenn es ein Vierfach-Verhältnis ist, sie zuerst zu einem dreifachen, dann zu einem doppelten, dann zur Gleichheit gehen und dass, wenn es ein superpartikulares Eineinviertel-Verhältnis ist, sie zuerst zu einem Eineindrittel, dann zu einem Eineinhalb und schließlich zu drei gleichen Werten zurückgehen.

(5) Wir werden dies in einem Beispiel nur für das Vielfach-Verhältnis zeigen, aber die gleiche Ratio der Vorschriften wird einem, der dies geschickt erforscht, auch bei anderen Arten der Ungleichheit helfen. Es seien drei Werte, jeder das Vierfache des vorherigen, niedergelegt:

| | | |
|---|---|---|
| 8 | 32 | 128 |

Nimm also den kleineren vom mittleren Wert weg, also 8 von 32, bleibt 24 übrig. Setze als ersten Wert 8, dann an zweiter Stelle das, was vom mittleren Wert übriggeblieben ist, also 24, so dass zwei Werte da sind, 8 und 24. Dann nimm vom dritten Wert, also 128, den ersten, also 8, und zweimal den zweiten, also zweimal 24, weg, und es bleibt 72 übrig. Wenn diese Werte angeordnet worden sind, ist aus einem vierfachen ein dreifaches Verhältnis abgeleitet worden, das näher an der Gleichheit liegt. Diese Werte sind:

| | | |
|---|---|---|
| 8 | 24 | 72 |

(6) Wenn du das Gleiche mit eben diesen gemacht hast, wird der Vergleich wiederum auf das Doppel-Verhältnis zurückgehen. Setze an die erste Stelle einen Wert, der gleich der kleineren Zahl ist, also 8; von der zweiten nimm die erste weg, bleibt 16 übrig. Dann nimm von der dritten, also 72, die erste, also 8, weg, und zweimal die zweite, also 16, und der verbleibende Teil wird 32 sein. Wenn du diese Zahlen platziert hast, reduziert sich die Beziehung auf Doppel-Verhältnisse:

| | | |
|---|---|---|
| VIII | XVI | XXXII |

(7) idem vero ex his si fiat rem omnem ad aequitatis summas eliquabimus. pone enim primum minori aequum, id est VIII; et aufer ex XVI octonarium, remanent VIII, quibus positis ex tertio, id est XXXII, sumptis primo, id est VIII et duobus secundis, id est octonariis, supersunt VIII; quibus dispositis prima nobis aequitas cadit, ut subiectae summulae docent

| | | |
|---|---|---|
| VIII | VIII | VIII |

(8) hinc igitur si quis ad alias inaequalitatis species animum tendat, eandem convenientiam intitubanter inveniet.

(9) quare pronuntiandum est, nec ulla trepidatione dubitandum, quod quemadmodum per se constantis quantitatis unitas principium et elementum est, ita et ad aliquid relatae quantitatis aequalitas mater est. demonstravimus enim, quod hinc et eius procreatio prima foret et in eam rursus postrema solutio.

### [80] II. de inveniendo in unoquoque numero quot numeros eiusdem proportionis possit praecedere eorumque descriptio descriptionisque expositio

(1) est autem quaedam in hac re profunda et miranda speculatio et ut ait Nicomachus *enmusotaton theorema* proficiens et ad Platonicam in Timaeo animae generationem et ad intervalla armonicae disciplinae. ibi enim iubemur producere atque extendere tres vel quattuor sesqualteros vel quotlibet sesquitertias proportiones et sesquiquartas comparationes easque secundum propositum ordinem saepe continuas iubemur extendere.

| | | |
|---|---|---|
| 8 | 16 | 32 |

(7) Wenn das Gleiche noch einmal mit diesen Zahlen geschieht, werden wir die ganze Sache auf die Gesamtzahlen der Gleichheit reduzieren. Setze zuerst einen Wert, der gleich der kleineren Zahl ist, also 8; nimm von 16 dann 8 weg; es bleibt 8 übrig. Wenn diese platziert und von der dritten Zahl, also 32, die erste, also 8, und zweimal die zweite, also zweimal 8 abgezogen sind, ist noch 8 da. Wenn du diese angeordnet hast, ergibt sich für uns die erste Gleichheit, wie die folgenden Werte lehren:

| | | |
|---|---|---|
| 8 | 8 | 8 |

(8) Wenn man von hier aus seine Aufmerksamkeit auf die anderen Arten der Ungleichheit lenkt, wird man unentwegt dieselbe Übereinstimmung finden.
(9) Aus diesem Grund muss verkündet und darf durch keinerlei Schwanken bezweifelt werden, dass so, wie die Einzahl die Grundlage und der Grundbaustein der absolut (*per se*) konstanten Menge ist, auch die Gleichheit die Mutter jeder Menge ist, die in Bezug zu etwas (*ad aliquid*) steht. Wir haben ja gezeigt, dass von hier sowohl ihre erste Zeugung ausgeht als auch zu ihr wiederum ihre endgültige Auflösung zurückgeht.

## 2. Über das Herausfinden zu jeder einzelnen Zahl, wie vielen Zahlen desselben Verhältnisses sie vorausgehen kann, und ihre Darstellung und eine Erklärung der Darstellung

(1) Es gibt in dieser Sache eine gewisse tiefe und wunderbare Beobachtung und, wie Nikomachos (*Einführung in die Arithmetik* II 2,3) zweckdienlich sagt, ein sehr elegantes Theorem (*enmusotaton theorema*), das sowohl mit der Erzeugung der Seele in Platons *Timaios* (34b) als auch mit den Dimensionen des Lehrgebiets der Harmonie zusammenhängt. Dort nämlich werden wir angewiesen, drei oder vier Eineinhalb- oder eine beliebige Anzahl von Eineindrittel-Verhältnissen und Eineinviertel-Vergleichen zu erzeugen und zu erweitern und sie nach einer vorgelegten Reihenfolge in der Reihe aufeinanderfolgend oft zu erweitern.

(2) ne autem hoc labore quodam, semper quidem maximo, frequentius inferaci fiat, hac nobis ratione in quot numeris quanti possint esse superparticulares vestigandum est.

(3) omnes enim multiplices tantarum similium sibimet proportionum principes erunt, quoto ipsi loco ab unitate discesserint.

(4) quod autem dico sibimet similium, tale est, ut dupli semper multiplicitas, ut superius distinctum est, sesqualteros creet et dux sit triplex sesquitertiorum, quadruplus sesquiquartis.

(5) primus ergo duplex unum solum habebit sesqualterum, secundus duo, tertius tres, quartus quattuor et secundum hunc ordinem eadem fit in infinitum progressio, neque unquam fieri potest, ut vel superet proportionum numerum vel ab eo sit deminutior aequabilis ab unitate locatio.
primus ergo duplex est [81] binarius numerus, qui unum solum sesqualterum recipit, id est ternarium, binarius enim contra ternarium comparatus sesqualteram efficit proportionem. ternarius vero quoniam medietatem non recipit, non est alter numerus, ad quem in ratione sesqualtera comparetur.
quaternarius vero numerus secundus duplus est. hic ergo duos sesqualteros praecedit. est enim ad ipsum quidem comparatus senarius numerus, ad senarium vero, quoniam medietatem habet, novenarius, et sunt duo sesqualteri, ad IIII scilicet VI, ad VI vero VIIII; novenarius vero, quoniam medietate caret, ab hac comparatione seclusus est.

tertius vero duplex est VIII. hic ergo tres sesqualteros antecedit. comparatur enim ad ipsum duodenarius numerus, ad duodenarium XVIII, ad XVIII rursus XXVII at vero XXVII medio carent. idem quoque in sequentibus evenire necesse est, quod nos cum propria ordinatione subdidimus.
(6) semper enim hoc divina quadam nec humana constitutione speculationibus occurrit, ut quotienscunque ultimus numerus invenitur, qui loco duplicis ab unitate sit par, talis sit, ut in medietates dividi secarique non possit.

(2) Damit dies aber nicht durch eine Arbeit, die zwar immer sehr aufwendig, aber recht häufig unergiebig ist, geschieht, müssen wir durch die folgende Ratio aufspüren, in wie vielen Zahlen wie viele Superpartikulare sein können.
(3) Alle Vielfachzahlen sind die Begründer so vieler sich selbst ähnlicher Verhältnisse, an wievielter Stelle sie von der Einzahl entfernt sind.
(4) Das, was ich aber (die Begründer) sich selbst ähnlicher (Verhältnisse) nenne, ist von solcher Art, dass das Vielfache des Doppelten, wie es oben (I 22) bestimmt wurde, immer Eineinhalbfache erzeugt und dass das Dreifache Anführer der Eineindrittelfachen ist und das Vierfache für die Eineinviertelfachen.
(5) Das erste Doppelte wird nur 1 Eineinhalbes haben, das zweite 2, das dritte 3, das vierte 4, und nach dieser Reihenfolge wird dasselbe Fortschreiten bis ins Unendliche geschehen und es kann niemals geschehen, dass der gleichmäßige Platz die Anzahl der Verhältnisse übertrifft oder dass er geringer ist als sie (die Zahl der Verhältnisse).
Das erste Doppelte also ist die Zahl 2, die nur ein Eineinhalbes gestattet, nämlich 3, denn 2 bringt im Vergleich zu 3 ein Eineinhalb-Verhältnis hervor. Weil 3 aber keine Halbierung gestattet, gibt es keine weitere Zahl, mit der es in einer Eineinhalb-Ratio verglichen werden kann.
Die Zahl 4 ist das zweite Doppelte. Sie geht also zwei Eineinhalben voran. Es ist nämlich (das erste davon) im Vergleich zu ihr selbst die Zahl 6; und zur 6 gehört, weil sie eine Hälfte hat, die 9; so sind es zwei Eineinhalbe, nämlich 6 im Vergleich zu 4 und 9 im Vergleich zu 6. Die 9 wird, da ihr eine (ganzzahlige) Hälfte fehlt, von diesem Vergleich ausgeschlossen.
Das dritte Doppelte ist die 8. Sie geht also 3 Eineinhalben voraus. Die Zahl 12 wird mit ihr verglichen, dann mit 12 die 18, dann mit 18 wiederum die 27. Der 27 aber fehlt eine (ganzzahlige) Hälfte. Dasselbe muss bei den folgenden Zahlen eintreten, die wir unten in ihrer eigenen Reihenfolge angegeben haben.
(6) Dies widerfährt den Betrachtungen nämlich immer durch eine bestimmte göttliche – nicht menschliche – Anordnung, dass jedes Mal, wenn man die letzte Zahl findet, sie (nach unten) gleich (weit) von der Stelle des Doppelten (in der ersten Zeile wie dieses nach rechts) von der Einzahl (entfernt; s. o. II 2,3) und so beschaffen ist, dass sie nicht in Hälften geteilt oder getrennt werden kann.

latitudo

| | | | | | |
|---|---|---|---|---|---|
| I | II | IIII | VIII | XVI | XXXII |
| | III | VI | XII | XXIIII | XLVIII |
| | | VIIII | XVIII | XXXVI | LXXII |
| | | | XXVII | LIIII | CVIII |
| | | | | LXXXI | CLXII |
| | | | | | CCXLIII |

angulares

(8) idem contingit etiam in triplicibus. ex illis enim ses[82]quitertii procreantur. nam quoniam primus triplex est ternarius numerus, habet unum sesquitertium, id est IIII, cuius quaternarii tertia pars non potest inveniri. atque ideo hic epitrito caret. secundus vero, qui est VIIII, habet ad se duodenarium numerum sesquitertium, duodenarius autem, quoniam habet tertiam partem, in sesquitertia proportione comparatur ad eum numerus XVI, qui tertiae partis sectione solutus est.
(9) XXVII autem, quoniam tertius est triplex, habet ad se sesquitertium XXXVI et hic rursus ad XLVIII eadem proportione comparatur. cui si LXIIII appositi fuerint, eandem rursus vim proportionis explebunt, quos LXIIII ad nullum sesquitertium rursus aptabis, quoniam parte tertia non tenentur.

atque hoc in cunctis triplicibus invenitur, ut extremus eiusdem proportionis numerus tantos ante se praecedentes habeat, quanto primus eorum ab unitate discesserit et qui tot super se eiusdem proportionis habuerit numeros, quotus ab unitate primus eorum iacet. eius pars, qua illi comparatus numerus possit eandem facere proportionem, inveniri nequeat.
(10) et triplicis quidem haec est descriptio.

*[Abb. fol. 71r, hier S. 72]*

latitudo

| | | | | | |
|---|---|---|---|---|---|
| I | III | VIIII | XXVII | LXXXI | CCXLIII |
| | IIII | XII | XXXVI | CVIII | CCCXXIIII |
| | | XVI | XLVIII | CXLIIII | CCCCXXXII |
| | | | LXIIII | CXCII | DLXXVI |
| | | | | CCLVI | DCCLXVIII |
| | | | | | I XXIIII |

angulares

Breite

| | | | | | |
|---|---|---|---|---|---|
| 1 | 2 | 4 | 8 | 16 | 32 |
| | 3 | 6 | 12 | 24 | 48 |
| | | 9 | 18 | 36 | 72 |
| | | | 27 | 54 | 108 |
| | | | | 81 | 162 |
| | | | | | 243 |

Ecken

(8) Dasselbe geschieht auch bei den dreifachen Zahlen; aus ihnen werden ja die Eineindrittel gebildet. Da nämlich die erste dreifache Zahl 3 ist, hat sie ein Eineindrittel, nämlich 4, und von dieser 4 kann kein Drittel gebildet werden; daher fehlt dieser Zahl das Eineindrittel (*epitritos*). Die zweite Zahl, welche 9 ist, hat die 12 als Eineindrittel in Bezug auf sich selbst, die 12 aber, weil sie ja ein Drittel hat, wird in der Eineindrittel-Beziehung mit der Zahl 16 verglichen, die aber von der Teilung in Drittel ausgeschlossen ist.
(9) Die 27 aber, die ja das dritte Dreifache ist, hat in einem Eineindrittel-Verhältnis zu sich die 36, und diese wird wiederum mit 48 in demselben Verhältnis verglichen. Wenn man ihr (48) die 64 gegenübergestellt hat, wird sie (die 64) dieselbe Wirksamkeit dieses Verhältnisses beenden, denn zu 64 kann man keine Eineindrittel-Beziehung finden, weil kein Drittel enthalten ist.
Und dies findet sich in allen dreifachen Zahlen, dass die letzte Zahl desselben Verhältnisses so viele Zahlen vor sich hat, wie die erste von ihnen von der Einzahl entfernt steht und dass sie so viele Zahlen desselben Verhältnisses über sich hat, wie viele die erste von ihnen von der Einzahl entfernt liegt. Es lässt sich keine Teilung einer Zahl finden, durch die sie (*numerus*), mit jener verglichen, dasselbe Verhältnis bilden kann.
(10) Dies ist eine Darstellung der Dreifachen:

Breite

| | | | | | |
|---|---|---|---|---|---|
| 1 | 3 | 9 | 27 | 81 | 243 |
| | 4 | 12 | 36 | 108 | 324 |
| | | 16 | 48 | 144 | 432 |
| | | | 64 | 192 | 576 |
| | | | | 256 | 768 |
| | | | | | 1024 |

Ecken

(12) at quadrupli secundum hanc formam descriptio est, ad quam scilicet, qui a prioribus instructus accesserit, nulla ratione trepidabit. et de ceteris quidem multiplicibus eandem convenientiam pernotabis.

[83] *[Abb. fol. 71ᵛ, hier S. 73]*

latitudo

| | | | | | |
|---|---|---|---|---|---|
| I | IIII | XVI | LXIIII | CCLVI | I XXIIII |
| | V | XX | LXXX | CCCXX | I CCLXXX |
| | | XXV | C | CCCC | I DC |
| | | | CXXV | D | II |
| | | | | DCXXV | II D |
| | | | | | III CXXV |

angulares

(13) hinc quoque perspicuum est superparticularium, quemadmodum prius ostensum est, primos esse multiplices, si quidem duplices sesqualteros, triplices sesquitertios et cuncti multiplices cunctos in ordinem superparticulares creant.
(14) est etiam in his quoque mirabile. namque ubi prima latitudo fuerit duplex, et sub eisdem qui sunt versus continui alternatim positi secundum seriem latitudinis duplices erunt. si vero fuerint triplices et inferiores ordines tripla se in suis terminis multiplicatione superabunt; at in quadrupla quadrupli atque hoc in infinita ductum speculatione non fallit.

angulares autem omnium multiplices evenire necesse est. erunt autem duplicium quidem triplices, triplicium quadruplices, quadruplorum vero quincupli et secundum eandem ordinis incommutabilem rationem sibimet cuncta consentient.

(15) quibus expositis ad sequentem operis seriem conpetens disputatio convertatur.

(12) Eine Darstellung der Vierfachen aber ist nach folgender Form; wer es nach Unterweisung durch die vorigen angeht, wird durch keine Ratio im Unklaren sein. Was die übrigen Vielfachen betrifft, so wirst du dieselbe Regelmäßigkeit bemerken:

Breite

| | | | | | |
|---|---|---|---|---|---|
| 1 | 4 | 16 | 64 | 256 | 1024 |
| | 5 | 20 | 80 | 320 | 1280 |
| | | 25 | 100 | 400 | 1600 |
| | | | 125 | 500 | 2000 |
| | | | | 625 | 2500 |
| | | | | | 3125 |

Ecken

(13) Auch hier ist offensichtlich, dass bei den Superpartikularen, wie wir eben gezeigt haben, die ersten (Zeilen) die Vielfachen sind – falls Doppelte, sind sie die Eineinhalben, falls Dreifache, die Eineindrittel, und alle Vielfachen erschaffen der Reihe nach die Superpartikulare.
(14) Auch in diesen gibt es eine wunderbare Sache: Wo nämlich (im ersten Diagramm) die erste Breite (Zeile) Doppelte bot, da sind auch unter ihnen die Zeilen, die fortlaufend abwechselnd platziert waren, nach der Reihe der Breite (von links nach rechts) ebenfalls Doppelte. Wo sie dagegen (im zweiten Diagramm) Dreifache waren, da werden die darunter liegenden Ordnungen (Zeilen) in sich selbst (von links nach rechts) durch eine dreifache Multiplikation in ihren Werten erhöht, aber in der vierfachen Ordnung (im dritten Diagramm) vervierfacht und so wird dies, ins Unendliche geführt, in der Betrachtung nicht fehlgehen.
Die Ecken von allen müssen aber als Vielfache hervortreten: Von den Doppelten (im ersten Diagramm) sind sie dreifach, von den Dreifachen (im zweiten Diagramm) vierfach, von den Vierfachen (im dritten Diagramm) fünffach und nach derselben unveränderlichen Ratio der Ordnung werden alle miteinander übereinstimmen.
(15) Da wir dies erklärt haben, soll nun die zutreffende Erörterung der folgenden Reihe des Werks zugewandt sein.

III. quod multiplex intervallum
ex quibus superparticularibus
medietate posita intervallis fiat
eiusque inveniendi regula

(1) si igitur duae primae superparticularis species coniungantur, prima species multiplicationis exoritur. omnis [84] enim duplex ex sesqualtero sesquitertioque componitur et omnis sesqualter et sesquitertius duplicem iungunt. nam ternarius sesqualter est duorum, quattuor vero sesquitertius ternarii, sed IIII duplus duorum.

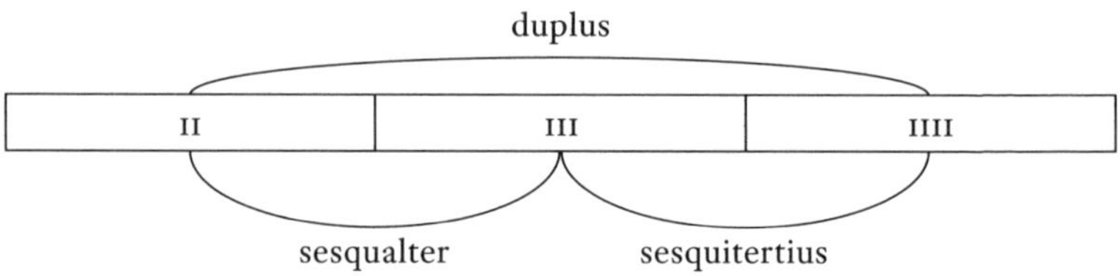


(2) sic igitur sesqualter et sesquitertius unum duplicem componunt. at vero si fuerint medietas et duplus, inter duplicem et medium potest una medietas talis inveniri, quae ad alteram extremitatem sesqualtera sit, ad alteram sesquitertia. altrinsecus enim positis senario et ternario, id est duplici et medietate, si quaternarius in medio conlocetur, ad ternarium numerum sesquitertiam continet rationem, ad senarium vero sesqualteram.

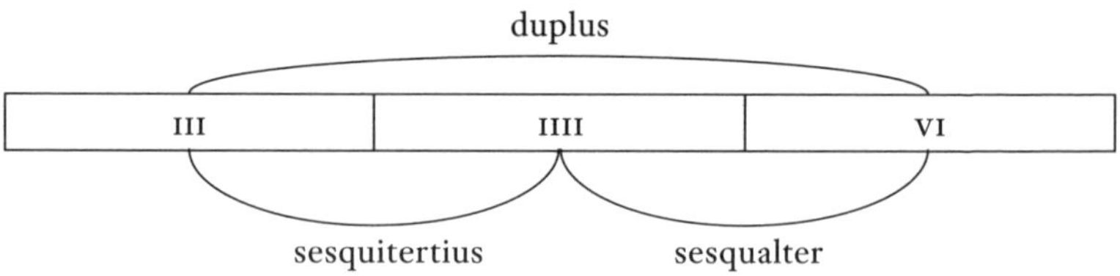

## 3. Welches vielfache Intervall von welchen Superpartikular-Intervallen gebildet wird, nachdem ein Mittelwert gesetzt wurde, und die Regel, dies aufzufinden

(1) Wenn wiederum die ersten beiden Superpartikular-Arten verbunden werden, entspringt die erste Art der Multiplikation. Jedes Doppelte wird nämlich aus einem Eineinhalb und einem Eineindrittel gebildet, und jedes Eineinhalb und Eineindrittel werden zu einem Doppelten zusammengefügt, denn 3 ist das Eineinhalb von 2, 4 das Eineindrittel von 3, 4 aber das Doppelte von 2.

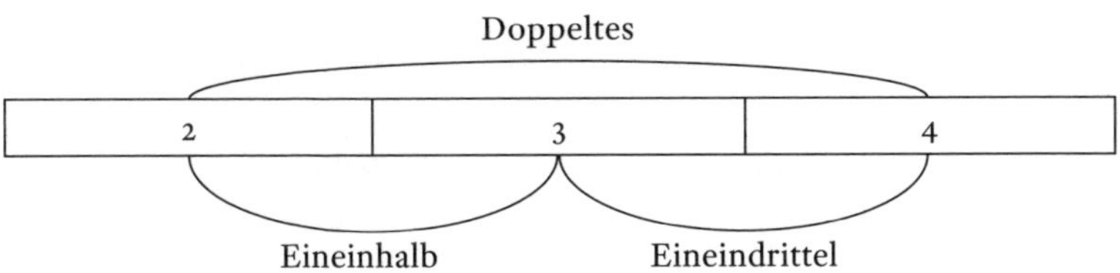


(2) Somit bilden also das Eineinhalb und das Eineindrittel zusammen ein Doppelverhältnis. Aber wenn es eine Hälfte und ein Doppeltes gibt, kann zwischen dem Doppelten und der Hälfte ein solcher Mittelwert gefunden werden, der zu dem einen Randwert ein Eineinhalb und zu dem anderen ein Eineindrittel ist. Wenn man die 6 und die 3 einander gegenübergestellt hat, also das Doppelte und die Hälfte, und dann eine 4 in die Mitte gesetzt hat, umfasst sie zur Zahl 3 eine Eineindrittel-, zur 6 eine Eineinhalb-Ratio.

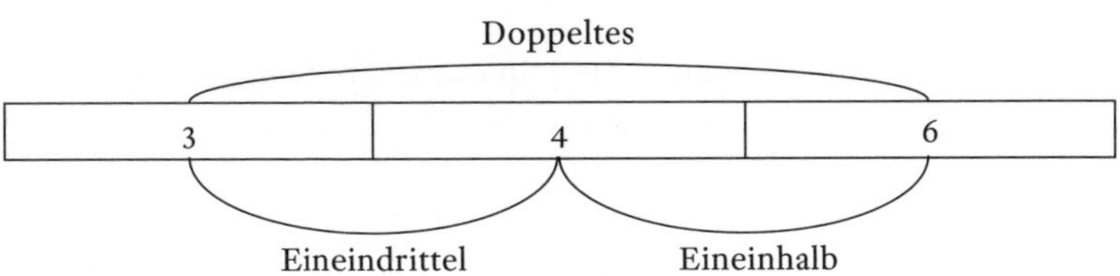

(3) recte igitur dictum est, et duplicem a sesqualtero sesquitertioque coniungi et has duas superparticularis species duplicem procreare, id est primam speciem multiplicis quantitatis.

(4) rursus ex prima multiplicis specie id est ex duplici et prima superparticularis id est sesqualtera, continens multiplicis species id est tripla coniungitur. namque XII senarii numeri duplus est, X vero et VIII ad duodenarium sesqualter, qui ad senarium numerum triplus est.

*[Abb. fol. 73ᵛ, hier S. 74]*

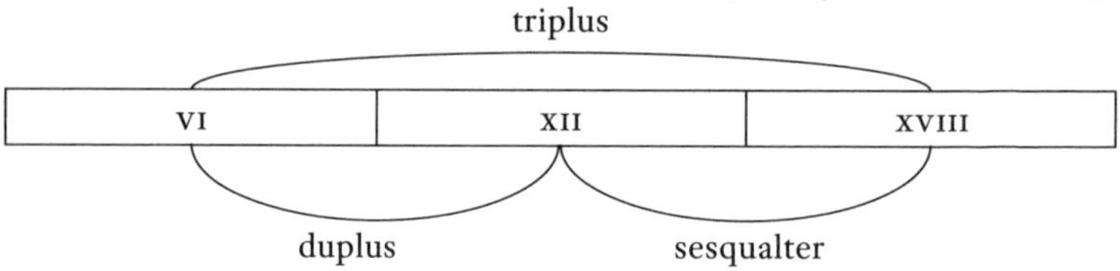


[85] (5) Et si positis eisdem VI et XVIII novenarius in medietate ponatur, erit ad senarium sesqualter, qui ad XVIII duplus est, et ad senarium XVIII triplus est.

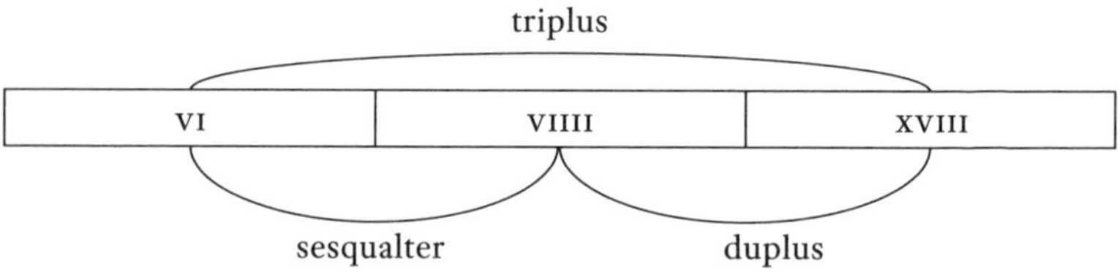


(6) ex duplici igitur et sesqualtero triplex ratio proportionis exoritur, et in eas rursus resolutione facta revocatur.

(7) si autem hic, id est triplus numerus, qui est species secunda multiplicis, secundae speciei superparticularis aptetur, quadrupli continuo forma contexitur. et in easdem rursus partes naturali partitione solvetur secundum modum, quem superius demonstravimus.

(3) Richtig ist daher gesagt worden, dass ein Doppel aus einem Eineinhalb und einem Eineindrittel zusammengesetzt ist, und diese beiden Arten von Superpartikular ein Doppel bilden; das ist die erste Art von Vielfachmenge.
(4) Wiederum aus der ersten Vielfach-Art, also dem Doppelten, und der ersten Superpartikular-Art, also dem Eineinhalb, wird die benachbarte Vielfach-Art verbunden, nämlich das Dreifache. Es ist ja 12 das Doppelte der Zahl 6, 18 dagegen das Eineinhalb zu 12 und zur Zahl 6 das Dreifache:

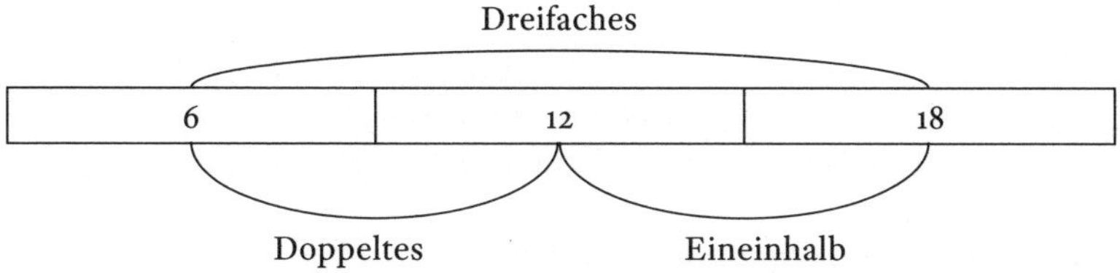


(5) Wenn nun dieselben 6 und 18 aufgestellt worden sind und die Zahl 9 in der Mitte platziert wird, dann wird sie (9) ein Eineinhalb zu 6 und als Doppel 18 sein, und 18 das Dreifache von 6.

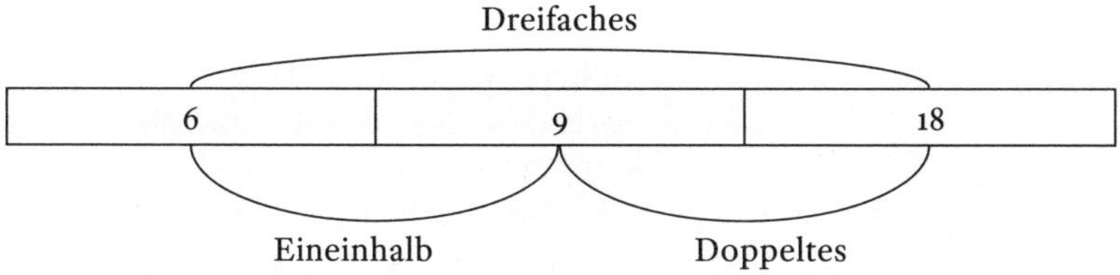


(6) Aus einem Doppel und einem Eineinhalb ergibt sich also die Dreifach-Ratio eines Verhältnisses, und in diese kann sie wiederum aufgelöst werden.
(7) Wenn aber diese dreifache Zahl, welche die zweite Art des Vielfachen ist, mit der zweiten Superpartikular-Art verbunden wird, dann wird sogleich die Form des Vierfach gebildet. Und in eben diese Teile wiederum wird sie durch eine natürliche Teilung aufgelöst, entsprechend der Art, die wir weiter oben gezeigt haben.

(8) si vero quadruplus sese ac sesquiquartus adglomerent, quincuplus continuo fiet, et si quincuplus cum sesquiquinto, mox sescupli proportio coniugabitur, atque ita secundum hanc progressionem cunctae multiplicitatis species sine ulla rati ordinis permutatione nascentur, ita ut duplus cum sesqualtero triplicem creet, triplus cum sesquitertio quadruplum, quadruplus cum sesquiquarto quincuplum et eodem modo, ut nullus hanc continuationem finis inpediat.

## [86] IIII. de per se constante quantitate, quae in figuris geometricis consideratur; in quo communis ratio omnium magnitudinum

(1) haec quidem de quantitate, quam scilicet ad aliquid speculamur, ad praesens dicta sufficiant. nunc autem in hac sequentia quaedam de ea quantitate, quae per se ipsam constat, neque ad aliquid refertur, expediam, quae nobis ad ea prodesse possint, quae post haec rursus de relata ad aliquid quantitate tractabimus. amat enim quodammodo matheseos speculatio alterna probationum ratione constitui.

*[zu* scilicet *s. Guillaumin 1992]*

(2) nunc autem nobis de his numeris sermo futurus est, qui circa figuras geometricas et earum spatia demensionesque versantur, id est de linearibus numeris et de triangularibus vel quadratis ceterisque, quos sola pandit plana demensio, nec non de inaequali laterum compositione coniunctis; de solidis etiam, id est cybis et sphericis vel pyramidis, laterculis etiam vel tignulis et cuneis, quae omnia quidem geometricae propriae considerationis sunt, sed sicut ipsa geometriae scientia ab arithmetica velut quadam radice ac matre producta est, ita etiam eius figurarum semina in primis numeris invenimus, planum siquidem fecimus, quod omnes disciplinas haec interempta consumeret, quas minime constituta firmaret.

(3) hoc autem cognoscendum est, quod haec signa numerorum, quae posita sunt, quae nunc quoque homines in summarum designatione describunt, non naturali institutione formata sunt.

(8) Wenn sich nun ein Vierfach mit einem Eineinviertel verbindet, wird sogleich das Fünffache entstehen; und wenn das Fünffache mit dem Eineinfünftel verbunden wird, dann wird sofort das Verhältnis des Sechsfachen gebildet. So entstehen nach diesem Fortschreiten alle Arten des Vielfachen ohne jede Veränderung der berechneten Reihenfolge, so dass das Doppelte mit dem Eineinhalb das Dreifache erschafft, das Dreifache mit dem Eineindrittel das Vierfache, das Vierfache mit dem Eineinviertel das Fünffache und auf dieselbe Weise geht es weiter; keine Beendigung kann diese Fortsetzung behindern.

## 4. Über die Menge, die absolut (*per se*) besteht, die in den geometrischen Figuren betrachtet wird und in der eine gemeinsame Ratio aller Größen ist

(1) Dies soll über die Menge, die wir freilich als relativ (*ad aliquid*) betrachten, für das gegenwärtig Gesagte genügen. Nun aber will ich in dem, was folgt, etwas über die Menge darlegen, die absolut (*per se*) besteht und nicht relativ ist (*ad aliquid refertur*); das mag uns von einigem Nutzen sein, wenn wir nachher wiederum die relative (*relata ad aliquid*) Menge behandeln. Die mathematische Betrachtung liebt es gewissermaßen, durch eine wechselseitige Ratio begründet zu werden.
(2) Nun aber werden wir eine Diskussion über jene Zahlen aufnehmen, die sich bei geometrischen Figuren, ihren Weiten und Dimensionen finden, also über Linienzahlen, über Dreiecke, Quadrate und andere, die nur eine Flächen-Dimension offenlegt, sowie über Figuren, die durch eine ungleiche Zusammensetzung von Seiten verbunden sind, also über Körper wie Würfel, Kugeln oder Pyramiden, auch über Ziegelsteine oder Balken und Keile, die eigentlich alle zur geometrischen Betrachtung gehören. Aber so, wie die Wissenschaft der Geometrie von der Arithmetik wie aus einer Pflanzenwurzel oder Mutter hervorgebracht worden ist, so finden wir auch die Samen ihrer Figuren in den ersten Zahlen, insofern wir eine Fläche gemacht haben, die alle Lehrgebiete verwendete, welche sie befestigte.
(3) Es muss aber erkannt werden, dass diejenigen Zeichen der Zahlen, welche niedergelegt sind und welche die Menschen bei der Bezeichnung der Zahlen beschreiben, nicht durch natürliche Einrichtung gebildet wurden.

ut enim quinarii subiectam no[87]tulam fingant de v, vel denarii, quam descripsimus, id est de x, et alias huiusmodi non natura posuit, sed usus adfinxit. quinque enim unos, vel decem vel quotlibet alios illis notulis pro conpendio notare voluerunt, ne, quot unitates quis monstrare vellet, totiens ei virgulae ducerentur. nos autem, quotienscunque aliquid monstrare volumus, in his praesertim formulis, ordinatarum virgularum multitudinem non gravamur apponere. cum enim quinque volumus demonstrare, facimus quinque virgulas ducimusque eas hoc modo I I I I I. et cum septem, totidem, et cum decem, nihilo minus, quia naturalius est quemlibet numerum, quantas in se retinet, tot unitatibus adsignare quam notulis.

(4) est igitur unitas vicem obtinens puncti, intervalli longitudinisque principium; ipsa vero nec intervalli nec longitudinis capax, quemadmodum punctum principium quidem lineae est atque intervalli, ipsum vero nec intervallum nec linea. neque enim punctum puncto superpositum ullum efficit intervallum, velut si nihil nulli iungas. nihil enim est, quod ex nullorum procreatione nascatur. eadem quippe etiam circa aequalitates proportio manet. nam si quotlibet fuerint termini pares, tantum quidem est a primo ad secundum, quantum a secundo ad tertium, sed inter primum et secundum vel secundum et tertium nulla est intervalli longitudo vel spatium.

(5) si enim tres senarios ponas, hoc modo:

| | | |
|---|---|---|
| VI | VI | VI |

quemadmodum primus est ad secundum, sic est secundus ad tertium, sed inter primum et secundum [88] nihil interest. VI enim et VI nulla spatii intervalla disiungunt. ita etiam unitas in se ipsa multiplicata nihil procreat. semel enim unum nihil aliud ex se gignit, quam ipsa est. nam quod intervallo caret, etiam vim gignendi intervalla non recipit, quod in aliis numeris non videtur evenire. omnis enim numerus in se ipsum multiplicatus alium quendam efficit maiorem, quam ipse est, idcirco, quoniam intervalla multiplicata maiore sese spatii prolixitate distendunt. id vero, quod sine intervallo est, plus quam ipsa est pariendi non habet potestatem.

Es bildet etwa die Fünf nämlich ein zugehöriges Zeichen von 5, oder Zehn, das wir beschrieben haben, also von 10, auch andere Zeichen dieser Art hat nicht die Natur gesetzt, sondern die Gewohnheit hinzugefügt. Man wollte nämlich 5 Einer oder 10 (Einer) oder beliebig viele andere mit jenen Zeichen zur Abkürzung bezeichnen, damit nicht, so viele Einer jemand zeigen wollte, so viele Striche von ihm gezogen wurden. Wir aber, wie oft wir auch etwas zeigen wollen, besonders in diesen Schemata, finden es nicht beschwerlich, eine Vielzahl von geordneten Zahlen hinzusetzen. Wenn wir also 5 demonstrieren wollen, machen wir fünf Striche und führen sie auf diese Weise auf: I I I I I. Und wenn wir 7 machen wollen, ebenso, und wenn 10, um nichts weniger, denn es ist natürlich, eine beliebige Zahl, wie viele Einer sie in sich enthält, mit so vielen Bezeichnungen der Einzahl zu bestimmen.

(4) Daher nimmt die Einzahl die Rolle eines Punktes, die Grundlage der Dimension und der Länge ein; sie ist selbst nicht fähig zu Dimension oder Länge, so wie der Punkt die Grundlage der Linie und der Dimension ist, obwohl er selbst weder Dimension noch Linie ist. Auch ein Punkt, der auf einen Punkt aufgesetzt wird, bringt keine Dimension hervor, genauso wenig, wie wenn man nichts mit nichts verbindet. Was aus Erzeugung von nichts entsteht, ist nämlich nichts. Auch zwischen Gleichheiten bleibt ja dasselbe Verhältnis. Wenn es beliebig viele gleiche Werte gibt, ist es vom ersten zum zweiten ebenso viel wie vom zweiten zum dritten, aber zwischen dem ersten und zweiten oder dem zweiten und dritten gibt es keine Länge oder Weite der Dimension.

(5) Wenn du nämlich drei Sechsen hinlegst, dann auf diese Weise:

| | | |
|---|---|---|
| 6 | 6 | 6 |

Wie die erste zur zweiten, so ist auch die zweite zur dritten, aber zwischen der ersten und der zweiten gibt es keinen Unterschied: Keine Intervalle einer Weite trennen 6 und 6. So bringt auch die Einzahl multipliziert mit sich selbst nichts hervor. Einmal eins erzeugt nichts anderes aus sich selbst als sich selbst. Denn weil ihr ein Intervall fehlt, hat sie nicht die Kraft, Intervalle zu erzeugen, was bei anderen Zahlen offenbar nicht der Fall ist. Jede Zahl, die mit sich selbst multipliziert worden ist, ergibt eine andere Zahl, die größer ist als sie selbst, deshalb weil die multiplizierten Intervalle sich um die größere Reichhaltigkeit der Weite erweitern. Die Zahl, die ohne ein Intervall existiert, hat hingegen nicht das Potential (*potestas*), sich über das hinaus auszudehnen, was sie selbst ist.

(6) ex hoc igitur principio, id est ex unitate, prima omnium longitudo succrescit, quae a binarii numeri principio in cunctos sese numeros explicat, quoniam primum intervallum linea est. duo vero intervalla sunt longitudo et latitudo, id est linea et superficies. tria vero intervalla sunt: longitudo, latitudo, altitudo, id est linea, superficies atque soliditas. praeter haec autem alia intervalla inveniri non possunt. aut enim unum intervallum erit, quod longitudo est, aut aliquid duobus intervallis expositum est, ut si qua res longitudinem habeat et latitudinem, vel trina intervalli demensione porrigitur, si longitudine altitudine latitudineque censetur; supra quae adeo nihil inveniri potest, ut ipsorum VI motuum formae ad intervallorum naturas et numerum componantur. unum enim intervallum duos in se continet motus, ut in tribus intervallis sex sese motuum summa conficiat hoc modo: est enim in longitudine ante et retro, in latitudine sinistra et dextera, in altitudine sursum ac deorsum.

(7) necesse est autem, ut quicquid fuerit solidum corpus, hoc habeat longitudinem latitudinemque et altitudinem, et quicquid haec tria in se continet, [89] illud suo nomine solidum vocetur. haec enim tria circa omne corpus inseparabili coniunctione versantur, et in natura corporum constituta sunt. quare quicquid uno intervallo caret, illud corpus solidum non est.

(8) nam quod duo sola intervalla retinet, illud superficies appellatur. omnis enim superficies sola longitudine et latitudine continetur. et hic eadem illa conversio remanet. omne enim quod superficies est, longitudinem et latitudinem retinet, et quod haec retinet, illud est superficies.

(9) haec autem superficies uno tantum intervallo solidi corporis demensione superatur, quae uno rursus intervallo lineam vincit, quae longitudinis naturam retinens latitudinis expers est; quae linea, quod unius est intervalli sortita naturam, a superficie uno intervallo, a soliditate duobus spatiis vincitur. punctum igitur alio rursus intervallo a linea vincitur, ipsa scilicet, quae reliqua est, longitudine. quare si punctum uno quidem intervallo a linea supergreditur, idem a superficie vincitur duobus, tribus vero intervalli demensionibus a solidi-

(6) So erwächst aus dieser Grundlage, also aus der Einzahl, die erste Länge aller Dinge, die sich nach dem Prinzip der Zweizahl zu allen Zahlen abwickelt, weil die erste Dimension eine Linie ist. Zwei Dimensionen sind Länge und Breite, also Linie und Fläche. Drei Dimensionen sind Länge, Breite, Tiefe, also Linie, Fläche und Körper. Außer diesen Dimensionen könne keine weiteren gefunden werden. Entweder gibt es eine einzige Dimension, welche die Länge ist, oder etwas ist in zwei Dimensionen ausgedehnt, wie wenn etwas Breite und Länge hat, oder es ist in einer dreifachen Erstreckung der Dimension ausgedehnt, wenn es in Breite, Länge und Tiefe berechnet wird. Über diese hinaus gibt es nichts, so dass die Formen der sechs Bewegungen gemäß den Naturen der Dimensionen und der Zahlen zusammengesetzt werden. Eine Dimension enthält nämlich zwei Bewegungen in sich, so dass sich in drei Dimensionen die Gesamtzahl der sechs Bewegungen auf diese Weise bildet: in der Länge vor und zurück, in der Breite links und rechts, in der Tiefe aufwärts und abwärts.
(7) Es ist notwendig, dass, was auch immer für ein fester Körper existieren mag, dieser Länge, Breite und Tiefe hat, und was auch immer diese drei (Dimensionen) in sich enthält, dass jenes durch seinen Namen fester (Körper) genannt wird. Diese drei (Dimensionen) finden sich bei jedem Körper in einer untrennbaren Verbindung und sind auch in der Natur der Körper angelegt. Wenn es etwas an einer dieser Dimensionen mangelt, ist es kein fester Körper.
(8) Das, was nur zwei Dimensionen enthält, wird Fläche genannt; jede Fläche wird nur von Länge und Breite umschlossen. Und hier gilt auch das Umgedrehte: Alles nämlich, was eine Fläche ist, enthält eine Länge und eine Breite, und das, was diese (Dimensionen) enthält, ist eine Fläche.
(9) Diese Fläche aber wird nur durch ein Intervall von der Dimension des festen Körpers übertroffen, und sie (die Fläche) übertrifft wiederum die Linie durch eine Dimension, welche die Natur der Länge bewahrt, (aber) der Länge entbehrt; diese Linie, die die Natur einer Dimension erhalten hat, wird von der Fläche in einer Dimension, vom festen Körper in zwei Weiten übertroffen. Der Punkt also wird wiederum durch eine andere Dimension von der Linie übertroffen, nämlich eben von der Länge, die übrig ist. Deshalb wenn also der Punkt in einer Dimension von der Linie übertroffen, derselbe aber von der Fläche in zweien übertroffen und in drei Dimensionen vom

tate relinquitur, constat punctum ipsum sine ulla corporis magnitudine vel intervalli demensione, cum et longitudinis et latitudinis et profunditatis expers sit, omnium intervallorum esse principium et natura insecabile, quod Graeci *atomon* vocant, id est ita deminutum atque parvissimum, ut eius pars inveniri non possit.

(10) est igitur punctum primi intervalli principium, non tamen intervallum, et lineae caput, sed nondum linea, sicut linea quoque superficiei principium est, sed ipsa superficies non est, et secundi intervalli caput est, secundum tamen intervallum ipsa non retinet.

(11) idem quoque et [90] in superficiei rationem cadit, quae et ipsa solidi corporis et triplicis intervalli naturale sortitur initium, ipsa vero nec trina intervalli demensione distenditur, nec ulla crassitudine solidatur.

## v. de numero lineari

(1) sic etiam in numero unitas quidem, cum ipsa linearis numerus non sit, in longitudinem tamen distenti numeri principium est, et linearis numerus, cum ipse totius latitudinis expers sit, in aliud tamen spatium latitudinis extenti numeri sortitur initium. superficies quoque numerorum, cum ipsa solidum corpus non sit, additi tamen latitudini solidi corporis caput est. hoc autem planius his exemplis liquebit.
linearis numerus est a duobus inchoans adiecta semper unitate in unum eundemque ductum quantitatis explicata congeries, ut est id, quod subiecimus.

| | | | | | | | | |
|---|---|---|---|---|---|---|---|---|
| II | III | IIII | IIIII | IIIIII | IIIIIII | IIIIIIII | IIIIIIIII | IIIIIIIIII |

## vi. de planis rectilineis figuris, quodque earum triangulum principium sit

(1) plana vero superficies in numeris invenitur, quotiens a tribus inchoatione facta addita descriptionis latitudine insequentium se na-

festen Körper überstiegen wird, steht fest, dass ein Punkt ohne Größe des Körpers oder Dimension existiert, da er keinen Anteil an Länge, Breite und Tiefe hat, und dass er die Grundlage aller Dimensionen und von Natur aus unzerlegbar ist, was die Griechen *atomon* nennen, das heißt so verkleinert und sehr klein, dass ein Teil von ihm nicht aufgefunden werden kann.
(10) Daher ist der Punkt die Grundlage der ersten Dimension, aber selbst keine Dimension; er ist das Haupt der Linie, aber noch keine Linie, so wie die Linie auch die Grundlage der Fläche, selbst aber nicht die Fläche ist, und das Haupt der zweiten Dimension ist, aber die zweite Dimension dennoch nicht einschließt.
(11) Dasselbe betrifft auch die Ratio der Fläche, da sie den natürlichen Anfang eines festen Körpers und einer dreifachen Dimension bildet, selbst aber weder durch eine dreifache Dimension ausgedehnt wird noch durch irgendeine Dichte verfestigt wird.

## 5. Über die Linienzahl

(1) So ist aber bei den Zahlen die Einzahl, obwohl sie selbst keine Linienzahl ist, die Grundlage für die Ausdehnung einer Zahl in die Länge; auch bildet die Linienzahl, obwohl sie selbst aller Breite entbehrt, für eine andere Weite der Breite den Anfang einer ausgedehnten Zahl. Auch die Fläche der Zahlen ist, obwohl sie selbst kein Körper ist, dennoch das Haupt eines der Breite hinzugefügten Körpers. Dies wird in folgenden Beispielen deutlicher werden.
Eine Linienzahl ist ein Pulk, von 2 beginnend, der entfaltet wird, indem immer wieder eine Einzahl hinzugefügt wurde. Zur selben Linie addiert man die angehäuften Mengen, wie wir das im Folgenden anfügen:

| | | | | | | | | |
|---|---|---|---|---|---|---|---|---|
| II | III | IIII | IIIII | IIIIII | IIIIIII | IIIIIIII | IIIIIIIII | IIIIIIIIII |

## 6. Über die geradlinigen Flächenfiguren und dass ihre Grundlage das Dreieck ist

(1) Eine ebene Fläche findet sich in Zahlen, nachdem von 3 ausgegangen und die Breite einer Darstellung hinzugefügt wird und nachdem durch die Menge der aufeinanderfolgenden natürlichen Zahlen

turalium numerorum multitudine [91] anguli dilatantur, ut sit primus triangulus numerus, secundus quadratus, tertius qui sub quinque angulis continetur, quem pentagonum Graeci nominant, quartus exagonus, id est qui sex angulis includitur et ceteri eodem modo singillatim per naturalem numerum angulos augeant in plana scilicet descriptione figurarum. hi vero idcirco a ternario numero inchoant, quod latitudinis et superficiei solus ternarius principium est.

(2) in geometria quoque idem planius invenitur. duae enim lineae rectae spatium non continent. et omnis triangularis figura vel tetragoni vel pentagoni vel exagoni vel cuiuslibet, qui pluribus angulis continetur, si a medietate per singulos angulos lineae producantur, tot eum dividunt trianguli, quot ipsam figuram angulos habere contigerit. quadratum enim ita ductae lineae in quattuor, pentagonum in quinque triangulos, exagonum in sex et ceteros in suorum angulorum modo mensuraque per triangulos partiuntur, ut est subiecta descriptio:

quadratus in quattuor triangulos divisus

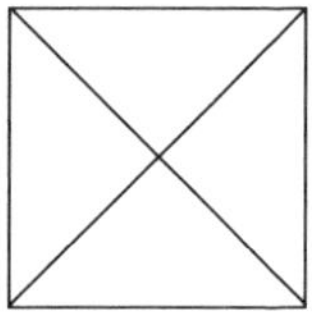

pentagonus in v triangulos divisus

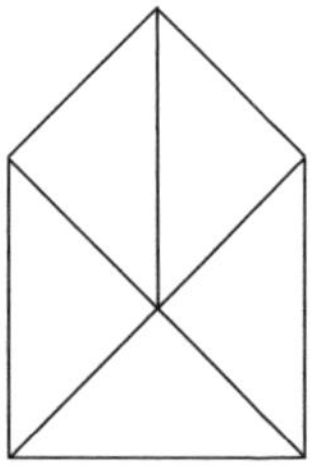

[92] exagonus in sex triangulos divisus

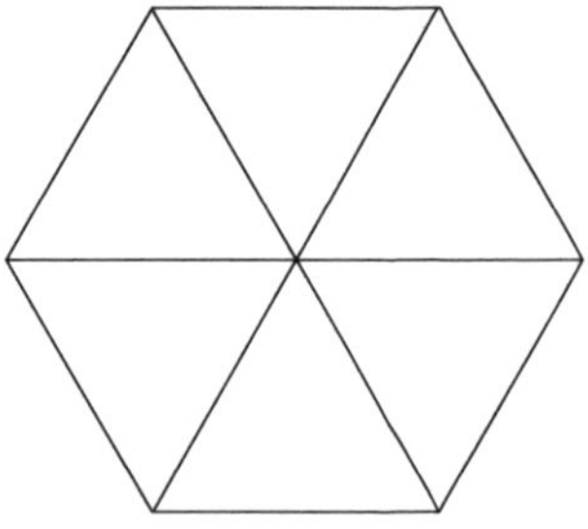

die Ecken erweitert werden, so dass die erste Zahl dreieckig und die zweite viereckig (quadratisch) ist, die dritte von fünf Ecken umfasst ist, was die Griechen ein *penta-gonos* (Fünfeck) nennen, dann die vierte ein *exa-gonos* (Sechseck), das ist eine, in der es sechs Ecken gibt. Auf diese Weise vermehren die übrigen Figuren einzeln durch die natürlichen Zahlen nämlich ihre Ecken in der Flächendarstellung der Figuren. Diese beginnen darum von der Zahl 3, weil nur 3 die Grundlage von Breite und Fläche ist.

(2) In der Geometrie findet man dasselbe sehr deutlich: Zwei gerade (parallele) Linien umfassen keine Weite. Jede Figur besteht aus Dreiecken, sei es ein Quadrat oder ein Fünfeck oder ein Sechseck oder was auch immer, das mehrere Ecken enthält, wenn von der Mitte zu den einzelnen Ecken Linien hergestellt werden, teilen es so viele Dreiecke, wie die Figur selbst eben Ecken hat. Ein Quadrat teilen die so gezogenen Linien in vier, ein Fünfeck in fünf Dreiecke, ein Sechseck in sechs, und die anderen werden nach Art und Maß ihrer Ecken in Dreiecke geteilt, wie die nachstehende Darstellung (zeigt):

Quadrat, in vier Dreiecke geteilt

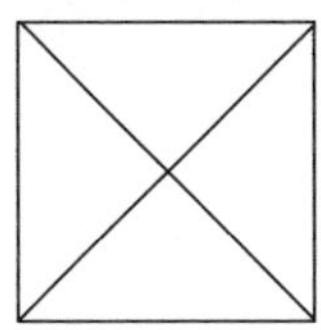

Fünfeck, in fünf Dreiecke geteilt

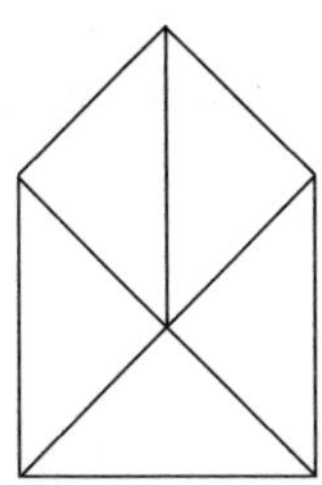

Sechseck, in sechs Dreiecke geteilt

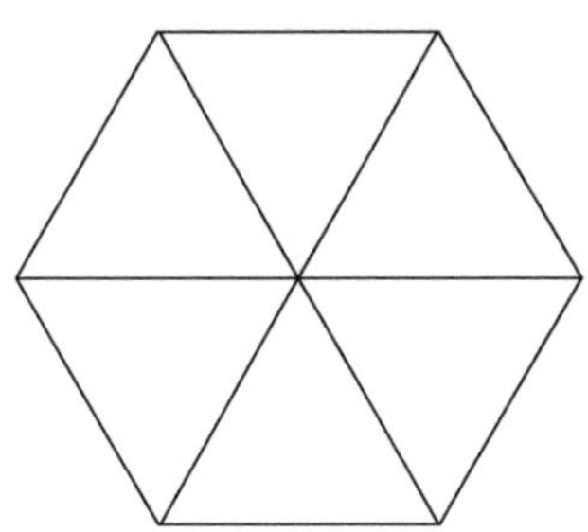

(3) at vero triangula figura, cum eam quis ita diviserit, in alias figuras non resolvitur, nisi in se ipsam. in tria enim triangula dissipatur.

(4) adeo haec figura princeps est latitudinis, ut ceterae omnes superficies in hanc resolvantur, ipsa vero, quoniam nullis est principiis obnoxia neque ab alia latitudine sumpsit initium, in sese ipsam solvatur.
(5) idem autem et in numeris fieri, sequens operis ordo monstrabit.

triangulus in tres triangulos divisus

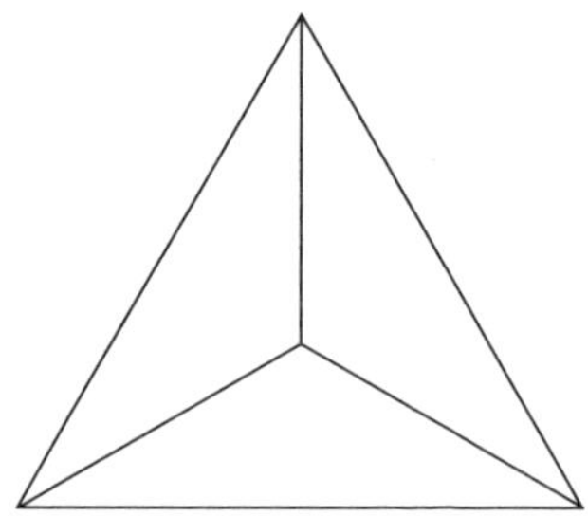

VII. dispositio triangulorum numerorum

(1) est igitur primus triangulus numerus, qui in solis tribus unitatibus dissipatur secundum superficiei positionem, triangula scilicet descriptione, et post hunc quicunque aequalitatem laterum in trina laterum spatia segregant.

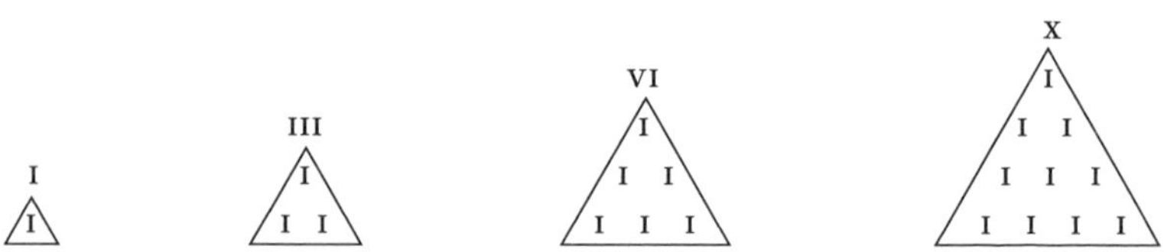


[93]

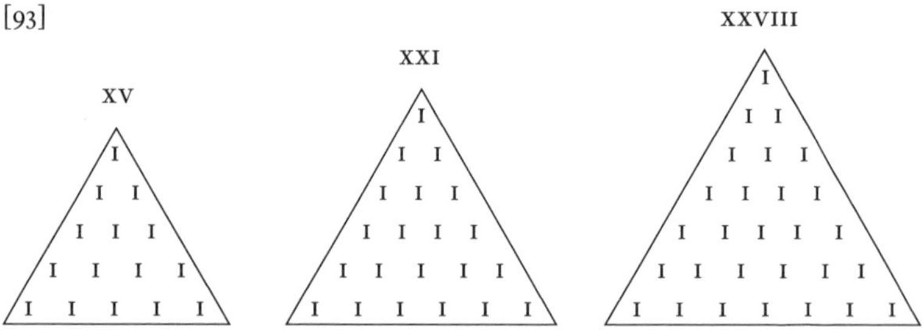

(3) Wenn aber jemand eine dreieckige Figur so geteilt hat, wird sie in keine anderen Figuren aufgelöst, sondern nur in sich selbst: in drei Dreiecke wird sie aufgeteilt.
(4) So ist diese Figur der Begründer der Breite (der zweiten Dimension), so dass alle anderen Flächen in sie aufgelöst werden. Da sie selbst keinen anderen Grundlagen verpflichtet ist und von keiner anderen Breite ihren Anfang nimmt, wird sie nur in sich selbst aufgelöst.
(5) Dass dasselbe auch bei anderen Zahlen geschieht, wird der folgende Teil dieses Werks zeigen.

Dreieck, in drei Dreiecke geteilt

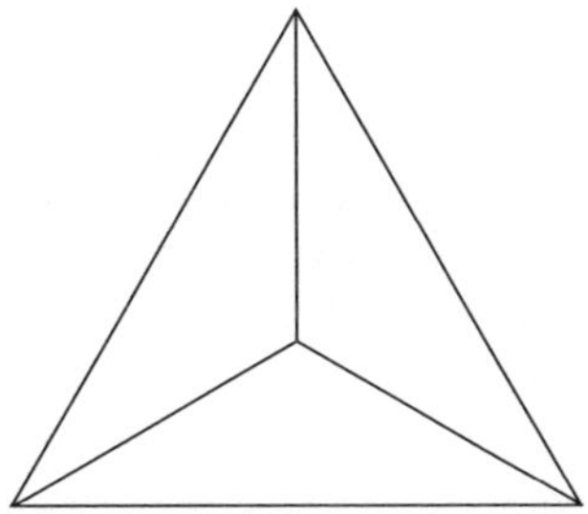

## 7. Die Anordnung der Dreieckzahlen

(1) Es gibt also eine erste Dreieckzahl, die gemäß der Anlage einer Fläche auf nur 3 Einzahlen verteilt ist, nämlich in einer Dreiecksdarstellung, und danach trennen welche (Zahlen) auch immer die Gleichheit der Seiten in dreifache Weiten der Seiten.

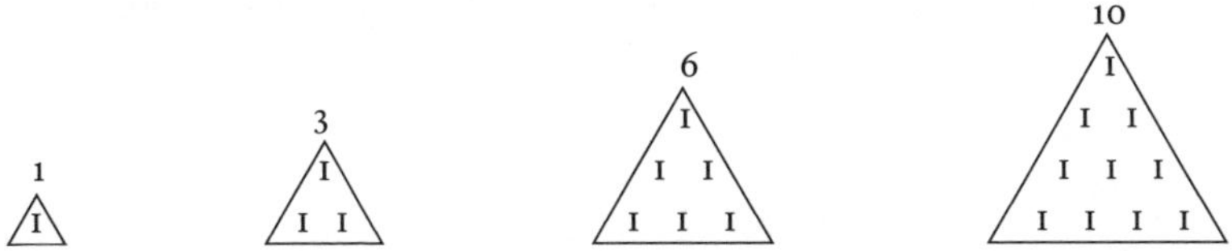


[93]

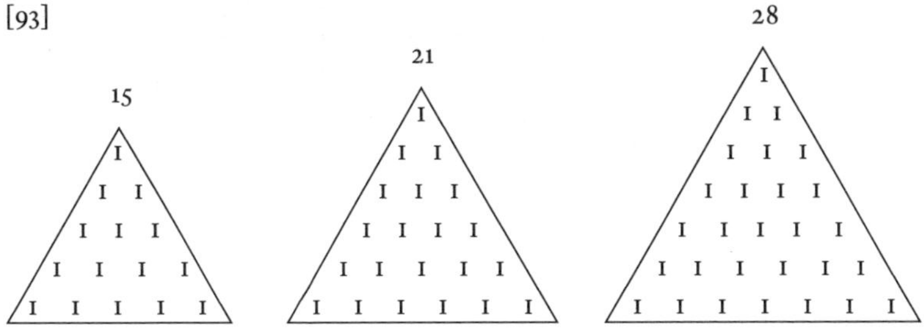

## VIII. de lateribus triangulorum numerorum

(1) ad hunc modum infinita progressio est, omnesque ex ordine trianguli aequilateri procreabuntur, primum omnium ponenti quod ex unitate nascitur ut haec vi sua triangulus sit, non tamen etiam opere atque actu. nam si cunctorum mater est numerorum, quicquid in his, qui ab ea nascuntur, numeris invenitur, necesse est ut ipsa naturali quadam potestate contineat. et huius trianguli latus est unitas.

(2) ternarius vero, qui primus est opere et actu ipso triangulus, crescente unitate binarium numerum latus habebit. vi enim et potestate primi trianguli, id est unitatis, unitas latus est, actu vero et opere trianguli primi, id est ternarii, dualitas, quam Graeci dyada vocant. secundi vero trianguli, qui opere atque actu secundus est, id est senarii, crescente naturali numero in lateribus ternarius invenitur; tertii vero, id est denarii, quaternarius latus continet; [94] quarti vero, id est XV, quinarius latus tenet, et quinti senarius idemque usque in infinitum.

## VIIII. de generatione triangulorum numerorum

(1) nascuntur autem trianguli disposita naturali quantitate numerorum, si prioribus semper multitudo sequentium congregetur. disponatur enim naturalis numerus hoc modo:

| | | | | | | | | |
|---|---|---|---|---|---|---|---|---|
| I | II | III | IIII | V | VI | VII | VIII | VIIII |

ex his igitur si primum sumam, id est unitatem, habeo primum triangulum, qui est vi et potestate, nondum etiam actu nec opere. huic si secundum adgregavero, qui in naturali numerorum dispositione descriptus est, id est binarium, primus mihi triangulus opere et actu nascitur, id est ternarius. si vero huic tertium ex naturali numero adiecero, secundus mihi opere et actu triangulus procreatur. super

## 8. Über die Seiten der Dreieckzahlen

(1) Gemäß diesem Modus gibt es ein unendliche Fortschreiten und alle gleichseitigen Dreiecke werden der Reihe nach erzeugt. Das erste von allen, das aus der Einzahl entsteht, wie hier, ist potentiell (*vi sua*) ein Dreieck, aber nicht tatsächlich (*opere atque actu*). Wenn nämlich die Einzahl die Mutter aller Zahlen ist, dann muss, was auch immer bei diesen Zahlen gefunden wird, sie durch ein bestimmtes natürliches Potential enthalten. Und die Seite dieses Dreiecks ist die Einzahl.
(2) Die 3, die das tatsächlich (*opere et actu*) erste Dreieck ist, hat durch das Anwachsen um 1 die 2 als Seite. Beim potentiell (*vi et potestate*) ersten Dreieck, also bei der 1, ist 1 die Seite, beim tatsächlich (*actu et opere*) ersten Dreieck dagegen, also bei der 3, die Zweizahl, welche die Griechen *dyas* nennen. Beim zweiten Dreieck, das tatsächlich (*opere atque actu*) das zweite ist, also bei der 6, wird durch das Anwachsen der natürlichen Zahl die 3 an den Seiten gefunden. Beim dritten dagegen, also bei der 10, ist 4 die Seite, beim vierten dagegen, also bei der 15, hält die Seite 5, und beim fünften 6 und so weiter bis ins Unendliche.

## 9. Über die Erzeugung der Dreieckzahlen

(1) Dreiecke entstehen in der natürlich angeordneten Menge der Zahlen, wenn die Menge der aufeinanderfolgenden Zahlen immer mit ihren Vorgängern addiert wird. Die natürlichen Zahlen seien auf diese Weise angeordnet:

| | | | | | | | | |
|---|---|---|---|---|---|---|---|---|
| 1 | 2 | 3 | 4 | 5 | 6 | 7 | 8 | 9 |

Nehme ich also von diesen den ersten Wert, also 1, so habe ich das erste, welches potentiell (*vi et potestate*), nicht aber tatsächlich (*actu nec opere*) ein Dreieck ist. Wenn ich dazu den zweiten Wert addiert habe, der in der natürlichen Anordnung der Zahlen dargestellt ist, also 2, so entsteht mir das tatsächlich (*opere et actu*) erste Dreieck, das ist 3. Wenn ich dazu aber den dritten Wert aus den natürlichen Zahlen beifüge, wird für mich das tatsächlich (*opere et actu*) zweite Dreieck erzeugt. Wenn ich nämlich zu 1 und 2 den dritten Wert addiert habe,

unum enim et duo si tertium, id est ternarium adgregavero, senarius extenditur, secundus scilicet triangulus. huic vero si consequentem quaternarium superposuero, denarius explicatur, qui est tertius actu triangulus, quos per latera disponens ad superioris descriptionis exemplar cunctos triangulos numeros sine ullius dubitationis erroribus pernotabis. et quantas ultimus numerus in se unitates habet, quem superioribus adgregabis, tot ipse, qui fit triangulus, unitates habebit in [95] latere. nam ternarium, qui est primus actu triangulus, adiecto binario unitati feceramus; at hic duos habet in latere. et senarium his adiecta ternarii quantitate produximus, cuius latus soli tres continent; et idem in aliis cunctis, quot unitates habentem numerum superioribus adgregabis, tot unitatibus eius latera continebuntur.

*[Abb. fol. 81$^{r}$, hier S. 75]*

## X. de quadratis numeris

(1) quadratus vero numerus est, qui etiam ipse quidem latitudinem pandit, sed non tribus angulis ut superior forma, sed quattuor ipse quoque aequali laterum demensione porrigitur. sunt autem huiusmodi:

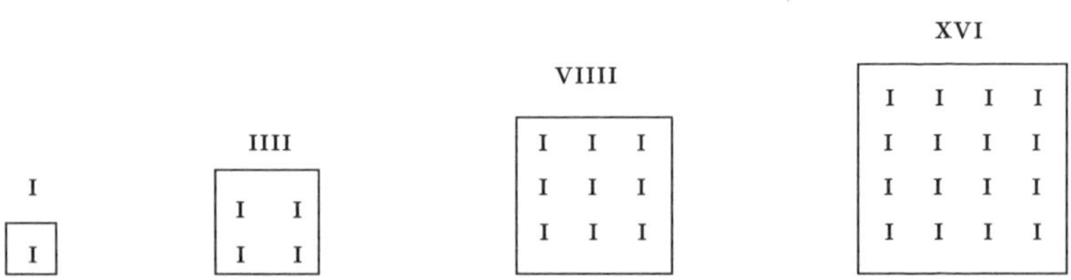


## XI. de eorum lateribus

(1) sed in his quoque secundum naturalem numerum laterum augmenta succrescunt. primus enim vi et potentia quadratus, id est unitas, unum habet in latere; secundus vero, qui actu primus est, id est quattuor, duobus per latera positis continetur; tertius vero, id est VIIII, qui secundus est opere, tribus in latere positis adgregatur. et ad eandem sequentiam cuncti procedunt.

also 3, wird dies auf 6 ausgedehnt, das ist nämlich das zweite Dreieck. Wenn ich dazu die folgende 4 aufsetze, wird 10 entfaltet, die das tatsächlich (*actu*) dritte Dreieck ist. Durch die Anordnung der Seiten im Muster der obigen Darstellung wirst du alle Dreieckzahlen ohne Furcht vor irgendeinem Zweifel bemerken. So viele Einzahlen, wie die letzte Zahl in sich hat, die du zu den vorherigen addieren wirst, so viele Einzahlen hat die Zahl selbst, die das Dreieck bildet, als Seite. Etwa würden wir die Drei, die das tatsächlich (*actu*) erste Dreieck ist, durch die Addition von 2 zu 1 herstellen, aber dieses Dreieck würde 2 als Seite haben. Die Sechs haben wir daraus durch Addition von 3 hergestellt, und deren Seite umfasst genau 3. Dasselbe geschieht bei allen anderen; wie viele Einzahlen die Zahl auch immer hat, wird man zu den vorherigen addieren, und so viele Einzahlen enthalten ihre Seiten.

## 10. Über die Quadratzahlen

(1) Eine Quadratzahl ist eine, die sich ebenfalls in eine gewisse Breite erstreckt, aber nicht mit drei Ecken wie die vorherige Form, sondern mit vier, und auch mit einer Dimension von gleichen Seiten ausgestreckt. Sie sind von dieser Art:

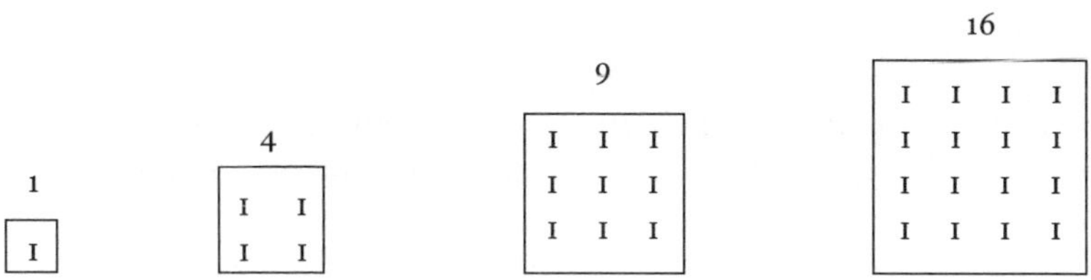


## 11. Über ihre Seiten

(1) Aber auch bei diesen (Quadratzahlen) wachsen die Vermehrungen nach der natürlichen Zahl der Seiten. Das potentiell (*vi et potentia*) erste Quadrat, also 1, hat 1 als Seite. Das zweite, welches tatsächlich (*actu*) das erste ist, also 4, wird von 2 an den Seiten gesetzten umfasst. Das dritte, also 9, welches das tatsächlich (*opere*) zweite ist, wird mit 3 an der Seite gesetzten addiert. Nach der gleichen Reihenfolge rücken alle weiteren vor.

## [96] XII. de quadratorum numerorum generatione rursusque de eorum lateribus

(1) nascuntur autem tales numeri ex naturalis numeri dispositione, non quemadmodum superiores trianguli, ut ordinatis ad se invicem numeris congregentur, sed uno semper intermisso, qui sequitur, si cum superiore vel superioribus colligatur, ordinatos ex se quadratos efficient. disponatur enim numerus naturalis hoc modo:

| | | | | | | | | | | |
|---|---|---|---|---|---|---|---|---|---|---|
| I | II | III | IIII | V | VI | VII | VIII | VIIII | X | XI |

ex his igitur si unum respiciam, primus mihi natus est potestate quadratus. quod si uno relicto priori tertium iunxero secundus mihi quadratus efficitur. nam si uni relicto binario ternarium adposuero, quaternarius mihi quadratus exoritur. quod si rursus relicto medio quaternario quinarium similiter adgregavero, quadratus mihi tertius, id est novenarius, procreatur. unus enim et III et V VIIII colligunt. at vero si his intermisso senario septenarium iungam tota in sedecim summa concrescit, id est quarti quadrati numerositas.

(2) et ut breviter huius forma procreationis appareat, si cuncti inpares sibimet adponantur conlocato scilicet naturali numero, quadratorum ordo texetur.

(3) est etiam in his haec naturae subtilitas et inmutabilis ordinatio, quod tot unitates unusquisque quadratorum retinebit in latere, quanti fuerint numeri ad coniunctionem propriam congregati.

(4) nam in primo quadrato, quoniam ex uno fit, unus est in latere, in secundo, id est quaternario, quoniam ex uno et tribus [97] procreatur, qui duo sunt termini, binario latus texitur. et in novenario, quoniam tribus numeris procreatur, latus ternario continetur, atque idem in aliis videre licet.

## 12. Über die Erzeugung der Quadratzahlen und wiederum über ihre Seiten

(1) Solche Zahlen entstehen aus der Anordnung der natürlichen Zahlen, nicht wie die Dreiecke weiter oben, dass sie gebildet wurden, nachdem die Zahlen abwechselnd (eine hinter der anderen) angeordnet worden sind, sondern wenn die, welche folgt, nachdem dazwischen immer eine ausgelassen worden ist, mit der vorhergehenden oder den vorhergehenden verbunden wird, dann bringen sie von sich aus geordnete Quadrate zustande. Die natürlichen Zahlen können auf folgende Weise angeordnet werden:

| | | | | | | | | | | |
|---|---|---|---|---|---|---|---|---|---|---|
| 1 | 2 | 3 | 4 | 5 | 6 | 7 | 8 | 9 | 10 | 11 |

Wenn ich davon die 1 anschaue, so ist für mich das erste potentielle (*potestate*) Quadrat erzeugt. Habe ich nun die dritte mit der vorherigen verbunden, wobei die eine Zahl (dazwischen) weggelassen worden ist, so entsteht für mich das zweite Quadrat, denn wenn ich der 1 die 3 hinzugefügt habe, nachdem die 2 ausgelassen worden ist, entsteht für mich das Quadrat 4. Wenn ich wiederum unter Auslassung der 4 in der Mitte auf die gleiche Weise die 5 dazugestellt habe, wird für mich das dritte Quadrat gebildet, das ist 9, denn 1 und 3 und 5 ergeben 9. Wenn ich aber dieser nach Auslassen der 6 die 7 hinzufüge, wächst die ganze Summe auf 16, und das ist die Zahl des vierten Quadrates.

(2) Und damit kurz die Form dieser Erzeugung offenkundig wird: Wenn man alle ungeraden Zahlen zusammenfügt, wobei die natürliche Zahlenfolge aufgestellt worden ist, so entsteht die Reihenfolge der Quadrate.

(3) Es gibt bei diesen (Zahlen) diesen Scharfsinn und diese unveränderliche Ordnung der Natur, dass jede der Quadratzahlen so viele Einzahlen in einer Seite beibehalten wird, wie Zahlen für ihren eigenen Zusammenschluss zusammengebracht worden sind.

(4) Bei der ersten Quadratzahl, da sie aus einer 1 entsteht, nämlich eine 1 in der Seite. Bei der zweiten, also der 4, da sie aus 1 und 3 entsteht, die zwei Werte sind, ist jede Seite durch 2 gebildet. Und bei der 9, die aus drei Zahlen geschaffen wird, wird die Seite durch die 3 gebildet, und dasselbe kann man bei den anderen sehen.

XIII. de pentagonis eorumque lateribus

(1) pentagonus vero numerus est, qui ipse quidem in latitudinem secundum unitatem descriptis quinque angulis continetur, cunctis scilicet lateribus aequali demensione dispositis. sunt autem hi

| | | | | | | |
|---|---|---|---|---|---|---|
| I | V | XII | XXII | XXXV | LI | LXX |

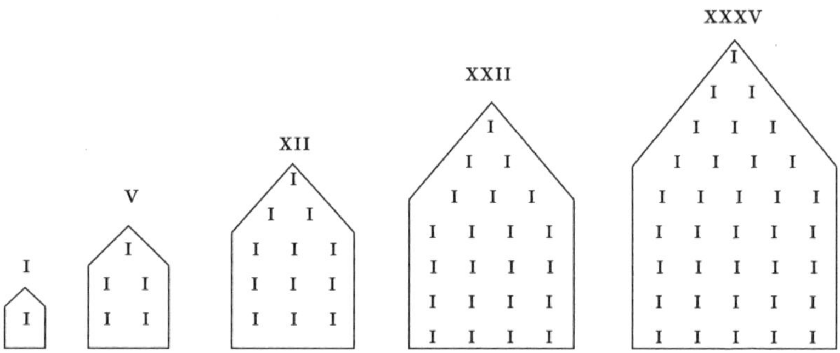


(2) eodem quoque modo eorum latera succrescunt. nam primi potestate pentagoni, id est unius, idem unus spatium lateris tenet, secundi vero quinarii, qui est actu ipso atque opere primus pentagonus, bini per latera fixi sunt; tertius vero, id est XII, tribus in latus auctus est; quartus XXII quattuor numerorum in latere quantitate distenditur; atque idem in ceteris secundum unitatis progressionem. in naturali scilicet numero secundum superiorum figurarum incrementa tenduntur.

## 13. Über die Fünfecke und ihre Seiten

(1) Ein Fünfeck ist eine Zahl, die in die Breite gemäß der Einzahl von fünf dargestellten Ecken umfasst wird, wobei nämlich alle Seiten in der gleichen Dimension angeordnet sind. Solche Zahlen sind:

| | | | | | | |
|---|---|---|---|---|---|---|
| 1 | 5 | 12 | 22 | 35 | 51 | 70 |

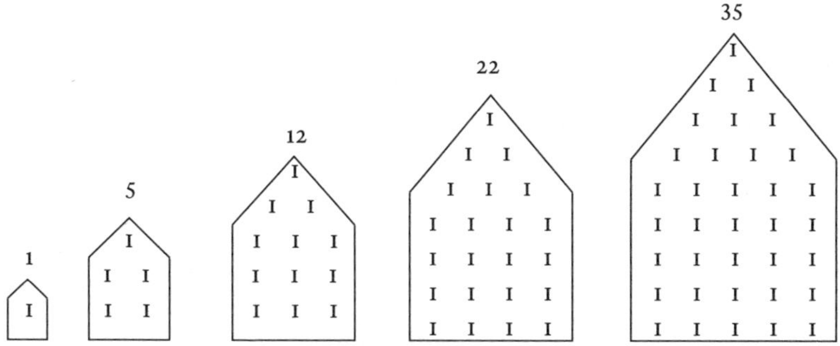


(2) Ihre Seiten wachsen auch auf die gleiche Weise an. Beim ersten potentiellen (*potestate*) Fünfeck, also 1, hält dieselbe 1 die Weite einer Seite. Vom zweiten dagegen, 5, das tatsächlich (*actu atque opere*) das erste Fünfeck ist, sind 2 für jede Seite festgelegt. Das dritte Fünfeck, also 12, wird auf 3 an der Seite vermehrt. Das vierte, 22, wird auf die Menge von 4 Zahlen an der Seite ausgedehnt. Dasselbe geschieht in den übrigen gemäß des Fortschreitens der Einzahl. Sie erstrecken sich nämlich in der natürlichen Zahl gemäß den Zuwächsen in den obigen Figuren.

## [98] XIIII. de generatione pentagonorum

(1) nascuntur autem hi numeri, qui extensi in latitudinem V angulos pandunt, ab eadem naturalis numeri quantitate in se coacervata, ita ut duobus semper interiectis numeris superiori vel superioribus vincens ternario eum, cui iungendus est, adgregetur.

(2) namque unitati intermissis duobus et tribus si IIII iungas, qui tribus ipsam superant unitatem, quinarius pentagonus procreabitur. post IIII vero si intermisso quinario et senario septem adgreges, duodenarium pentagonum procreabis. namque unus et IIII et VII numeri XII explebunt. hoc etiam in aliis fiet. nam si X vel XIII vel XVI vel XVIIII vel XXII vel XXV superioribus cunctis adiunxeris, eodem quo superius modo pentagoni fient, secundum superiorem descriptionem:

| | | | | | |
|---|---|---|---|---|---|
| XXII | XXXV | LI | LXX | XCII | CXVII |

## XV. de exagonis eorumque generationibus

(1) exagoni autem, qui sex angulis, et eptagoni, qui VII rursus lateribus continentur, secundum hunc modum eorum laterum augmenta succrescunt.
(2) namque in trianguli numeri natura procreationeque ipsos numeros iungebamus qui sese in naturali dispositione sequerentur et se tantum unitate transirent. quadrati vero numeri, id est tetragoni, procreatio fiebat ex numeris, qui uno intermisso copulabantur, cum se binario superarent. pentagoni vero natura fuit ex duobus interpositis relictis[99]que, qui se ternario vincerent.

(3) secundum talia quoque augmenta exagonorum vel eptagonorum vel octogonorum vel novem laterum figura vel X quotlibet aliorum conpetenti progressione conficitur. ut enim in pentagono duobus intermissis eos iungebamus, qui se ternario superarent, nunc in exagono tribus intermissis eos iungemus, qui se quaternario transeant, et erunt quidem eorum radices et fundamenta, ex quibus iunctis omnes exagoni nascuntur:

## 14. Über die Erzeugung der Fünfecke

(1) Diese Zahlen aber, die sich in der Breite auf fünf Ecken ausgedehnt erstrecken, entstehen durch Anhäufung der gleichen Menge der natürlichen Zahl, und zwar so, dass man, indem man immer zwei Zahlen überspringt, zur vorhergehenden oder zu den vorhergehenden diejenige addiert, welche die Zahl, zu der sie addiert werden muss, um 3 übersteigt.
(2) Wenn du zu der 1 unter Auslassung der 2 und der 3 die 4 hinzufügst, die um 3 über die Einzahl hinausgeht, wird das Fünfeck 5 erzeugt. Wenn du nach der 4 unter Auslassung der 5 und der 6 die 7 addierst, wirst du das Fünfeck 12 erzeugen, denn 1 und 4 und 7 ergeben 12. Das geschieht auch bei den anderen: Wenn du 10 oder 13 oder 16 oder 19 oder 22 oder 25 an alle vorherigen anfügst, entstehen auf die gleiche Weise wie zuvor Fünfeckzahlen, nach der obigen Darstellung:

| | | | | | |
|---|---|---|---|---|---|
| 22 | 35 | 51 | 70 | 92 | 117 |

## 15. Über die Sechsecke und ihre Erzeugungen

(1) Sechsecke, die von sechs Ecken, und Siebenecke, die wiederum von sieben Seiten zusammengehalten werden, lassen die Vermehrung ihrer Seiten auf diese Weise anwachsen.
(2) In der Natur und Schaffung der Dreieckzahl vereinigten wir eben diese Zahlen, die in natürlicher Anordnung aufeinander folgen und jeweils nur um 1 zunehmen. Die Erzeugung einer Quadratzahl, also eines Vierecks, entstand aus Zahlen, die verbunden wurden, wobei immer eine ausgelassen worden war, indem sie sich jeweils um 2 überboten. Die Natur des Fünfecks bestand aus 2 Zahlen, die dazwischen gesetzt und ausgelassen worden sind, dergestalt, dass sie sich jeweils um 3 übertrafen.
(3) Entsprechend solchen Vermehrungen wird auch die Figur von Sechs-, Sieben- oder Achtecken oder mit neun oder zehn Seiten oder mit beliebig vielen Seiten in entsprechendem Fortschreiten hervorgebracht. Fügten wir nämlich etwa im Fünfeck, nachdem zwei dazwischen ausgelassen worden waren, diejenigen Zahlen zusammen, die sich um 3 überschritten, nun werden wir im Sechseck mit Auslassung von je drei Zahlen diejenigen Zahlen zusammenfügen, die sich um vier übertreffen, und welche die Wurzelzahlen und Fundamente derjenigen sein werden, aus denen, nachdem sie zusammengefügt worden sind, alle Sechsecke entstehen:

| | | | | | |
|---|---|---|---|---|---|
| I | V | VIIII | XIII | XVII | XXI |

et ad eundem ordinem consequentes. atque ab his sex angulorum formae nascuntur:

| | | | | | |
|---|---|---|---|---|---|
| I | VI | XV | XXVIII | XLV | LXVI |

quos ad superiorem modum scilicet descriptos in propriis ordinibus pernotabis.

## XVI. de eptagonis eorumque generationibus et communis omnium figurarum inveniendae generationis regula descriptionesque figurarum

(1) septem vero angulorum figura est, cum ad eundem ordinem progressionis uno plus quam in sexangulorum figura numero intermisso superiori coniunxeris.

(2) nam si quattuor interpositis, qui se quinario vincant, adgregaveris, eptagoni continuo figura nascetur, ut hi numeri sint eorum radices et, ut superius dictum est, fundamenta:

| | | | | |
|---|---|---|---|---|
| I | VI | XI | XVI | XXI |

qui vero ex his constant, hi sunt:

| | | | | |
|---|---|---|---|---|
| I | VII | XVIII | XXXIIII | LV |

(3) novem vero angulorum secundum eundem ordinem forma procreatur ita, ut secundum aequalem progressionem primi quoque eorum numeri distent. nam in triangulo qui sunt numeri, quae prima superficiei figura est, uno sese tantum numeri praecedunt, qui scilicet eorum naturam descriptionem[100]que perficiunt; in tetragono vero, qui secundus est, duobus sese iuncti numeri vincunt, et in pentagono tribus et in exagono IIII et in eptagono quinque, huiusque rei

| | | | | | |
|---|---|---|---|---|---|
| 1 | 5 | 9 | 13 | 17 | 21 |

und so weiter, gemäß derselben Reihenfolge. Aus diesen Zahlen entstehen die Formen mit sechs Ecken:

| | | | | | |
|---|---|---|---|---|---|
| 1 | 6 | 15 | 28 | 45 | 66 |

Diese wirst du freilich nach der obigen Weise in den ihnen entsprechenden dargestellt finden.

## 16. Über Siebenecke und ihre Erzeugungen und die allgemeine Regel zur Auffindung der Erzeugung aller Figuren und die Darstellungen der Figuren

(1) Eine Figur mit sieben Ecken aber besteht, wenn man in der gleichen Ordnung des Vorrückens, nachdem eine Zahl mehrmals in der Figur der Sechsecke ausgelassen worden ist, eine Verbindung zur vorherigen (Zahl) herstellt.
(2) Wenn du diejenigen Zahlen, die nach Auslassen von vier sich um fünf übertreffen, zusammengefügt hast, wird sogleich die Figur des Siebenecks entstehen, so dass diese Zahlen ihre Wurzelzahlen sind, wie zuvor (II 15,3) gesagt, und ihre Fundamente:

| | | | | |
|---|---|---|---|---|
| 1 | 6 | 11 | 16 | 21 |

Die Zahlen aber, die aus diesen hervorgehen, sind folgende:

| | | | | |
|---|---|---|---|---|
| 1 | 7 | 18 | 34 | 55 |

(3) Die Form mit neun Ecken aber wird nach derselben Regel so gebildet, dass gemäß einem gleichförmigen Vorrücken auch ihre ersten Zahlen auseinanderstehen. Denn die Zahlen im Dreieck, das die erste Flächen-Figur ist, überrunden einander nur um eine Zahl. Diese bringen seine (des Dreiecks) Natur und Darstellung zustande. Im Quadrat aber, welches die zweite Flächenzahl ist, überragen sich die verbundenen Zahlen um 2, im Fünfeck um 3, im Sechseck um 4, im

nullus est modus. hoc autem nos subiectarum formarum descriptiones docebunt.

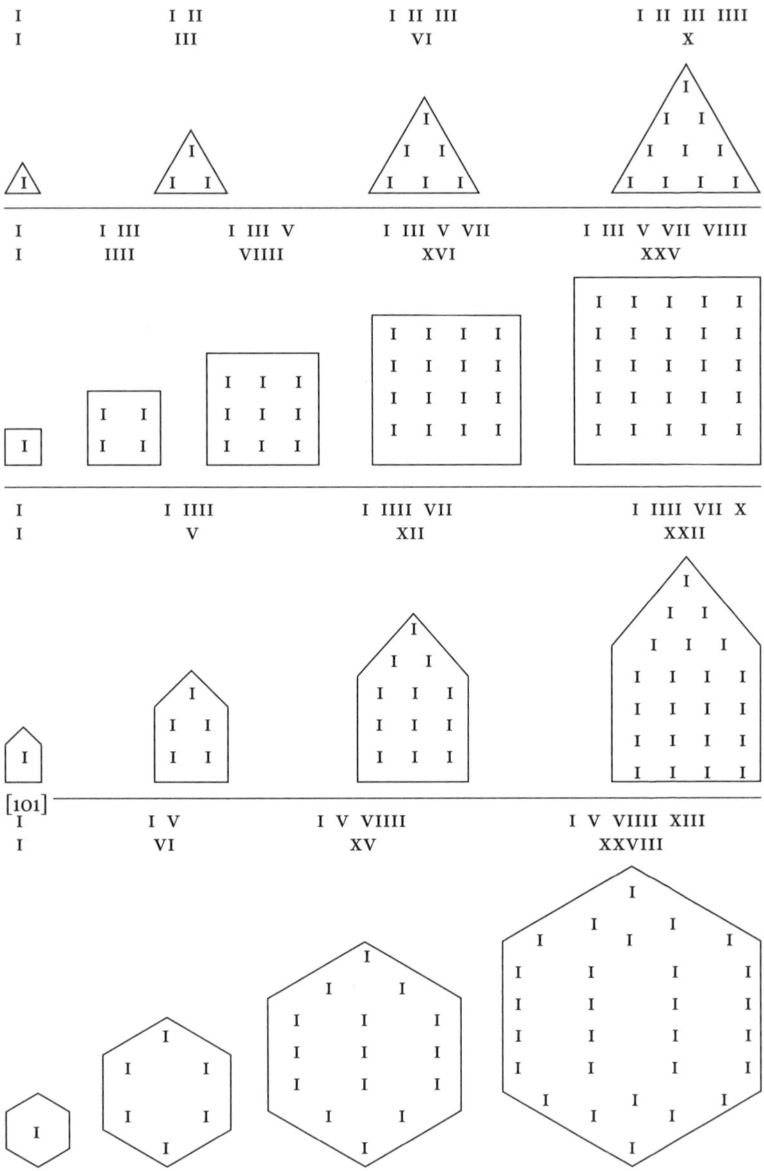

Siebeneck um 5 und in dieser Sache gibt es keine Grenze. Dies werden uns die Darstellungen der folgenden Formen lehren:

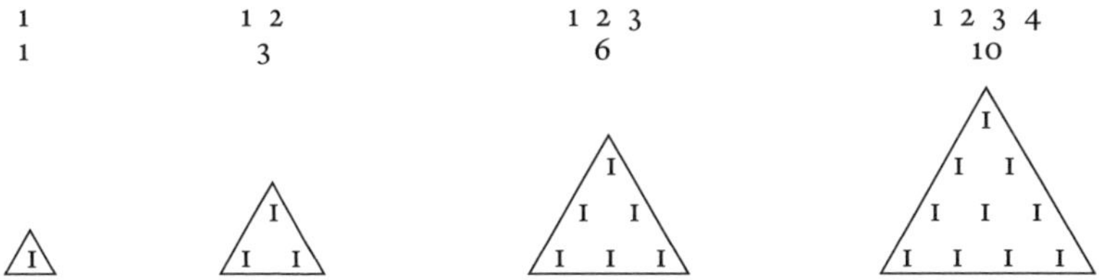


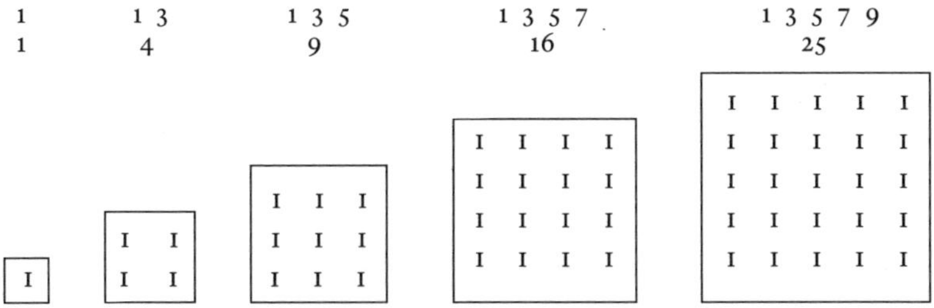


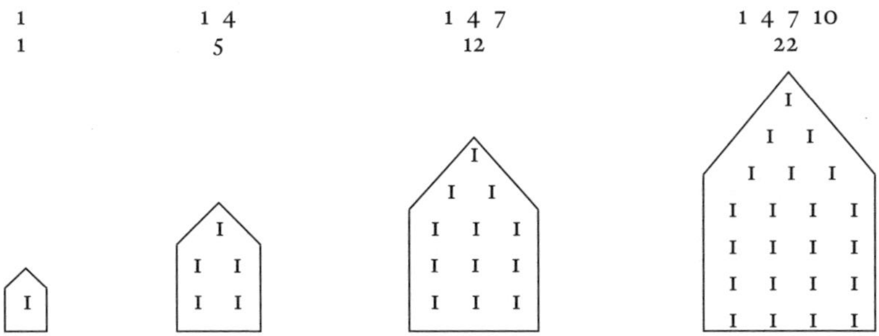


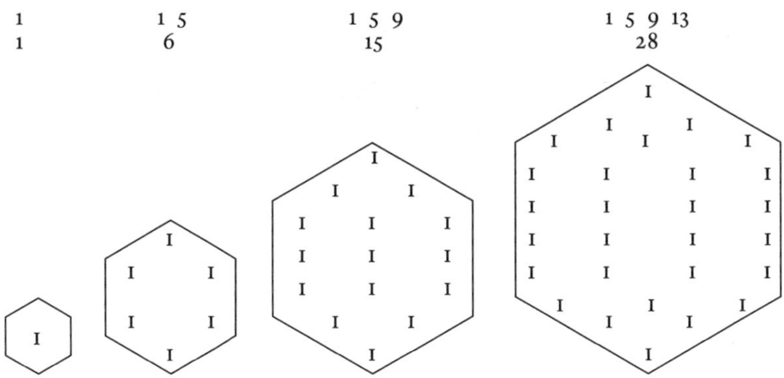

## [102] XVII. descriptio figuratorum numerorum in ordine

(1) similiter autem licebit et aliarum formarum, quae pluribus angulis continentur quantitates adscribere. sed quoniam facilius oculis subiecta retinentur supra dictarum formarum numerositas in subteriore descriptione ponatur.

trianguli

| | | | | | | | | | |
|---|---|---|---|---|---|---|---|---|---|
| I | III | VI | X | XV | XXI | XXVIII | XXXVI | XLV | LV |

quadrati

| | | | | | | | | | |
|---|---|---|---|---|---|---|---|---|---|
| I | IIII | VIIII | XVI | XXV | XXXVI | XLVIIII | LXIIII | LXXXI | C |

pentagoni

| | | | | | | | | | |
|---|---|---|---|---|---|---|---|---|---|
| I | V | XII | XXII | XXXV | LI | LXX | XCII | CXVII | CXLV |

exagoni

| | | | | | | | | | |
|---|---|---|---|---|---|---|---|---|---|
| I | VI | XV | XXVIII | XLV | LXVI | XCI | CXX | CLIII | CXC |

eptagoni

| | | | | | | | | | |
|---|---|---|---|---|---|---|---|---|---|
| I | VII | XVIII | XXXIIII | LV | LXXXI | C-XII | CXL-VIII | CLXXX-VIIII | CC-XXXV |

## XVIII. qui figurati numeri ex quibus figuratis numeris fiant, inque eo quod triangulus numerus omnium reliquorum principium sit

(1) his igitur ita sese habentibus quid in hac re sit consequens vestigemus. omnes enim tetragoni, qui sub triangulis sunt naturali ordinatione dispositi, ex superioribus triangulis procreantur illorumque collectione quadrati figura componitur. quattuor enim tetragonus fit ex uno et tribus, id est ex duobus superioribus triangulis; novem vero ex tribus et sex, sed utrique sunt trianguli; at XVI ex decem et sex; et XXV ex X et XV. idemque in sequenti ordine quadratorum constans atque inmutabile reperitur.

## 17. Darstellung der figurierten Zahlen in einer Anordnung

(1) Ähnlich wird es möglich sein, auch die Mengen anderer Formen, die von mehreren Ecken umfasst werden, aufzuschreiben. Aber weil die Dinge leichter behalten werden können, die den Augen vorgelegt werden, soll die Vielzahl der oben genannten Formen in der nachstehenden Darstellung dargelegt werden.

Dreiecke

| | | | | | | | | | |
|---|---|---|---|---|---|---|---|---|---|
| 1 | 3 | 6 | 10 | 15 | 21 | 28 | 36 | 45 | 55 |

Quadrate

| | | | | | | | | | |
|---|---|---|---|---|---|---|---|---|---|
| 1 | 4 | 9 | 16 | 25 | 36 | 49 | 64 | 81 | 100 |

Fünfecke

| | | | | | | | | | |
|---|---|---|---|---|---|---|---|---|---|
| 1 | 5 | 12 | 22 | 35 | 51 | 70 | 92 | 117 | 145 |

Sechsecke

| | | | | | | | | | |
|---|---|---|---|---|---|---|---|---|---|
| 1 | 6 | 15 | 28 | 45 | 66 | 91 | 120 | 153 | 190 |

Siebenecke

| | | | | | | | | | |
|---|---|---|---|---|---|---|---|---|---|
| 1 | 7 | 18 | 34 | 55 | 81 | 112 | 148 | 189 | 235 |

## 18. Welche figurierten Zahlen von welchen figurierten Zahlen abstammen, und darin eine Demonstration, dass die Dreieckzahl die Grundlage aller anderen Zahlen ist

(1) Da dies so ist, wollen wir nun untersuchen, was aus dieser Sache folgt. Alle Quadrate nämlich, die in der natürlichen Anordnung unterhalb der Dreiecke gelagert sind, entstehen aus den vorgelagerten Dreiecken: Aus ihrer Zusammenstellung ist die Figur des Quadrats zusammengesetzt. Das Quadrat 4 entsteht nämlich aus 1 und 3, also aus den beiden vorgelagerten Dreiecken; das Quadrat 9 entsteht aus 3 und 6, beides sind Dreiecke; 16 aber entsteht aus 10 und 6, 25 entsteht aus 10 und 15. Das Gleiche findet sich in der fortlaufenden Ordnung der Quadrate als konstant und unveränderlich.

(2) pentagonorum vero summae conficiuntur ex uno super se tetragono et altrinsecus triangulo constituto. nam quinque pentagonus ex quattuor super se posito tetragono et ex uno, qui in triangulorum ordine ponitur, adgregatur. XII vero pentagonus ex novenario super se quadrato et tribus, secundo triangulo, nascitur. XXII vero ex XVI et VI, quadrato scilicet atque triangulo; et XXXV ex XXV et X. et in ordinem ad eundem modum intuentem nulla cunctatio contrarietatis inpediet.

(3) at vero si exagonos [103] librata examinatione perspicias, ex eisdem triangulis et super se positis pentagonis procreantur. namque VI exagonus ex quinario pentagono et uno, qui est in triangulorum ordine dispositus, nascitur. nec alia est origo XV exagoni nisi ex duodenario pentagono et ternario triangulo. quod si XXVIII rursus exagonum ex quibus superioribus nascatur addiscas, nullos invenies nisi XXII pentagonum senariumque triangulum. atque hoc in ceteris.

(4) nec hunc geniturae ordinem eptagonorum procreatio refutabit. namque ex super se exagonis et ex eminus positis triangulis procreantur. septem enim eptagonus nascitur ex senario exagono et uno potestate triangulo; XVIII vero eptagonus ex XV exagono et ternario triangulo coniungitur; et XXXIIII ex XXVIII scilicet exagono et senario triangulo; atque hoc in cunctis inoffensum reperire licet.

(5) videsne igitur, ut primus omnium triangulus cunctorum summas efficiat et omnium procreationibus misceatur?

## XVIIII. pertinens ad figuratorum numerorum descriptionem speculatio

(1) hi vero omnes, si ad latitudinem fuerint comparati, id est trianguli tetragonis vel tetragoni pentagonis vel pentagoni exagonis vel hi rursus eptagonis, sine aliqua dubitatione triangulis sese superabunt.

(2) Die Gesamtzahlen der Fünfecke werden aus dem ihm vorgelagerten Quadrat und aus dem an der einen Seite (liegenden) Dreieck zusammengesetzt. Das Fünfeck 5 wird ja aus dem ihm vorgelagerten Quadrat 4 und aus der 1, die in der Ordnung der Dreiecke platziert ist, zusammengebracht. Das Fünfeck 12 entsteht aber aus dem ihm vorgelagerten Quadrat von 9 und dazu 3, dem zweiten Dreieck. 22 entsteht aus 16 und 6, natürlich aus einem Quadrat und einem Dreieck, 35 aus 25 und 10. Und den, der der Reihe nach auf diese Vorgehensweise blickt, wird kein Zögern wegen eines Gegensatzes behindern.
(3) Wenn du aber Sechsecke mit einer klaren Prüfung betrachtest, (wirst du sehen,) dass sie aus den gleichen Dreiecken und ihnen vorgelagerten Fünfecken hervorgebracht werden. Das Sechseck 6 entsteht aus dem Fünfeck 5 und 1, das in der Ordnung der Dreiecke angeordnet ist. Auch der Ursprung des Sechsecks 15 ist nichts anderes als aus dem Fünfeck 12 und dem Dreieck 3. Wenn du verstehst, dass wiederum das Sechseck 28 aus bestimmten vorgelagerten Figuren entsteht, wirst du keine anderen (Zahlen) finden als das Fünfeck 22 und das Dreieck 6. Und das (gilt) auch bei den anderen.
(4) Auch die Entstehung von Siebeneckzahlen wird diese Art und Weise der Erzeugung nicht widerlegen, denn sie werden aus vorgelagerten Sechsecken und in der Ferne platzierten Dreiecken erzeugt. Die Siebeneck 7 entsteht aus dem Sechseck 6 und aus dem potentiellen (*potestate*) Dreieck 1; das Siebeneck 18 wird nämlich aus dem Sechseck 15 und dem Dreieck 3 zusammengesetzt, 34 freilich aus dem Sechseck 28 und dem Dreieck 6. Und das möge man ohne Veränderung bei allen wiederfinden.
(5) Siehst du also, dass das Dreieck als Erstes von allen die Gesamtzahlen aller hervorbringt und an der Erzeugung aller beteiligt ist?

## 19. Eine Betrachtung,
## die sich auf die Darstellung der figurierten Zahlen bezieht

(1) Wenn alle diese Zahlen der Breite nach miteinander verglichen würden, also die Dreiecke mit den Quadraten oder die Quadrate mit den Fünfecken oder die Fünfecke mit den Sechsecken oder diese wiederum mit den Siebenecken, werden sie sich ohne jeden Zweifel jeweils um Dreiecke übertreffen.

namque si ternarium triangulum quaternario, vel quaternarium tetra[104]gonum quinario, vel quinarium pentagonum senario exagono, vel senarium septenario eptagono compares, primo se triangulo, id est sola transeunt unitate.
at vero si senarius contra novenarium, vel hic contra XII, vel hic contra XV, vel quindecim contra X et VIII, pro inveniendis differentiis comparentur, secundo se triangulo, id est ternario superabunt.

X vero ad XVI et XVI ad XXII et XXII ad XXVIII et XXVIII ad XXXIIII si componas, tertio se triangulo vincent, id est senario.
atque hoc rite notabitur in aliis cunctis sequentibus sese perspectum omnesque se triangulis antecedent.
(2) quare perfecte, ut arbitror, demonstratum est, omnium formarum principium elementumque esse triangulum.

## XX. de numeris solidis

(1) hinc vero ad figuras solidas facilior via est. praecognito enim, quid in planis numerorum figuris vis ipsa quantitatis naturaliter operetur, ad solidos numeros non erit ulla cunctatio. sicut enim longitudini numerorum aliud intervallum, id est superficiem, ut latitudo ostenderetur, adiecimus, ita nunc latitudini si quis addat eam, quae alias altitudo alias crassitudo alias profunditas appellatur, solidum numeri corpus explebit.

## XXI. de pyramide, quod ea sit solidarum figurarum principium, sicut triangulus planarum

(1) videtur autem, quemadmodum in planis figu[105]ris triangulus numerus primus est, sic in solidis, qui vocatur pyramis, profunditatis esse principium.
(2) omnium quippe ratarum in numeris figurarum necesse est invenire primordia.

Wenn du nämlich das Dreieck 3 mit (dem Quadrat) 4 oder das Quadrat 4 mit (dem Fünfeck) 5 oder das Fünfeck 5 mit dem Sechseck 6 oder (das Sechseck) 6 mit dem Siebeneck 7 vergleichst, unterscheiden sie sich um das erste Dreieck, das ist genau die Einzahl.
Wenn dagegen (das Dreieck) 6 gegenüber (dem Quadrat) 9 oder dieses gegenüber (dem Fünfeck) 12 oder dieses gegenüber (dem Sechseck) 15 oder (das Sechseck) 15 gegenüber (dem Siebeneck) 18 verglichen wird, um die Differenzen zu finden, werden sie sich um das zweite Dreieck überschreiten, das ist die 3.
Wenn du 10 mit 16 und 16 mit 22 und 22 mit 28 und 28 mit 34 zusammenstellst, überragen sie sich um das dritte Dreieck, das ist die 6.
Und dies wird treffend bemerkt werden bei allen anderen folgenden Zahlen als in sich klar, und alle Zahlen gehen sich um Dreiecke voraus.
(2) Damit ist, wie ich meine, vollkommen nachgewiesen, dass das Dreieck die Grundlage und das Element aller Formen ist.

## 20. Über die Körperzahlen

(1) Von hier an ist der Weg zu den Körperzahlen einfacher. Du solltest vorher wissen, dass das, was die Kraft der Menge bei den Flächen-Figuren der Zahlen auf natürliche Weise bewirkt, ohne Zögern auch auf die Körperzahlen angewendet wird. Wie wir zur Länge der Zahlen eine andere Dimension, nämlich die Fläche – wie die Breite zeigt – beigefügt haben, so wird, wenn jemand nun zur Breite jene (Dimension) hinzufügt, die manchmal Höhe, manchmal Dicke, manchmal Tiefe genannt werden, sie den festen Körper der Zahl definieren.

## 21. Über die Pyramide und dass sie die Grundlage der Körperzahlen ist, wie das Dreieck die der Flächenzahlen ist

(1) Es ist offensichtlich, dass wie bei den Flächenzahlen die Dreieckzahl die erste ist, so bei den Körperzahlen die Figur, die Pyramide genannt wird, die Grundlage der Tiefe ist.
(2) Es ist freilich notwendig, die ursprünglichen Elemente aller berechneten Figuren in den Zahlen zu finden.

(3) est autem pyramis alias a triangula basi in altitudinem sese erigens, alias a tetragona, alias a pentagona et secundum sequentium multitudines angulorum ad unum cacuminis verticem sublevata.

(4) posito enim triangulo atque descripto si per tres angulos singulae lineae recte stantes ponantur, haeque tres inclinentur, ut ad unum medium punctum vertices iungant, fit pyramis, quae, cum a triangula basi profecta sit, tribus triangulis per latera concluditur hoc modo:

(5) sit ABC triangulum. si huic igitur triangulo per tres angulos erigantur lineae et ad unum punctum convertantur, quod est D, ita ut D punctum non sit in plano, sed pendens, illae scilicet lineae ad ipsum erectae verticem et quodammodo cacumen D facient et erit basis ABC unum triangulum, per latera vero tria triangula, id est unum triangulum ADB aliud vero BDC, tertium vero CDA.

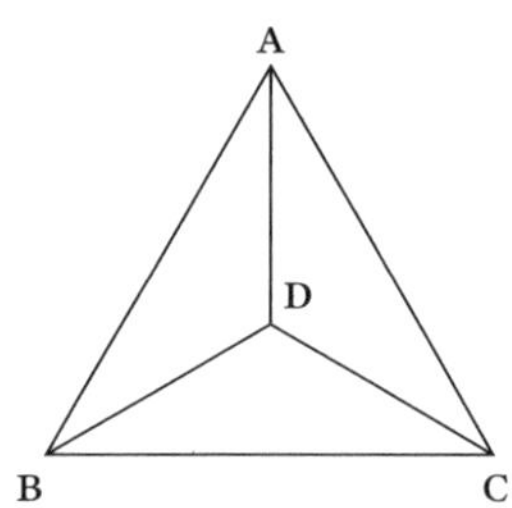


*[Abb. fol. 88ʳ, hier S. 76]*

[106] XXII. de his pyramidis, quae a quadratis vel a ceteris multiangulis figuris proficiscuntur

(1) idem si a tetragona basi proficiscantur et ad unum verticem eius lineae dirigantur, erit pyramis quattuor triangulorum per latera, uno tantum tetragono in basi posito, super quam ipsa figura fundata est. et si a pentagono surgant V lineae, quinque rursus pyramis triangulis continebitur, et si ab exagono, sex triangulis nihilominus; et quantoscunque angulos habuerit figura, super quam pyramis residet, tot ipsa per latera triangulis continetur, ut ex subiectis descriptionibus palam est.

(3) Es ist aber die Pyramide eine Figur, die sich entweder von einer dreieckigen Basis aus in die Höhe erhebt oder von einem Quadrat oder von einem Fünfeck und entsprechend den Mengen der Ecken sich zur Höhe der Spitze erhebt.
(4) Wenn wir, nachdem wir ein Dreieck aufgestellt und beschrieben haben, von den 3 Ecken aus einzelne Linien aufstellen, die nach oben stehen und die so geneigt sind, dass sich an einem Punkt in der Mitte die Spitzen treffen, entsteht eine Pyramide, die, wenn sie von einer dreieckigen Basis ausgegangen ist, durch 3 Dreiecke an den Seiten auf folgende Weise geschlossen ist:
(5) Es sei ABC ein Dreieck. Wenn auf diesem Dreieck durch die drei Ecken Linien aufgerichtet werden und zu einem Punkt hin zugewandt sind, nämlich D, so dass der Punkt D nicht in der Fläche liegt, sondern von ihr abgehoben ist, dann bilden jene Linien, die nämlich zu diesem Scheitelpunkt aufgerichtet werden, gewissermaßen eine Spitze bei D; es wird die Basis ABC sein, ein Dreieck, und an den Seiten drei Dreiecke, nämlich das eine Dreieck ADB, das andere BDC und das dritte CDA.

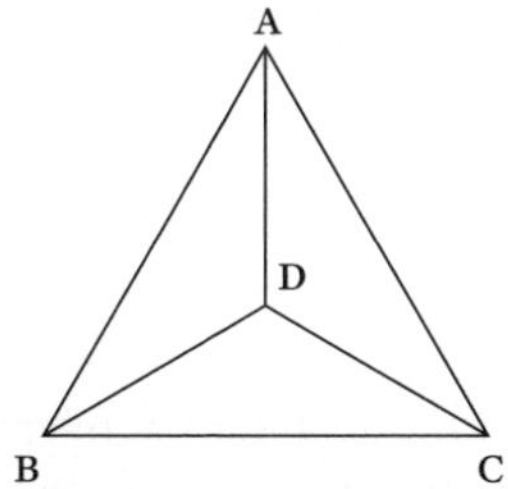


## 22. Über diejenigen Pyramiden, die aus Quadraten oder anderen vieleckigen Figuren hervorgehen

(1) Wenn dasselbe von einer quadratischen Basis aus geschieht und die Linien auf ihren Scheitelpunkt gerichtet sind, dann wird es eine Pyramide aus 4 Dreiecken an den Seiten und einem Quadrat an der Basis sein, auf der die Figur selbst errichtet worden ist. Wenn sich aus einem Fünfeck 5 Linien erheben, wird die Pyramide wiederum von 5 Dreiecken umschlossen werden, und wenn sie aus einem Sechseck entsteht, von 6 Dreiecken. Wie viele Ecken auch immer eine Figur hat, auf der eine Pyramide ruht, von so vielen Dreiecken wird sie selbst an ihren Seiten umschlossen. Dies wird aus den folgenden Darstellungen deutlich.

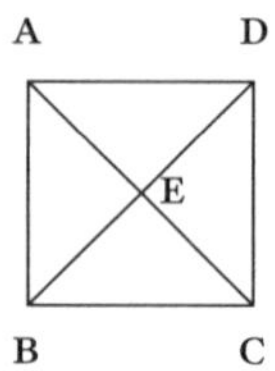


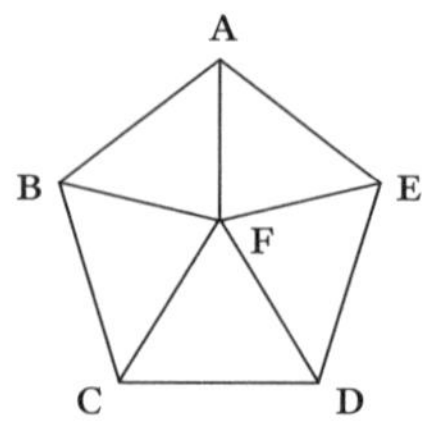


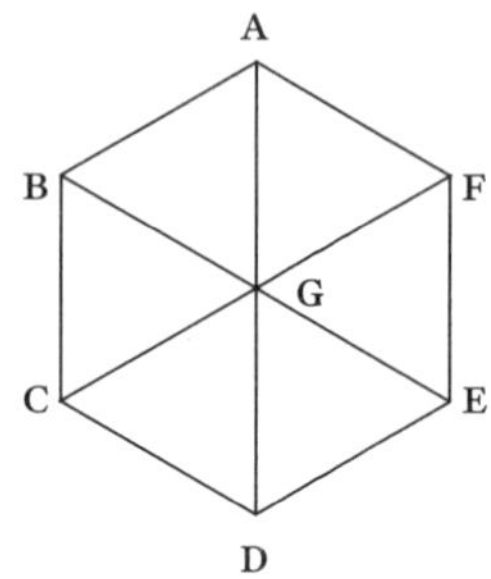


XXIII. solidorum generatio numerorum

(1) dicuntur autem huiusmodi pyramides hoc modo: prima pyramis de triangulo, secunda pyramis de [107] tetragono, tertia pyramis de pentagono, quarta pyramis de exagono, quinta pyramis de eptagono, idemque in ceteris constat numeris.

(2) nam quoniam lineares numeros esse diximus, qui ab uno profecti in infinitum currerent, ut sunt

| | | | | | | | | | |
|---|---|---|---|---|---|---|---|---|---|
| I | II | III | IIII | V | VI | VII | VIII | VIIII | X |

his autem ordinatim compositis et ad se invicem cum distantia iunctis superficies nascebantur, ut, si unum et duo iungeres, primus triangulus nasceretur, id est tres, et cum his adiungeremus tertium, id est ternarium, senarius triangulus rursus occurreret, et post hos tetragoni uno intermisso, pentagoni vero duobus, exagoni tribus, eptagoni relictis quattuor nascebantur.

(3) nunc vero ad solidorum corporum procreationem ipsae nobis superficies naturaliter figuratae provenient. et ad faciendas quidem pyramidas a triangulo ipsi nobis trianguli componendi sunt; ad procreandas vero pyramidas a tetragono tetragoni; ad eas vero, quae sunt a pentagono pentagoni copulandi sunt. et illae, quae sunt ab exagono vel eptagono non nisi exagonorum vel eptagonorum copulatione nascentur.

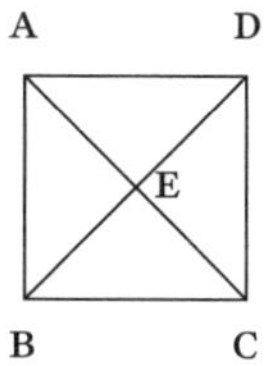


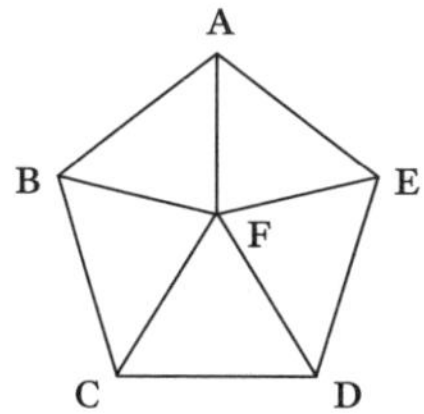


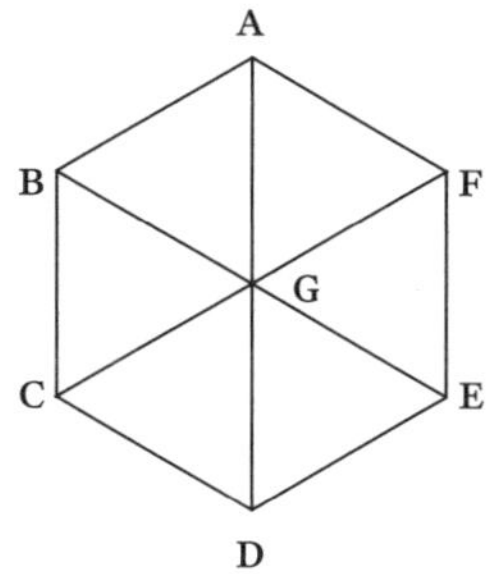


## 23. Die Erzeugung von Körperzahlen

(1) Es werden Pyramiden dieser Art auf folgende Weise benannt: Die erste ist die Pyramide aus dem Dreieck, die zweite die Pyramide aus dem Quadrat, die dritte die Pyramide aus dem Fünfeck, die vierte die Pyramide aus dem Sechseck, die fünfte die Pyramide aus dem Siebeneck und dasselbe bleibt bei den übrigen Zahlen gleich.
(2) Denn da wir die Zahlen linear genannt haben, die, von 1 ausgehend, ins Unendliche liefen (s. o. II 8–16), wie etwa:

| | | | | | | | | | |
|---|---|---|---|---|---|---|---|---|---|
| 1 | 2 | 3 | 4 | 5 | 6 | 7 | 8 | 9 | 10 |

so entstanden aus diesen Zahlen, in eine Reihenfolge gebracht und mit Abstand zueinander verbunden, die Flächen(zahlen), so dass, wenn man etwa die 1 mit der 2 verbinden würde, das erste Dreieck erzeugt würde, das ist 3, und wenn wir daran das dritte anfügten, das ist das Dreier-Dreieck, wiederum das Sechser-Dreieck erschiene, und nach diesen, nachdem 1 ausgelassen worden war, die Quadrate, nachdem 2, die Fünfecke, nachdem 3, die Sechsecke und nachdem 4 ausgelassen worden war, die Siebenecke.
(3) Nun aber kommen uns für die Schaffung von festen Körpern eben die auf natürliche Weise gebildeten Flächen hervor. Um freilich von einem Dreieck aus Pyramiden zu machen, müssen wir eben diese Dreiecke zusammensetzen; um Pyramiden von einem Quadrat aus zu machen, Quadrate; um diejenigen (Pyramiden) zu machen, die von einem Fünfeck ausgehen, müssen Fünfecke verbunden werden. Und jene (Pyramiden), die von einem Sechseck oder einem Siebeneck ausgehen, entstehen nicht anders als durch die Verbindung von Sechsecken oder Siebenecken.

(4) primus ergo potestate triangulus est unitas eandemque etiam ponimus virtute pyramidam; secundus vero triangulus est ternarius, quem si cum primo coniunxero, id est cum unitate, quaternaria mihi profunditas pyramidis excrescit. at vero si his tertium, senarium, iunxero denaria pyramidis procreabitur altitudo. his si denarium iunxero viginti numerorum pyramis veniet, atque ita in cunctis aliis eadem ratio copulationis est.

trianguli

| | | | | | | | | | |
|---|---|---|---|---|---|---|---|---|---|
| I | III | VI | X | XV | XXI | XXVIII | XXXVI | XLV | LV |

[108] pyramides a triangulis

| | | | | | | | | | |
|---|---|---|---|---|---|---|---|---|---|
| I | IIII | X | XX | XXXV | LVI | LXXXIIII | CXX | CLXV | CCXX |

(5) in hac igitur coniunctione necesse est, ut semper, qui ultimus est coniugatorum numerorum, is quasi quodammodo basis sit. cunctis enim latior invenitur. et qui ante ipsum numeri coniungantur, minores esse necesse est, usque dum ad unitatem detractio rata perveniat, quae puncti quodammodo et verticis obtineat locum. namque in x pyramide super sex additi sunt tres atque unus, qui senarius superat ternarium quantitate, ipsi vero tres unum pluralitate transcendunt, qui unus extremum terminum progressionis offendit. similis quoque ratio in ceteris perspici potest, si eorum procreationes diligentius volueris perscrutari.

(6) illae quoque, quae sunt a tetragono pyramides, eadem tetragonorum super se compositione nascuntur. descriptis enim cunctis tetragonis, id est

| | | | | | | | | | |
|---|---|---|---|---|---|---|---|---|---|
| I | IIII | VIIII | XVI | XXV | XXXVI | XLVIIII | LXIIII | LXXXI | C |

si unitatem primam ex hac dispositione praesumam, erit mihi potestate et vi pyramis ipsa unitas, nondum etiam opere atque actu. at si huic tetragonum superponam, id est quattuor, nascetur pyramis quinque numerorum, quae duobus tantum numeris per latera positis continetur. sin vero his sequentes novem adiecero, fiet mihi

(4) Das erste potentielle (*potestate*) Dreieck ist die Einzahl, und diese setzen wir auch als potentielle (*virtute*) Pyramide. Das zweite Dreieck ist die 3; wenn ich sie mit dem ersten verbunden habe, nämlich mit der 1, erwächst mir in der Tiefe eine Vierer-Pyramide. Füge ich dazu die dritte Dreieckzahl, 6, so wird die Höhe einer Zehner-Pyramide erzeugt. Wenn ich zu dieser die 10 hinzufüge, wird die Pyramide der Zahl 20 entstehen, und so ist in allen anderen dieselbe Ratio der Verknüpfung.

Dreiecke

| | | | | | | | | | |
|---|---|---|---|---|---|---|---|---|---|
| 1 | 3 | 6 | 10 | 15 | 21 | 28 | 36 | 45 | 55 |

Pyramiden aus den Dreiecken:

| | | | | | | | | | |
|---|---|---|---|---|---|---|---|---|---|
| 1 | 4 | 10 | 20 | 35 | 56 | 84 | 120 | 165 | 220 |

(5) Bei dieser Art von Verbindung ist es wie immer notwendig, dass die Zahl, welche die letzte der Verbindungszahlen ist, selbst gewissermaßen die Basis bildet. Sie wird nämlich als breiter befunden als alle (vorherigen). Und es ist notwendig, dass die Zahlen, die vor ihr zusammengefügt werden, kleiner sind, bis das richtig berechnete Abziehen zur Einzahl kommt, die gewissermaßen den Platz eines Punktes oder Scheitelpunktes innehat. Denn in der Pyramide 10 wurden zu 6 eben 3 und 1 addiert, wobei 6 die 3 an Menge übersteigt; die 3 selbst übersteigt die 1 an Menge, die als einzige an den letzten Wert des Vorrückens stößt. Eine ähnliche Ratio ist auch bei den anderen (Pyramiden) zu sehen, wenn du bereit bist, ihre Entwicklungen recht genau zu untersuchen.

(6) Auch diejenigen Pyramiden, die von einem Quadrat herkommen, entstehen durch die gleiche Zusammensetzung von Quadraten über sich selbst. Wenn ich nach Darstellung aller Quadrate, also:

| | | | | | | | | | |
|---|---|---|---|---|---|---|---|---|---|
| 1 | 4 | 9 | 16 | 25 | 36 | 49 | 64 | 81 | 100 |

die Einzahl als Erste in dieser Anordnung vorweg betrachte, wird mir die erste potentielle (*potestate et vi*) Pyramide die Einzahl selbst sein, nicht aber tatsächlich (*opere atque actu*). Aber wenn ich dieser das Quadrat, also 4, aufsetze, ergibt sich die Pyramide der fünf Zahlen, die durch nur zwei Zahlen an den Seiten umfasst ist. Wenn ich aber

quattuordecim numerorum forma pyramidis, quae per latera tribus unitatibus concludatur. atque huic si sequentem tetragonum XVI superponam, tricenaria mihi pyramidis forma producitur. in his quoque omnibus pyramidis tot erunt unitates per latera, quantae in se numerorum adgregatae fuerint quantitates.

(7) nam unitas, [109] quae prima pyramis est, unum solum, id est se ipsam gerit in latere, quinaria vero, quae constat ex uno et quattuor, duobus per latera designatur, et XIIII, quae ex tribus numeris compositis fit, ternario numero in latere posito constituitur. hanc autem pyramidum generationem monstrat subiecta descriptio.

tetragoni

| | | | | | | | | | |
|---|---|---|---|---|---|---|---|---|---|
| I | IIII | VIIII | XVI | XXV | XXXVI | XLVIIII | LXIIII | LXXXI | C |

pyramides a tetragonis

| | | | | | | | | | |
|---|---|---|---|---|---|---|---|---|---|
| I | V | XIIII | XXX | LV | XCI | CXL | CCIIII | CC-LXXXV | CCC-LXXXV |

(8) et ad eundem modum cunctae a ceteris multiangulis profectae formae in altioris summae spatia producuntur. omnis enim multorum angulorum forma ex sui generis figura unitati superposita ab uno ingredientibus ad pyramidum constituendas figuras usque in infinita progreditur

(9) et ex hoc equidem apparere necesse est, triangulas formas ceterarum figurarum esse principium, quod omnis pyramis a quacunque basi profecta vel a quadrato, vel a pentagono, vel ab exagono, vel ab eptagono vel a quocunque similium solis triangulis usque ad verticem continetur.

zu diesen die folgende 9 hinzufüge, ergibt sich für mich die Form einer Pyramide von 14 Zahlen, die an den Seiten von drei Einzahlen eingeschlossen ist. Wenn ich dazu das folgende Quadrat, 16, aufsetze, entsteht mir die Form 30 einer Pyramide. Bei all diesen wird es so viele Einzahlen pro Seiten der Pyramide geben, wie groß die Mengen von Zahlen sein werden, die darin addiert sind.

(7) Die Einzahl nämlich, welche die erste Pyramide ist, ist als einziges allein, das heißt, sie legt auf der Seite sich selbst an den Tag; die 5 aber, die aus der 1 und der 4 besteht, wird durch 2 auf den Seiten bezeichnet, und die 14, die aus drei zusammengesetzten Zahlen entsteht, wird mit der 3 an der Seite festgelegt. Diese Entstehung der Pyramiden zeigt die folgende Darstellung.

Quadrate

| | | | | | | | | | |
|---|---|---|---|---|---|---|---|---|---|
| 1 | 4 | 9 | 16 | 25 | 36 | 49 | 64 | 81 | 100 |

Pyramiden aus den Quadraten

| | | | | | | | | | |
|---|---|---|---|---|---|---|---|---|---|
| 1 | 5 | 14 | 30 | 55 | 91 | 140 | 204 | 285 | 385 |

(8) Und auf dieselbe Weise werden alle von den übrigen Vielecken ausgegangenen Formen in Weiten einer höheren Gesamtzahl geleitet. Denn jede Form mit vielen Ecken rückt aus einer Figur ihrer Art, die der Einzahl aufgesetzt worden ist, beim Bilden von Pyramidenfiguren, wenn man bei 1 anfängt, bis ins Unendliche vor.

(9) Und daraus ergibt sich notwendigerweise, dass Dreieckformen die Grundlage der anderen Figuren sind, weil jede Pyramide, von welcher Basis auch immer sie ausgegangen ist, ob aus einem Quadrat oder Fünfeck oder Sechseck oder Siebeneck oder aus was auch immer für einer ähnlichen Figur, bis zu ihrem Scheitelpunkt nur durch Dreiecke umschlossen wird.

## XXIIII. de curtis pyramidis

(1) scire autem oportet, quae sint curtae pyramides, vel quae bis curtae, vel quae ter curtae vel quater [110] et deinceps secundum numerorum adiectionem.
(2) perfecta enim pyramis est, quae a qualibet basi profecta usque ad primam vi et potestate pyramidam pervenit, unitatem. sin vero a qualibet basi profecta usque ad unitatem altitudo illa non venerit, curta vocabitur, recteque huiusmodi pyramis tali nuncupatione signatur, si usque ad extremitatem punctumque non venerit.

(3) haec autem est, ut si quis XVI tetragono adiciat VIIII atque huic IIII et ab ulterioris sese unitatis adiectione suspendat. pyramidis equidem figura est, sed quoniam usque ad cacumen verticis non excrevit, curta vocabitur et habebit summitatem non iam punctum, quod unitas est, sed superficiem, quod est quilibet numerus secundum basis ipsius angulos porrectus atque ultimus adgregatus.

(4) nam si tetragona fuerit basis, quadratus deminutione semper ascendit, et si pentagona basis, similiter, et si exagona, illa quoque ultima superficies erit exagona. ergo in curta pyramide tot erit angulorum superficies, quot fuerit basis.

(5) si vero illa pyramis non solum ad unitatem extremitatemque non pervenit, sed nec ad primum quoque opere et actu multiangulum eius generis, cuius fuerit basis, bis curta vocabitur; ut si a XVI tetragono proficiscens usque in novem terminum ponat neque excrescat ad quattuor. et quotcunque tetragoni defuerint, totiens eam curtam esse dicemus; ut si unitas defuerit, primus quadratus, curtam, quam Graeci *kolouron* vocant; si vero duobus tetragonis deficitur, id est unitate et eo, qui [111] sequitur, vocatur bis curta, quod Graeci *dikolouron* appellant. quod si tribus tetragonis, ter curta dicetur, quam Graeci *trikolouron* nominant. et quotcunque tetragoni fuerint minus, totiens illam pyramidem curtam esse proponimus. hoc autem non solum a tetragono pyramidis sed in omnibus ab omni multiangulo progredientibus speculari licet.

## 24. Über die Pyramidenstümpfe

(1) Es ist wichtig zu wissen, was Pyramidenstümpfe sind, die entweder zweifach abgestumpft oder dreifach abgestumpft oder vierfach und so weiter sind, je nach der Hinzufügung der Zahlen.
(2) Eine vollkommene Pyramide ist nämlich eine, die, von einer beliebigen Basis ausgehend, die erste potentielle (*vi et potestate*) Pyramide, nämlich die Einzahl, erreicht. Wenn aber jene Höhe von einer beliebigen Basis ausgehend nicht bis zur Einzahl reicht, wird sie abgestumpft genannt, und eine Pyramide dieser Art wird zu Recht mit einem solchen Namen bezeichnet, wenn sie nicht bis zu einem Ende und Punkt gelangt ist.
(3) Dies aber ist der Fall, wenn jemand zu einem Sechzehner-Quadrat 9 und dann 4 addiert und dann abbricht, ehe er die weiter entfernt liegende Einzahl erreicht. Es ist zwar die Figur einer Pyramide, aber da sie nicht zu einem Scheitelpunkt angewachsen ist, wird sie Pyramidenstumpf genannt und sie wird als ihre Spitze nicht einen Punkt haben, der die Einzahl ist, sondern eine Fläche, die eine beliebige Zahl ist, die entsprechend den Ecken eben der Basis ausgerichtet und als letzte hinzugefügt worden ist.
(4) Wenn also ein Quadrat die Basis war, steigt das Quadrat immer durch Verminderung an, und wenn ein Fünfeck die Basis ist, auf ähnliche Weise, und wenn es ein Sechseck ist, wird auch jene erste Fläche ein Sechseck sein. Daher wird in einem Pyramidenstumpf die Fläche aus so vielen Ecken bestehen, wie es in der Basis gab.
(5) Wenn aber jene Pyramide nicht nur nicht zur Einzahl und zum Rand gelangt, sondern auch nicht zum tatsächlich (*opere et actu*) ersten Vieleck der Art, von der die Basis ist, wird sie zweimal abgestumpft genannt; etwa, wenn sie, ausgehend von dem Quadrat 16, bei 9 endet und nicht bis 4 wächst. Wie viele Quadrate auch immer fehlen, um so viele nennen wir sie abgestumpft: Wenn die 1 fehlt, das erste Quadrat, (heißt sie) stumpf, was die Griechen *kolouron* (»gestutzt«) nennen; wenn dagegen zwei Quadrate fehlen, also 1 und das, was folgt, wird sie zweifach abgestumpft genannt, was die Griechen *dikolouron* nennen; wenn drei fehlen, heißt sie dreifach abgestumpft, was die Griechen *trikolouron* nennen. Wie viele Quadrate auch zu wenig sind, so oft sagen wir, dass diese Pyramide abgestumpft ist. Dies möge man nicht nur bei einer quadratischen Pyramide, sondern bei allen von jedwedem Vieleck vorrückenden betrachten.

## xxv. de cybis vel asseribus vel laterculis vel cuneis vel sphericis vel parallelepipedis numeris

(1) ac de solidis quidem, quae pyramidis formam obtinent, aequaliter crescentibus et a propria velut radice multiangula figura progredientibus dictum est.
(2) est alia rursus quaedam corporum solidorum ordinabilis compositio, eorum qui dicuntur cybi vel asseres vel laterculi vel cunei vel spherae vel parallelepipeda, quae sunt, quotiens superficies contra se sunt, et ductae in infinitum nunquam concurrent.

(3) dispositis enim in ordinem tetragonis

| | | | | |
|---|---|---|---|---|
| I | IIII | VIIII | XVI | XXV |

quoniam hi solam longitudinem latitudinemque sortiti sunt et altitudine carent, si per latera solam unam multiplicationem recipiant, aequalem provehunt profunditatem. nam quattuor tetragonus duos habet in latere et natus est ex bis duobus. bis enim duo quattuor faciunt. hos ergo duos ex ipsius latere si multiplices aequaliter, cybi forma nascetur. nam si bis binos bis facias, octonaria quantitas crescit. et est pri[112]mus hic cybus. VIIII vero tetragonus, quoniam tres habet in latere et factus est ex tribus in se multiplicatis, si ei unam lateris multiplicationem adiunxeris, rursus alius cybus aequabili laterum formatione concrescit. ter enim tres si tertio duxeris, XXVII cybi figura producitur. et XVI, qui est ex quattuor, si quater augescat, LXIIII cybus pari laterum demensione crassabitur. et sequentes quidem tetragoni secundum eundem modum multiplicatione facta provehuntur.

(4) tot autem necesse est unitates cybus habeat in latere, quot habuit primus ille tetragonus, ex quo ipse productus est. nam quoniam quattuor tetragonus duos tantum [numeros] habet in latere, duos quoque habet octonarius cybus. et quoniam VIIII tetragonus tribus per latus unitatibus signabatur, solo ternario XXVII cybi latus urgetur. et quoniam XVI tetragonus IIII unitatum latus habebat, totidem LXIIII cybus in latere gestabit. quare etiam vi et potestate cybi, quod est unitas, unus erit in latere.

## 25. Über Würfel, Balken, Ziegelsteine, Keile, kugelförmige oder parallelflächige Zahlen

(1) Von den Körpern freilich, die Pyramidenform einnehmen, wird gesagt, dass sie gleichermaßen aus ihrer eigenen vieleckigen Figur wachsen wie aus einer Pflanzenwurzel vorrückend.
(2) Es gibt wiederum eine gewisse andere geordnete Zusammensetzung von festen Körpern, und zwar von denen, die Würfel, Balken, Ziegelsteine, Keile, Kugeln oder *parallel-epipeda* (»parallel-flächig«) genannt werden; letzte sind die, deren Flächen, die sich gegenüberstehen, niemals zusammenfallen, auch wenn sie ins Unendliche geführt werden.
(3) Nachdem die Quadrate folgender Ordnung angeordnet sind:

| | | | | |
|---|---|---|---|---|
| 1 | 4 | 9 | 16 | 25 |

zeichnen sie sich dadurch aus, dass sie nur Breite und Länge erlangt haben und ihnen die Höhe fehlt. Würden sie an den Seiten auch nur eine einzige Multiplikation gestatten, würden sie eine gleiche Tiefe hervorbringen. Das Quadrat 4 hat 2 in seiner Seite und wird aus zweimal 2 erzeugt; zweimal 2 macht ja 4. Wenn du diese 2 von der Seite der Figur gleichermaßen multiplizierst, wird eine Würfelform entstehen. Wenn man zweimal 2 zweimal nimmt, erwächst ja daraus die Menge von 8, das ist der erste Würfel. Das Quadrat 9 hat 3 auf einer Seite und wird gemacht aus 3 mit sich selbst multipliziert; wenn du dazu die Multiplikation mit einer Seite anfügst, erwächst wiederum ein weiterer Würfel mit der gleichen Bildung der Seiten. Wenn du dreimal 3 dreimal nimmst, wird die Würfelfigur 27 hergestellt. Die 16, die aus 4 entsteht, wird, wenn man sie viermal vermehrt, zum Würfel 64 mit gleichem Maß seiner Seiten verdickt. Die folgenden Quadrate werden durch eine Multiplikation auf die gleiche Weise (zu Würfeln) hervorgebracht.
(4) Es ist notwendig, dass ein Würfel so viele Einzahlen in einer Seite hat, wie das erste Quadrat hatte, aus dem er hergestellt wurde. Da das Quadrat 4 nur 2 in einer Seite hat, hat der Würfel 8 auch 2. Da das Quadrat 9 durch 3 Einzahlen je Seite gekennzeichnet ist, hat der Würfel 27 genau 3 als Seite. Da das Quadrat 16 4 Einzahlen als Seite hat, erzeugt der Würfel von 64 dieselbe Anzahl in seiner Seite. Deshalb wird auch im potentiellen (*vi et potestate*) Würfel, der die Einzahl ist, 1 in der Seite sein.

(5) omnis enim tetragonus una quidem superficies est quattuor angulorum, totidemque laterum. omnis autem cybus, qui ex tetragonorum superficie in profunditatem corporis crevit, per tetragoni scilicet latus multiplicatus, habebit quidem superficies VI, quarum singula planitudo tetragono illi priori aequalis est, latera vero XII, quo[113]rum unumquodque singulis his, quae superioris fuere tetragoni, aequum est, et, ut superius demonstravimus, tot unitatum est; angulos vero VIII, quorum singulus sub tribus eiusmodi continetur, quales priores fuere tetragoni, unde cybus ipse productus est.

(6) ergo ex naturaliter profuso numero qui in subiecta forma descripti sunt subiecti tetragoni nascuntur, et ex his tetragonis qui subnotati sunt cybi provehuntur.

numerus naturalis

| | | | | | | |
|---|---|---|---|---|---|---|
| I | II | III | IIII | V | VI | VII |

tetragoni

| | | | | | | |
|---|---|---|---|---|---|---|
| I | IIII | VIIII | XVI | XXV | XXXVI | XLVIIII |

cybi

| | | | | | | |
|---|---|---|---|---|---|---|
| I | VIII | XXVII | LXIIII | CXXV | CCXVI | CCCXLIII |

(7) et quoniam omnis cybus ab aequilateris quadratis profectus aequus ipse omnibus partibus est – nam et latitudini longitudo et his duobus compar est altitudo et secundum sex partes, id est sursum deorsum dextra sinistra ante post, sibi aequalem esse necesse est – huic oppositum contrariumque esse oportebit qui neque longitudinem latitudini neque haec duo profunditati gerat [114] aequalia, sed cunctis inaequalibus, quamvis solida sit figura, ab aequalitate cybi longissime distare videatur. hi autem sunt, ut si quis faciat bis tres quater, vel ter quattuor quinquies et alia huiusmodi, quae per inaequales spatiorum gradus inaequaliter provehuntur.

(8) haec autem forma Graeco nomine *scalenos* vocatur. nos vero gradatum possumus dicere, quod a minore modo velut gradibus crescat ad maius. vocant autem eandem figuram Graeci quidam *spheniscon*;

(5) Jedes Quadrat ist nämlich eine einzige Fläche mit 4 Ecken und ebenso vielen Seiten. Jeder Würfel aber, der aus der Fläche von Quadraten zur Tiefe eines Körpers wächst, natürlich multipliziert mit der Seite eines Quadrats, hat 6 Flächen, von denen jede einzelne Fläche gleich jenem vorherigen Quadrat ist, und er hat 12 Seiten, von denen jede einzelne jeweils gleich denen des ursprünglichen Quadrats ist, und, wie wir oben gezeigt haben, aus so vielen Einzahlen besteht, er hat aber 8 Ecken, von denen eine einzelne mit dreien derjenigen Art zusammengehalten wird, wie sie zuvor im Quadrat gewesen sind, aus dem eben der Würfel hergestellt wurde.
(6) So entstehen aus der natürlichen Ausdehnung der Zahl die folgenden Quadrate, die in der folgenden Form dargestellt sind, und aus diesen Quadraten werden die Würfel hervorgebracht, die unten notiert sind.

Natürliche Zahlen

| | | | | | | |
|---|---|---|---|---|---|---|
| 1 | 2 | 3 | 4 | 5 | 6 | 7 |

Quadrate

| | | | | | | |
|---|---|---|---|---|---|---|
| 1 | 4 | 9 | 16 | 25 | 36 | 49 |

Würfel

| | | | | | | |
|---|---|---|---|---|---|---|
| 1 | 8 | 27 | 64 | 125 | 216 | 343 |

(7) Und weil jeder Würfel von gleichseitigen Quadraten ausgegangen und selbst in allen seinen Teilen gleich ist – die Länge ist ja gleich der Breite und die Höhe gleich diesen beiden, und bezüglich der sechs Seiten, das heißt unten, oben, rechts, links, vorne und hinten, ist er auch notwendigerweise sich gleich –, wird es ihm gegenüber und als Gegensatz (eine Zahl) geben müssen, die weder ihre Länge gleich ihrer Breite an den Tag legt noch diese beiden ihrer Tiefe, sondern, indem alles ungleich ist, obwohl sie ein Körper ist, offenbar sehr weit von der Gleichheit eines Würfels entfernt ist. Dies aber sind (Zahlen), wenn man etwa zweimal 3 viermal nimmt oder dreimal 4 fünfmal und andere (Multiplikationen) dieser Art, die durch ungleiche Stufen der Weiten ungleich hervorgebracht werden.
(8) Diese Form wird mit ihrem griechischen Namen *skalenos* genannt. Wir können sie *gradatum* (abgestuft) nennen, weil sie sozusagen durch Stufen (*gradus*) von kleiner zu größer wächst. Die Griechen nennen die-

nos autem cuneum possumus dicere. etenim quos ad quamlibet illam rem constringendam cuneos formant neque latitudinis neque longitudinis neque altitudinis habita ratione, quantum commodum fuerit, tantum vel altitudini minuitur, vel crassitudini profunditatis augetur. atque ideo hos plerumque necesse est omnibus partibus inaequalibus inveniri. quidam vero hos *bomiscos* vocant, id est quasdam arulas, quae in Ionica Graeciae regione, ut ait Nicomachus, hoc modo formatae fuerunt, ut neque altitudo latitudini neque haec longitudini convenirent. vocatur autem aliis quibusdam nominibus, quae nunc persequi supervacuum iudicavimus.

(9) igitur cybi aequalibus se spatiis porrigentis et huius formae, quam diximus, gradata distributione dispositae medietates sunt, quae neque cunctis partibus aequales sunt, neque omnibus inaequales, quos [115] Graeci *parallelepipedos* vocant. Latini nomen hoc ita uniformiter compositum habere non possunt, ut tamen idem pluribus dictum sit. ea namque hoc nomine vocatur figura, quae alternatim positis latitudinibus continetur.

## XXVI. de parte altera longioribus numeris eorumque generationibus

(1) huiusmodi vero formas quales sunt, quae vocantur a Graecis *eteromekeis*, nos dicere possumus parte altera longiores. quarum figurarum numerus hoc modo definiendus est: parte altera longior est numerus, quem si in latitudinem describas et ipse quidem quattuor venit laterum et quattuor angulorum, sed non cunctis aequalibus sed semper minus uno.
(2) namque nec latera lateribus cuncta cunctis aequa sunt, nec longitudini latitudo, sed, ut dictum est, cum hinc altera pars maior fuerit, uno tantum minorem praecedit ac superat.
(3) si enim numerum naturalem disponas in ordinem, et secundum per primum multiplices, talis nascitur numerus, vel si secundum per tertium, vel si tertium per quartum, vel si quartum per quintum, omnesque hi unitate tantum addita, multiplicentur, nascentur parte altera longiores.

selbe Figur *spheniskon*; wir können sie aber auch *cuneum* (Keil) nennen, und in der Tat (bilden sie) diese Keile, um jene beliebig (ausfallende) Sache zusammenzufassen, wobei es keine Ratio der Breite, Länge oder Höhe gibt – wieviel passend war, soviel wird die Höhe vermindert oder die Dicke der Tiefe vermehrt. Und deswegen ist es notwendig, dass diese (Keile) in allen Teilen ungleich gefunden werden. Manche Leute nennen sie *bomiskoi*, also als eine Art kleine Altäre, die in der ionischen Region Griechenlands, wie Nikomachos (*Einführung in die Arithmetik* II 16,2) sagt, so geformt waren, dass weder die Höhe der Breite noch diese der Länge entsprach. Sie (diese Form) wird aber (auch) mit einigen anderen Namen bezeichnet, die jetzt zu verfolgen wir als überflüssig beurteilt haben.

(9) Zwischen dem Würfel, der sich in gleichen Ausdehnungen erstreckt, und derjenigen (Keil-)Form, die wir besprochen haben, gibt es also in abgestufter Einteilung angeordnete Mittelformen, die weder in allen Teilen gleich noch in allen Teilen ungleich sind (s. u. II 29), welche die Griechen *parallel-epipedoi* nennen. Die Lateiner können diesen Namen nicht haben, der so einheitlich gebildet ist, dass dennoch dasselbe mit mehr (Namen) gesagt worden ist, denn diejenige Figur wird mit diesem Namen bezeichnet, die durch abwechselnd angeordnete Breiten gebildet wird.

## 26. Über die Rechteckzahlen und ihre Erzeugungen

(1) Formen dieser Art sind solche, welche von den Griechen *hetero-mekeis* genannt werden; wir können sie Rechtecke (»an der anderen Seite länger«) nennen. Die Zahl solcher Figuren muss auf folgende Weise definiert werden: Ein Rechteck ist eine Zahl, wenn du sie in der Breite beschreibst und sie mit 4 Seiten und 4 Ecken daherkommt, (die Seiten) aber nicht alle gleich sind, sondern (eine) immer um 1 kleiner.

(2) Weder stimmen nämlich alle Seiten mit allen Seiten überein noch ist die Breite gleich der Länge, sondern, wie gesagt, weil eine Seite größer ist, überrundet und überschreitet sie die kleinere genau um 1.

(3) Wenn du nämlich die natürlichen Zahlen in einer Reihenfolge anordnest und die zweite mit der ersten multiplizierst, so entsteht eine solche Zahl, oder, wenn die zweite mit der dritten, die dritte mit der vierten, die vierte mit der fünften und alle diese multipliziert werden, nachdem (immer) nur die Einzahl addiert worden ist, entstehen die Rechtecke.

(4) disponatur enim numerus naturalis *[Abb. fol. 96ᵛ, hier S. 77]*

| | | | | | | |
|---|---|---|---|---|---|---|
| I | II | III | IIII | V | VI | VII |

et nunc quidem hactenus. si quis igitur [116] faciat unum bis, faciet II, et rursus bis tres, faciet VI, ter quattuor, faciet XII, quater quinque, faciet XX, et hoc ad eundem ordinem. quicunque igitur ita facti sunt, procreabuntur parte altera longiores, ut subiecta descriptio docet, in qua, ex quibus numeris multiplicati nascuntur parte altera longiores, super adscripti sunt, qui vero nascuntur, subterius sunt notati.

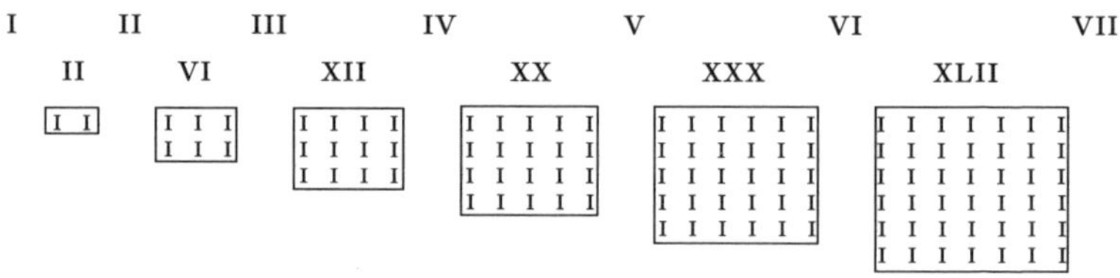


XXVII. de antelongioribus numeris
et de vocabulo numeri parte altera longioris

(1) ergo si unitate tantum discrepent, qui multiplicantur, descripti superius numeri protenduntur, sin vero aliquo numero, ut ter VII vel ter V vel aliquo modo alio, et non eorum latera sola discrepent unitate, non vocabitur hic numerus parte altera longior, sed ante[117]longior.

(2) alterum enim apud Pythagoram vel sapientiae eius heredes nulli alii nisi tantum binario adscribebatur. hunc alteritatis principium esse dicebant, eandem autem naturam et semper sibi similem consentientemque nullam aliam nisi primaevam ingeneratamque unitatem. binarius autem, numerus primus, est unitati dissimilis, idcirco quod primus ab unitate disiungitur. atque ideo alteritatis cuiusdam principium fuit, quod ab illa prima et semper eadem substantia sola tantum est unitate dissimilis.

(4) Es seien die natürlichen Zahlen so angeordnet:

| | | | | | | |
|---|---|---|---|---|---|---|
| 1 | 2 | 3 | 4 | 5 | 6 | 7 |

Nun geht es so weiter: Wenn jemand also 1 mit 2 multipliziert, wird er 2 erzielen und wiederum, mit zweimal 3 wird er 6 erzielen, mit dreimal 4 wird er 12 erzielen, mit viermal 5 20 und so weiter nach der gleichen Abfolge. Welche Zahlen also auch immer erzielt worden sind, es werden Rechtecke geschaffen werden, wie das folgende Diagramm zeigt. Darin entstehen die Rechtecke, multipliziert aus denjenigen Zahlen, die oben aufgeschrieben sind, diejenigen aber, die entstehen, sind unten notiert:

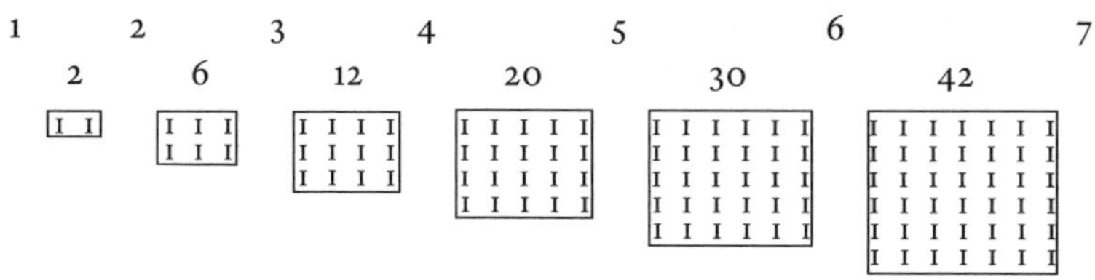


## 27. Über die überlangen Zahlen und über die Bezeichnung der Rechteckzahl

(1) Wenn also Zahlen, die multipliziert werden, genau um die Einzahl voneinander abweichen, zeigen sich die oben dargestellten Zahlen; wenn man sie aber mit irgendeiner Zahl (multipliziert) – etwa dreimal 7 oder dreimal 5 oder auf irgendeine andere Weise – und wenn ihre Seiten nicht nur um die Einzahl abweichen, dann wird diese Zahl nicht als Rechteck, sondern als überlang (*antelongior*) bezeichnet werden.
(2) Das Andere nämlich wurde bei Pythagoras und den Erben seiner Lehre auf die Zweizahl und auf sie allein zurückgeführt. Sie sagten, dass diese die Grundlage der Andersartigkeit ist und dass diese Natur sowohl immer mit sich selbst übereinstimmt als auch zu keiner anderen (Natur) wird, außer zur ursprünglichen und unerschaffenen Einzahl. Die Zweizahl aber, die erste (eigentliche) Zahl, ist zu der Einzahl ungleichartig, deshalb weil sie als Erste von der Einzahl getrennt ist. Und so war sie die Grundlage einer gewissen Andersartigkeit, weil sie zu der Einzahl, dem ersten und nur allein immer gleichen Wesen, ungleichartig ist.

(3) merito ergo dicentur hi numeri parte altera longiores, quod eorum latera unius tantum sese adiecta numerositate praecedunt.
(4) argumentum autem est, alteritatem in binario numero iuste constitui, quod non dicitur alterum nisi e duobus ab his, inter quos bene loquendi ratio non neglegitur.

(5) amplius, quod inpar numerus sola perfici unitate monstratus est, par vero sola dualitate, id est solo binario numero. nam cuiuscunque medietas unus est, ille inpar est, cuius vero duo, hic paritate recepta in gemina aequa disiungitur.

(6) quare dicendum est, inparem numerum eiusdem atque in sua se natura tenentis inmutabilisque substantiae esse participem, idcirco quod ab unitate formetur, parem vero alterius plenum esse naturae, idcirco quod a dualitate conpletur.

## XXVIII. quod ex inparibus quadrati, ex paribus parte altera longiores fiant

(1) at vero positis in ordinem ab unitate inparibus et sub his a dualitate paribus descriptis coacervatio inparium tetragonos facit, coacervatio parium su[118]periores efficit parte altera longiores. quare quoniam tetragonorum haec natura est, ut ab inparibus procreentur, qui sunt unitatis participes, id est eiusdem inmutabilisque substantiae, cunctisque partibus suis aequales sint, quod et anguli angulis et latera lateribus et longitudini compar est latitudo, dicendum est, huiusmodi numeros eiusdem naturae atque inmutabilis substantiae participes, illos vero numeros, quos parte altera longiores paritas creat, alterius dicemus esse substantiae. nam quemadmodum unus a duobus uno tantum alter est, sic horum latera a se tantum uno sunt altera et una tantum differunt unitate. quare disponantur in ordinem omnes ab uno inpares et sub his omnes a binario numero pares.

(3) Zu Recht werden daher diese Zahlen Rechtecke genannt, weil ihre Seiten sich nur um die hinzugefügte Menge der 1 überrunden.
(4) Es gibt aber einen Beweis, dass die Andersartigkeit an der Zweizahl zu Recht festgemacht wird, weil von denen nichts als Anderes benannt wird als die 2, bei denen die Ratio der guten Rede nicht missachtet wird,
(5) ferner, weil bewiesen wurde (s. o. I 3,3), dass die ungerade Zahl allein durch die Einzahl vollendet wird, und die gerade Zahl nur durch die Zweizahl, also allein durch die Zahl zwei. Wessen Mitte nämlich auch immer 1 ist, jene (Zahl) ist ungerade; deren (Mitte) aber 2 ist, diese wird, nachdem Gleichheit hergestellt worden ist, in gleiche Hälften geteilt.
(6) Deshalb muss gesagt werden, dass die ungerade Zahl teilhat an demselben und sich in seiner Natur haltenden und unveränderlichen Wesen, deshalb weil sie von der Einzahl geformt wird, die gerade Zahl aber voll von der zweiten Natur ist, deshalb weil sie von der Zweizahl vollendet wird.

## 28. Dass aus ungeraden Zahlen Quadrate entstehen und aus geraden Zahlen Rechtecke

(1) Wenn man die ungeraden Zahlen von der Einzahl an in der Ordnung platziert hat und unter diesen die geraden von der Zweizahl an geschrieben hat, ergibt die Anhäufung der ungeraden Zahlen (nacheinander) Quadrate (s. o. II 12,2), die Anhäufung gerader Zahlen bringt die obigen (s. o. II 26) Rechtecke hervor. Deshalb weil dies die Natur der Quadrate ist, dass sie aus ungeraden Zahlen entstehen, die an der Einzahl teilhaben, also an demselben und unveränderlichen Wesen, und sie allen ihren Teilen gleich sind, weil die Ecken mit den Ecken, die Seiten mit den Seiten und die Breite mit der Länge übereinstimmen, muss man sagen, dass die Zahlen dieser Art an derselben Natur und dem unveränderlichen Wesen teilhaben. Über diejenigen Zahlen aber, welche die Geradheit zu Rechtecken macht, werden wir sagen, dass sie von einem anderen Wesen sind: So wie ja 1 von 2 nur um 1 verschieden ist, so sind deren Seiten nur um 1 voneinander verschieden und unterscheiden sich allein durch die Einzahl. Deshalb sollen der Reihe nach alle ungeraden Zahlen von 1 an und unter diesen alle geraden Zahlen von 2 an angeordnet werden:

| | | | | | | |
|---|---|---|---|---|---|---|
| I | III | V | VII | VIIII | XI | XIII |
| II | IIII | VI | VIII | X | XII | XIIII |

(2) est ergo princeps inparis ordinis unitas, quae ipsa quidem effectrix et quodammodo forma quaedam est inparitatis, quae in tantum eiusdem nec mutabilis substantiae est, ut, cum vel se ipsa multiplicaverit vel in planitudine vel in profunditate, vel si alium quemlibet numerum per se ipsa multiplicet, a prioris quantitatis forma non discrepet.

(3) namque si unum semel facias, vel si duo semel, vel si tres semel, vel si quattuor semel, vel quemlibet alium numerum [119] multiplicet, a quantitate sua is, quem multiplicat, numerus non recedit, quod circa alium numerum non potest inveniri.

(4) paris vero ordinis binarius numerus princeps est, quae dualitas, cum in eodem ordine paritatis sit, tum principium totius est alteritatis. namque si se ipsa multiplicet vel per latitudinem vel etiam per profunditatem vel si quem numerum in suam conglobet quantitatem, continuo alter exoritur.

(5) nam bis unum vel bis duo si facias, vel bis tres vel bis quattuor vel bis quinque vel quemlibet alium multiplicet, quisquis hinc nascitur, alius quam primo fuerat, invenitur.

(6) nascuntur autem ex superiore descriptione et ex primo ordine omnes tetragoni hoc modo. unum enim si respexeris, primus potestate tetragonus est. sin vero unum tribus coacervaveris, quattuor tetragonus exoritur. huic si quinarium iungam, novenarius rursus occurrit. huic si copules septem, sedecim quadrati forma se suggerit. idemque si in ceteris facias, omnes conpetenter quadratos videas procreari.
(7) at vero ex secundo paritatis ordine idem cuncti parte altera longiores fiunt. namque si duos primo respexero, huiusmodi mihi numerus occurrit, qui fit ex bis uno. cum vero duobus sequentes quattuor iunxero, parte altera longior rursus erit, senarius scilicet, qui fit ex bis tribus. cui si sequentem adgregavero, nascetur mihi duodena-

| | | | | | | |
|---|---|---|---|---|---|---|
| 1 | 3 | 5 | 7 | 9 | 11 | 13 |
| 2 | 4 | 6 | 8 | 10 | 12 | 14 |

(2) Die Begründerin der ungeraden Ordnung ist also die Einzahl, die selbst freilich eine Schöpferin und gewissermaßeneine bestimmte Form der Ungeradheit ist, insofern sie nur vom selben und unveränderlichen Wesen ist, so dass sie, wenn sie sich entweder mit sich selbst multipliziert hat oder in der Fläche oder in der Tiefe oder wenn sie selbst eine andere Zahl mit sich multipliziert, nicht von der Form ihrer vorherigen Menge abweicht.
(3) Wenn du nämlich die 1 einmal nimmst oder einmal 1 einmal, oder wenn du die 2 einmal nimmst oder die 3 einmal oder die 4 einmal oder wenn (die Einzahl) irgendeine andere Zahl multipliziert, weicht diese Zahl, die die Einzahl multipliziert, nicht von ihrer eigenen Menge ab, weil ringsumher keine andere Zahl gefunden werden kann.
(4) Die Zahl 2 aber ist die Begründerin der geraden Ordnung, weil die Zweizahl, da sie in derselben Ordnung der Geradheit ist, auch die Grundlage der ganzen Andersartigkeit ist. Wenn sie sich nämlich mit sich selbst oder mit der Breite oder auch mit der Tiefe multipliziert oder wenn sie irgendeine Zahl mit ihrer Menge verbindet, geht sie sogleich als eine andere hervor.
(5) Wenn du nämlich zweimal 1 oder zweimal 2 oder zweimal 3 oder zweimal 4 oder zweimal 5 rechnest oder wenn die Zwei irgendeine andere Zahl multipliziert, dann wird alles, was auf diese Weise entstehen wird, als etwas anderes befunden als das, was es anfangs gewesen war.
(6) Alle Quadrate entstehen aus der obigen Darstellung und aus der ersten Reihe auf diese Weise. Wenn du dir nämlich 1 angeschaut hast, ist es das potentiell (*potestate*) erste Quadrat. Wenn du aber 1 mit 3 zusammengetan hast, entsteht das Quadrat 4. Wenn ich dazu 5 hinzufüge, ergibt sich wiederum 9. Wenn du 7 damit verbindest, ergibt sich die Quadratform von 16. Wenn du das Gleiche bei den übrigen (Zahlen) machst, kannst du sehen, dass alle Quadrate zutreffend entstehen.
(7) Aus der zweiten Reihe mit den geraden Zahlen gehen alle Rechtecke hervor. Wenn ich nämlich an erster Stelle die 2 anschaue, begegnet mir eine Zahl dieser Art, die aus zweimal 1 entsteht. Wenn ich mit 2 die folgende Zahl 4 verbinde, entsteht wiederum ein Rechteck, nämlich 6, die aus zweimal 3 entsteht. Wenn ich zu dieser die folgende Zahl hinzufüge, entsteht für mich die Form der 12, die aus viermal 3 entsteht. Wenn je-

ria forma, quae fit ex quater tribus. quod si continuatim quis faciat, cunctos huiusmodi numeros in [120] conpetenti ordine procreatos videbit, quam descriptionem scilicet inferior forma demonstrat.

radices

| | | | | | |
|---|---|---|---|---|---|
| I | I. III. | I. III. V | I. III. V. VII | I. III. V. VII. VIIII | I. III. V. VII. VIIII. XI |

tetragoni id est quadrati

| | | | | | |
|---|---|---|---|---|---|
| I | IIII | VIIII | XVI | XXV | XXXVI |

radices

| | | | | |
|---|---|---|---|---|
| II. IIII | II. IIII. VI | II. IIII. VI. VIII | II. IIII. VI. VIII. X | II. IIII. VI. VIII. X. XII |

parte altera longiores

| | | | | |
|---|---|---|---|---|
| VI | XII | XX | XXX | XLII |

## XXVIIII. de generatione laterculorum eorumque definitione

(1) quos autem superius laterculos diximus, quae sunt et ipsae quidem solidae figurae, hoc modo fiunt, quotiens aequalibus spatiis in longitudinem latitudinemque porrectis minor his additur altitudo, ut sunt huiusmodi: tres ter bis, qui sunt XVIII vel quattuor quater bis, vel alio quo modo, ut his in latitudinem longitudinemque aequis minor altitudo ducatur. hi definiuntur hoc modo: laterculi sunt, qui fiunt ex aequalibus aequaliter in minus.

(2) asseres vero et ipsae quidem figurae sunt solidae sed hoc modo, ut ex aequalibus aequaliter ducantur in maius. nam si aequa fuerit latitudo longitudini et maior sit altitudo, illae figurae a nobis asseres, a Graecis docides [121] nominantur. ut si quis hoc modo faciat: IIII quater novies, qui inde procreantur, asseres nominati sunt.

mand dies fortlaufend macht, dann wird er sehen, dass alle Zahlen dieser Art in der zutreffenden Reihenfolge geschaffen worden sind, eine Anordnung, die die untenstehende Abbildung zeigt:

Wurzelzahlen

| | | | | | |
|---|---|---|---|---|---|
| 1 | 1. 3 | 1. 3. 5 | 1. 3. 5. 7 | 1. 3. 5. 7. 9 | 1. 3. 5. 7. 9. 11 |

Vierecke, das heißt Quadrate

| | | | | | |
|---|---|---|---|---|---|
| 1 | 4 | 9 | 16 | 25 | 36 |

Wurzelzahlen

| | | | | |
|---|---|---|---|---|
| 2. 4 | 2. 4. 6 | 2. 4. 6. 8 | 2. 4. 6. 8. 10 | 2. 4. 6. 8. 10.12 |

Rechtecke

| | | | | |
|---|---|---|---|---|
| 6 | 12 | 20 | 30 | 42 |

## 29. Über die Erzeugung der Ziegelstein(-Zahlen) und deren Definition

(1) Die Zahlen, die wir oben (in II 4,4 und II 25,2) Ziegelsteine genannt haben und die eben feste Körper sind, werden auf folgende Weise gebildet. Immer wenn zu Weiten, die in Länge und Breite gleich ausgedehnt sind, eine kleinere Höhe hinzugefügt wird, sind es etwa Zahlen dieser Art: 3 dreimal zweimal, was 18 ergibt, oder 4 viermal zweimal, oder auf andere Art, so dass mit den in Breite und Länge gleichen eine kleinere Höhe multipliziert wird. Diese werden auf folgende Weise definiert: Ziegelsteine sind (Zahlen), die aus gleich mal gleich mal kleiner gebildet werden.
(2) Balken hingegen sind auch feste Körper, aber so, dass sie aus gleich mal gleich mal größer multipliziert werden. Wenn nämlich die Breite gleich der Länge ist und die Höhe größer, werden jene Figuren von uns Balken, von den Griechen *docides* genannt. Etwa wenn es jemand auf folgende Weise macht: 4 viermal neunmal, dann werden die so entstandenen (Körper) Balken genannt.

(3) sphenisci vero, quos cuneolos superius appellavimus, hi sunt, qui ex inaequalibus inaequaliter ducti per inaequalia creverunt,

(4) cybi vero, qui ex aequalibus aequaliter per aequalia producti sunt.

## XXX. de circularibus vel sphericis numeris

(1) ipsorum vero cyborum quanticunque fuerint ita ducti, ut a quo numero cybicae quantitatis latus coeperit, in eundem altitudinis extremitas terminetur, numerus ille cyclicus vel sphericus appellatur; ut sunt multiplicationes, quae a quinario vel a senario proficiscuntur. nam quinquies quinque, qui fit XXV, ab V progressus in eosdem desinit V et si hos rursus quinquies ducas, in eosdem V eorum terminus veniet. quinquies enim XXV fiunt CXXV et si hos rursus quinquies ducas, in quinarium numerum extremitas terminabitur. atque hoc usque in infinitum idem semper eveniet. quod in senario quoque convenit considerari.

(2) hi autem numeri idcirco cyclici vel spherici vocantur, quod sphera vel circulus in proprii semper principii reversione formantur.

(3) est enim circulus posito quodam puncto et alio eminus defixo illius puncti, qui eminus fixus est, aequaliter distans a primo puncto circumductio et ad eundem locum reversio, unde [122] moveri coeperat. sphera vero est semicirculi manente diametro circumductio et ad eundem locum reversio, unde prius coeperat ferri.

(4) unitas quoque virtute et potestate ipsa quoque circulus vel sphera est. quotiens enim punctum in se multiplicaveris, in se ipsum, unde coeperat, terminatur. si enim faciat semel unum, unus redit, si hoc semel, idem est, et si hoc rursus semel, idem est.

(3) Die *spheniskon*-Zahlen, die wir oben (in II 25) keilförmig genannt haben, sind solche, die aus ungleich mal ungleich multipliziert mit ungleich entstanden sind;
(4) Würfel hingegen (sind solche Zahlen), die aus gleich mal gleich mit gleich (multipliziert) gebildet wurden.

## 30. Über die kreisförmigen oder kugelförmigen Zahlen

(1) (Das Nachstehende ist – wie I 20 – nur in einem Zehnersystem sinnvoll; anders als seine Vorlage – Nikomachos, *Einführung in die Arithmetik* II 17,7 – braucht Boethius aber mit VI zwei Zeichen zur Schreibung der 6.) Von eben diesen Würfeln sind gewisse so multipliziert worden, dass, von welcher Zahl der Würfel-Menge eine Seite begonnen hat, ihr Endwert an derselben (Zahl) der Höhe festgesetzt wird. Jene Zahl wird kreisförmig oder kugelförmig genannt. Das sind die Multiplikationen, die mit 5 oder mit 6 beginnen. Fünfmal 5, das 25 ergibt, endet ja, nachdem es von 5 ausgegangen ist, mit der gleichen 5, und wenn du diese wiederum mit 5 multiplizierst, kommt ihr Endpunkt wieder bei 5 an. Fünfmal 25 macht ja 125, und wenn du diese wiederum mit 5 multiplizierst, wird ihr Endwert in einer 5 enden. Und das wird immer auf die gleiche Art und Weise geschehen bis hin zur Unendlichkeit. Es passt auch, diesen Vorgang bei der Zahl 6 zu betrachten.
(2) Diese Zahlen aber werden deshalb kreisförmig oder kugelförmig genannt, weil eine Kugel oder ein Kreis immer durch eine Rückkehr zur eigenen Grundlage gebildet werden.
(3) Ein Kreis ist nämlich, nachdem ein gewisser Punkt gesetzt und ein anderer entfernt davon festgelegt worden ist, ein Herumführen jenes Punktes, der in der Ferne festgelegt worden ist, wobei der gleiche Abstand zum ersten Punkt gewahrt wird, und eine Rückkehr zum Ausgangspunkt der Bewegung. Eine Kugel aber ist das Herumführen eines Halbkreises, wobei der Durchmesser erhalten bleibt, und die Rückkehr zum Ausgangspunkt der Bewegung. *[dazu Bohlin 2006]*
(4) Auch die Einzahl ist potentiell (*virtute et potestate*) ein Kreis oder eine Kugel. So oft du einen Punkt mit sich selbst multipliziert hast, endet er immer in sich selbst, von wo er ausgegangen ist. Wenn du nämlich 1 mit 1 multiplizierst, ergibt das 1, wenn du dies einmal nimmst, ergibt es dasselbe, und wenn du dies wieder einmal nimmst, ist es (immer noch) dasselbe.

(5) igitur si una fuerit multiplicatio, solam planitudinem reddit et fit circulus, si secunda, mox sphera conficitur. etenim secunda multiplicatio effectrix semper est profunditatis.

(6) ex v igitur et vi paucas huiusmodi formas subscripsimus.

| | | |
|---|---|---|
| i | v | vi |
| i | xxv | xxxvi |
| i | cxxv | ccxvi |
| i | dcxxv | I ccxcvi |
| i | III cxxv | VII dcclxxvi |

### xxxi. de ea natura rerum, quae dicitur eiusdem naturae, et de ea, quae dicitur alterius naturae et qui numeri cui naturae coniuncti sint

(1) ac de solidis quidem figuris haec ad praesens dicta sufficiant. qui autem de natura rerum propinquis investigantes rationibus, quique in matheseos disputatione versati, quid in quaque re esset proprium, subtilissime peritissimeque ediderunt, hi rerum omnium naturas in gemina dividentes hac speculatione distribuunt.

(2) dicunt [123] enim omnes omnium rerum substantias constare ex ea, quae propriae suaeque semper habitudinis est nec ullo modo permutatur, et ea scilicet natura, quae variabilis motus est sortita substantiam.
(3) et illam primam inmutabilem naturam unius eiusdemque substantiae vocant, hanc vero alterius, scilicet quod a prima illa inmutabili discedens prima sit altera, quod nimirum ad unitatem pertinet et ad dualitatem, qui numerus primus ab uno discedens alter factus est.

et quoniam cuncti secundum unitatis speciem naturamque inpares numeri formati sunt, quique ex his coacervatis tetragoni fiunt, duplici modo eiusdem substantiae participes esse dicuntur, quod vel

(5) Wenn also nur eine Multiplikation gemacht wird, ergibt dies nur eine Flächen-Figur und es entsteht ein Kreis, wenn es eine zweite gibt, wird sofort eine Kugel zustande gebracht. Die zweite Multiplikation ist nämlich immer die Erzeugerin der Tiefe.
(6) Aus 5 und 6 haben wir einige wenige Formen dieser Art angefügt:

| | | |
|---|---|---|
| 1 | 5 | 6 |
| 1 | 25 | 36 |
| 1 | 125 | 216 |
| 1 | 625 | 1296 |
| 1 | 3125 | 7776 |

## 31. Über die Natur der Dinge, von der man sagt, dass sie von derselben, und über die, von der man sagt, dass sie von anderer Natur ist, und welche Zahlen mit welcher Natur verbunden sind

(1) Das bisher über die Körper-Figuren Gesagte möge genügen. Diejenigen (Denker) aber, welche über die Natur der Dinge in benachbarten Denkweisen (in einer Nachbardisziplin) forschen und sich mit dem Studium der Erkenntnis beschäftigt haben, haben sich in einer höchst feinsinnigen und gelehrten Weise dazu geäußert, was bei jedem Ding das (ihm) Eigentümliche ist. Diese (Leute) ordnen die Naturen aller Dinge, indem sie sie in zwei Gruppen einteilen durch folgende Beobachtung:
(2) Sie sagen, dass das ganze Wesen aller Dinge (erstens) in dem besteht, was immer ihrer eigenen Beziehung zu eigen ist, und dies kann in keiner Weise verändert werden, und (zweitens) in einer Natur, welche das Wesen der wandelbaren Bewegung erlangt hat.
(3) Und sie nennen jene erste unveränderliche Natur (die Natur) ein und desselben Wesens, diese (zweite) aber des anderen (Wesens), natürlich weil sie, von jener ersten unveränderlichen (Natur) abweichend, als erste eine zweite Natur ist, weil sie unstreitig sowohl zur Einzahl als auch zur Zweizahl gehört, als Zahl, die, als erste von der Eins abweichend, zu einer anderen geworden ist.
Und da alle ungeraden Zahlen nach der Art und Natur der Einzahl gebildet sind, sagt man, dass die Quadrate, die aus deren Aufhäufung entstanden sind, auf doppelte Weise an demselben Wesen teilhaben, weil

ab aequalitate formantur tetragoni, vel coacervatis in unum numeris inparibus procreantur.
(4) illi vero, qui sunt pares, quoniam binarii numeri formae sunt, quique ex his coacervati collectique in unam congeriem parte altera longiores numeri nascuntur, hi secundum ipsius binarii numeri naturam ab eiusdem substantiae natura discessisse dicuntur, putanturque alterius naturae esse participes idcirco, quoniam – cum latera tetragonorum ab aequalitate progressa in aequalitatem propriae latitudinis ambitum tendant – hi adiecto uno ab aequalitate laterum discesserunt atque ideo dissimilibus lateribus et quodammodo a se alteris coniunguntur.

(5) quare notum nobis est, quod ex his ea, quae sunt in hoc mundo, coniuncta sunt. aut enim propriae inmutabilis eiusdemque substantiae est, quod est deus vel anima vel mens vel quodcunque pro[124]priae naturae incorporalitate beatur, aut mutabilis variabilisque naturae, quod corporibus indubitanter videmus accidere.

(6) unde nunc nobis monstrandum est, hac gemina numerorum natura, quadratorum scilicet et parte altera longiorum cunctas numeri species cunctasque habitudines vel ad aliquid relatae quantitatis, ut multiplicium vel superparticularium et ceterorum, vel ad se ipsam consideratae, ut formarum, quas dudum in superiore disputatione descripsimus, informari, ut, quemadmodum mundus ex inmutabili mutabilique substantia, sic omnis numerus ex tetragonis, qui inmutabilitate perficiuntur, et ex parte altera longioribus, qui mutabilitate participiant, probetur esse coniunctus.

(7) et primo quidem distribuendum est, qui sint hi, quos *promeces* vocant, id est anteriore parte longiores, vel qui, quos *eteromekeis*, id est parte altera longiores.

(8) est enim parte altera longior numerus, quicunque unitate tantum lateri crescit adiecta, ut sunt sex, scilicet bis tres, vel XII tres quater et consimiles.

die Quadrate entweder aus der Gleichheit gebildet werden oder entstehen, nachdem aus ungeraden Zahlen in eins angehäuft worden sind.
(4) Jene (gerade) Zahlen aber, die gerade sind, entstehen, da sie Formen der Zweizahl sind, ebenso die aus diesen aufgehäuften und zu einem Haufen gesammelten Rechteckzahlen; von diesen sagt man, dass sie sich gemäß der (zweiten) Natur eben der Zweizahl von der (ersten) Natur desselben Wesens getrennt haben, und sie werden als der anderen Natur teilhaftig betrachtet, deswegen, weil – während die Seiten der Quadrate, die von der Gleichheit ausgegangen sind, sich zur Gleichheit ihrer eigenen Breite ausdehnen – diese, da 1 hinzugefügt worden ist, von der Gleichheit der Seiten abweichen und so mit ungleichen Seiten und gewissermaßen voneinander verschiedenen Seiten zusammengefügt werden.
(5) Daher ist es uns bekannt, dass das, was in dieser Welt ist, aus diesen (Naturen) miteinander verbunden worden ist. Entweder nämlich ist es von eigenem unveränderlichen und selben Wesen, weil es Gott, Seele oder Geist ist oder was auch immer mit Unkörperlichkeit der eigenen Natur gesegnet ist, oder es ist von einer veränderlichen und wandelbaren Natur, was, wie wir zweifellos sehen, sich bei den körperlichen Dingen ereignet.
(6) Daher ist von uns jetzt zu zeigen, dass durch diese doppelte Natur der Zahlen, natürlich der Quadrate und Rechtecke, alle Arten von Zahl und alle Beziehungen, entweder einer Menge, die in Bezug zu etwas steht – etwa (die Menge) der Vielfachen oder der Superpartikularen und der übrigen (Zahlen) –, oder (einer Menge), die auf sich selbst hin betrachtet worden ist – etwa (die Menge) der Formen, die wir schon in der obigen Erörterung beschrieben haben – gebildet wurden, so dass man prüfen kann, dass so, wie die Welt aus einem veränderlichen und unveränderlichen Wesen zusammengefügt ist, jede Zahl aus Quadraten, die durch Unveränderlichkeit vollendet werden, und aus Rechtecken, die an der Veränderlichkeit teilhaben, zusammengefügt ist.
(7) Und zwar muss zuerst eingeteilt werden, welches (die Zahlen) sind, die *promekes* genannt werden – das sind die Zahlen, die an der Vorderseite länger sind (deren Seiten sich um mehr als 1 unterscheiden) –, oder welches diejenigen sind, die *heteromekes* genannt werden – das sind die Rechtecke (deren Seiten sich um genau 1 unterscheiden).
(8) Es ist nämlich ein Rechteck eine Zahl, die nur um eine ihrer Seite hinzugefügte Einzahl wächst, etwa 6, natürlich zweimal 3, oder 12, viermal 3, und ähnliche (Zahlen).

(9) anteriore vero parte longior est, qui sub duobus numeris huiusmodi continetur, quorum latera non possidet unitatis differentia, sed aliorum quorumcunque numerorum, ut ter quinque vel ter sex vel quater septem. quodammodo enim longitudine in prolixiorem modum porrecta merito anteriore parte longior dicitur.

(10) cur autem parte altera longiores numeri dicantur, supra iam dictum est. quadrati vero quoniam aequam latitudinem longitudini gerunt, propriae longitudinis vel eiusdem latitudinis [125] aptissime vocabuntur, ut bis duo, ter tres, quater quattuor et ceteri. parte altera vero longiores, quod non eadem longitudine tendantur, alterius quodammodo longitudinis et parte altera longiores vocantur.

## XXXII. quod omnia ex eiusdem natura et alterius natura consistant idque in numeris primum videri

(1) omne autem, quicquid in propria natura substantiaque est inmobile, terminatum definitumque est, quippe quod nulla variatione mutetur, nunquam esse desinat, nunquam possit esse, quod non fuit. at haec unitas sola est et, quae unitate formantur, conprehensibilis et determinatae et eiusdem substantiae esse dicuntur. ea vero sunt, vel quae ab aequalibus crescunt, ut quadrati, vel quos ipsa unitas format, id est inpares. at vero binarius et cuncti parte altera longiores, qui a finita substantia discesserunt, variabilis infinitaeque substantiae nominantur.

(2) constat ergo omnis numerus ex his, quae longe disiuncta sunt atque contraria, ex inparibus scilicet et paribus. hic enim stabilitas, illic instabilis variatio, hic inmobilis substantiae robur, illic mobilis permutatio; hic definita soliditas, illic infinita congeries multitudinis. quae scilicet, cum sint contraria, in unam tamen quodammodo amicitiam cognationemque miscentur et illius unitatis informatione atque regimento unum numeri corpus efficiunt.

(9) An der Vorderseite länger aber ist (eine Zahl), die aus zwei Zahlen auf diese Art zusammengehalten wird, dass ihre Seiten nicht die Differenz der Einzahl besitzen, sondern von beliebigen anderen Zahlen, etwa dreimal 5 oder dreimal 6 oder viermal 7. Wenn nämlich ihre Länge gewissermaßen reichhaltiger ausgedehnt worden ist, wird sie mit Recht an der Vorderseite länger genannt,
(10) Warum aber Zahlen Rechtecke genannt werden, haben wir schon oben (in II 26) gesagt. Da Quadrate die gleiche Länge und Breite haben, werden sie am treffendsten nach ihrer eigenen Länge oder derselben Breite genannt werden, wie zweimal 2, dreimal 3, viermal 4 und so weiter. Die Rechtecke aber werden, da sie sich nicht in der gleichen Länge erstrecken, als solche von gewissermaßen anderer Länge und »an der anderen Seite länger« benannt.

## 32. Dass alle Dinge aus der Natur desselben und aus der Natur eines anderen bestehen, und dass dies zuerst bei den Zahlen zu sehen ist

(1) Alles aber, was immer in eigener Natur und Wesen unbeweglich, beendet und endlich ist, dieses kann natürlich durch keine Variation verändert werden, kann nie aufhören zu sein und könnte niemals sein, was es nicht war. Dies ist allein die Einzahl, und man sagt, dass die Dinge, die durch die Einzahl gebildet werden, von fassbarem, bestimmtem und unveränderlichem Wesen sind. Dies sind aber solche Dinge, welche entweder aus gleichen (Zahlen) erwachsen wie die Quadrate oder welche die Einzahl selbst bildet, also die ungeraden Zahlen. Aber die Zweizahl und alle Rechtecke, die nicht von endlichem Wesen sind, werden als von variablem und unendlichem Wesen bezeichnet.
(2) Es steht also fest, dass jede Zahl von diesen (Zahlen) herkommt, die weithin disjunkt und gegensätzlich sind, natürlich aus ungeraden und geraden Zahlen. Hier gibt es nämlich Stabilität, dort instabile Variation, hier die Kraft eines unveränderlichen Wesens, dort veränderlichen Wechsel, hier endliche Solidität, dort eine unendliche Ansammlung von Vielheit. Diese Dinge werden natürlich, auch wenn sie gegensätzlich sind, dennoch gewissermaßen zu Freundschaft und Verwandtschaft zusammengebracht, und nach dem Abbild jener Einzahl und durch ihre Führung erzeugen sie einen Zahlenkörper.

(3) non ergo inutiliter neque inprovide, qui de hoc mundo deque hac communi rerum [126] natura ratiocinabantur, hanc primum totius mundi substantiae divisionem fecerunt. et Plato quidem in Timaeo eiusdem naturae et alterius nominat, quicquid in mundo est, atque aliud in sua natura permanere putat individuum inconiunctumque et rerum omnium primum, alterum divisibile et nunquam in proprii statu ordinis permanens. Philolaus vero: necesse est, inquit, omnia quae sunt vel infinita esse vel finita, demonstrare scilicet volens, omnia, quaecunque sunt, ex his duobus consistere, aut ex finito scilicet esse aut ex infinito, ad numeri sine dubio similitudinem. hic enim ex uno et duobus et inpari atque pari coniungitur, quae manifesta sunt aequalitatis atque inaequalitatis, eiusdem atque alterius, definitae atque indefinitae esse substantiae.

(4) quod videlicet non sine causa dictum est, omnia, quae ex contrariis consisterent, armonia quadam coniungi atque componi. est enim armonia plurimorum adunatio et dissidentium consensio.

### XXXIII. ex eiusdem atque alterius numeri natura qui sunt quadratus et parte altera longior, omnes proportionum habitudines constare

(1) disponantur ergo in ordinem non iam pares atque inpares, ex quibus quadrati vel parte altera longiores fiunt, sed hi ipsi, qui illis coacervatis in unumque redactis et quadrati et parte altera longiores prodeunt. ita enim videbimus istorum quendam consensum et ad ceteras numeri partes procreandas amicitiam, ut non sine causa hoc in omnibus rebus ab numeri specie natura rerum sumpsisse videatur.

(2) sint igitur duo versus tetrago[127]norum ab unitate omnium et a binario numero parte altera longiorum.

(3) Weder unnütz noch unbedarft haben deshalb diejenigen, die bezüglich dieser Welt und dieser gemeinsamen Natur der Dinge ihre Schlüsse gezogen haben, zuerst diese Einteilung des Wesens der ganzen Welt vorgenommen. Platon bezeichnet im *Timaios* (35a), was immer es in der Welt gibt, als (etwas) sowohl derselben als auch einer anderen Natur, und er glaubt, dass das eine in seiner Natur bleibt, ungeteilt, unverbunden und als das erste aller Dinge, dass das andere aber teilbar ist und niemals im Zustand seiner eigenen Ordnung bleibt. Philolaos (*Frg.* 2) aber sagt: Es ist notwendig, dass alles, was ist, entweder unendlich oder endlich ist, indem er nämlich zeigen will, dass alles, was auch immer ist, aus diesen zwei Naturen besteht, natürlich entweder von unendlicher oder endlicher Natur ist, ohne Zweifel entsprechend der Ähnlichkeit mit der Zahlenreihe. Diese wird nämlich aus 1 und 2, aus ungerade und gerade, zusammengefügt, was deutlich macht, dass (die Zahlenreihe eine Sache) von Gleichheit und Ungleichheit, desselben und des anderen, des begrenzten und des unbegrenzten Wesens ist.
(4) Und dies ist natürlich nicht ohne Grund gesagt worden, dass alle Dinge, die aus Gegensätzen bestanden, durch eine gewisse Harmonie verbunden und zusammengesetzt werden. Es gibt nämlich eine Harmonie als Vereinigung sehr vieler Dinge und als Konsens von Gegensätzen.

## 33. Dass aus der Natur derselben und einer anderen Zahl, die ein Quadrat bzw. ein Rechteck sind, alle Eigenarten der Proportionen bestehen

(1) Es sollen also nicht mehr (wie in II 28) die geraden und ungeraden Zahlen der Reihe nach angeordnet werden, aus denen Quadrate oder Rechtecke werden, sondern auch diese selbst, die, wenn jene angehäuft und in eine (Zahl) gebracht worden sind, als Quadrate und Rechtecke entstehen. So werden wir nämlich eine gewisse Übereinstimmung dieser (Zahlen) sehen und eine freundschaftliche Beziehung, um andere Teile der Zahlenreihe zu erzeugen, so dass man sieht, dass dies die Natur der Dinge nicht ohne Grund in allen Dingen von der Art der Zahlenreihe übernommen hat.
(2) Es soll also zwei Reihen geben, eine aller Quadrate von der Einzahl aus und eine (aller) Rechtecke von der Zweizahl aus:

| | | | | | | |
|---|---|---|---|---|---|---|
| I | IIII | VIIII | XVI | XXV | XXXVI | XLVIIII |
| II | VI | XII | XX | XXX | XLII | LVI |

(3) horum igitur si primum compares primo, dupli quantitas invenitur, quae est prima multiplicitatis species, si vero secundum secundo hemioliae quantitatis habitudo producitur, si tertium tertio sesquitertia proportio procreatur, si quartum quarto, sesquiquarta, et si quintum quinto, sesquiquinta, et hinc superparticularium normam in quamvis longissimum spatium progrediens integram inoffensamque reperies, ita ut in prima dupli proportione unitatis solius sit differentia, duo namque ab uno sola semper discrepant unitate. in sesqualtera vero duorum est differentia, in sesquitertia trium, in sesquiquarta quattuor et deinceps secundum superparticulares formas numerorum, quod ad differentias adtinet, uno tantum crescit adiectio numerum explicans naturalem.

| duplum | sequaltera | sesquitertia | sequiquarta | sesquiquinta |
|---|---|---|---|---|
| I | IIII | VIIII | XVI | XXV |
| I | II | III | IIII | V |
| II | VI | XII | XX | XXX |

(4) sin vero secundum tetragonum primo parte altera longiori compares et tertium secundo et quartum tertio et quintum quarto, easdem rursus proportiones effici pernotabis, quas in superiore forma descripsimus, sed hic differentiae ab unitate non inchoant, sed a binario numero in infinitum per eosdem calculos progrediuntur, eritque secundus primi duplus, tertius secundi sesqualter, quar[128]tus tertii sesquitertius, secundum eandem convenientiam, quae superius demonstrata est.

| duplum | sesqualtera | sesquitertia | sesquiquarta | sesquiquinta |
|---|---|---|---|---|
| IIII | VIII | XVI | XXV | XXXVI |
| II | III | IIII | V | VI |
| II | VI | XII | XX | XXX |

| | | | | | | |
|---|---|---|---|---|---|---|
| 1 | 4 | 9 | 16 | 25 | 36 | 49 |
| 2 | 6 | 12 | 20 | 30 | 42 | 56 |

(3) Wenn man also von diesen Zahlen die erste mit der ersten vergleicht, findet man das Doppel-Verhältnis, was die erste Art des Vielfachen ist; vergleicht man aber die zweite mit der zweiten, so wird eine Eineinhalbfach-Beziehung (*hemiolios*) hervorgebracht, wenn die dritte mit der dritten, wird ein Eineindrittel-Verhältnis geschaffen, wenn die vierte mit der vierten, ein Eineinviertel-, wenn die fünfte mit der fünften, ein Eineinfünftel-, und man wird finden, dass von hier aus die Regel der Superpartikulare in beliebig langer Weite fortschreitend vollständig und unbeschädigt ist. So gibt es im ersten Doppelverhältnis eine Differenz von nur einer Einzahl, denn 2 weicht von der 1 immer nur eine Einzahl ab. Im Eineinhalb-Verhältnis gibt es eine Differenz von 2, im Eineindrittel- von 3, im Eineinviertel-Verhältnis von 4 und so weiter entsprechend den Superpartikular-Formen der Zahlen. Was die Differenzen betrifft, so wächst die Steigerung nur um 1, wodurch sie die natürliche Zahlenreihe ausführt:

| Doppel | Eineinhalb | Eineindrittel | Eineinviertel | Eineinfünftel |
|---|---|---|---|---|
| 1 ( 1 / 2 | 2 ( 4 / 6 | 3 ( 9 / 12 | 4 ( 16 / 20 | 5 ( 25 / 30 |

(4) Wenn du aber das zweite Quadrat mit dem ersten Rechteck vergleichst, das dritte mit dem zweiten, das vierte mit dem dritten und das fünfte mit dem vierten, wirst du feststellen, dass sich wiederum dieselben Verhältnisse ergeben, die wir im obigen Diagramm beschrieben haben, doch beginnen hier die Differenzen nicht bei der Einzahl, sondern schreiten von der Zweizahl aus durch dieselben Berechnungen ins Unendliche vor, und es wird die zweite (Zahl) das Doppel der ersten sein, die dritte (Zahl) das Eineinhalb der zweiten, die vierte das Eineindrittel der dritten nach demselben Muster, das oben gezeigt wurde:

| Doppel | Eineinhalb | Eineindrittel | Eineinviertel | Eineinfünftel |
|---|---|---|---|---|
| 2 ( 4 / 2 | 3 ( 8 / 6 | 4 ( 16 / 12 | 5 ( 25 / 20 | 6 ( 36 / 30 |

(5) rursus quadrati invicem inparibus differunt, parte altera longiores paribus.

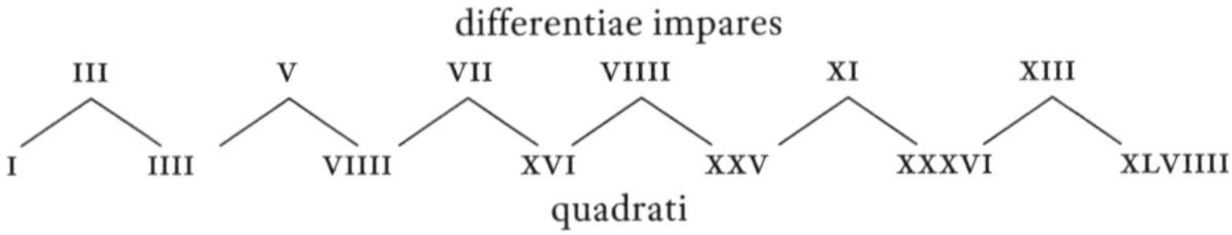


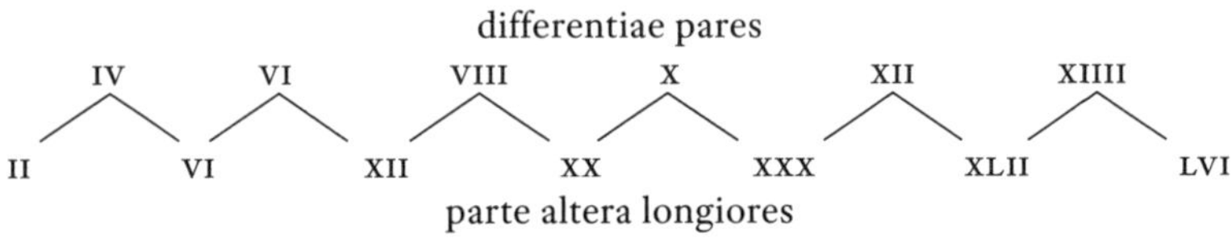


(6) at vero si inter primum et secundum tetragonum primum parte altera longiorem ponimus, ad utrosque eos una proportione coniungitur. in utrisque enim proportionibus dupli multiplicitas invenitur. sin vero inter secundum tertiumque tetragonum secundum parte altera longiorem ponas, sesqualterae comparationis ad utrosque forma componitur. et si inter tertium et quartum tetragonum tertium parte altera longiorem constituas, sesquitertia species nascitur. et idem si in cunctis feceris, cunctas superparticulares species invenire miraberis.

[129]

| | | | | | | |
|---|---|---|---|---|---|---|
| tetragoni | primus I | parte altera longiores | primus II | tetragoni | secundus IIII | duplus |
| | secundus IIII | | secundus VI | | tertius VIIII | sesqualter |
| | tertius VIIII | | tertius XII | | quartus XVI | sequitertius |
| | quartus XVI | | quartus XX | | quintus XXV | sesquiquartus |

et ad eundem modum in ceteris convenit intueri.

(5) Wiederum unterscheiden sich die Quadrate gegenseitig durch ungerade (Differenzen), die Rechtecke durch gerade.

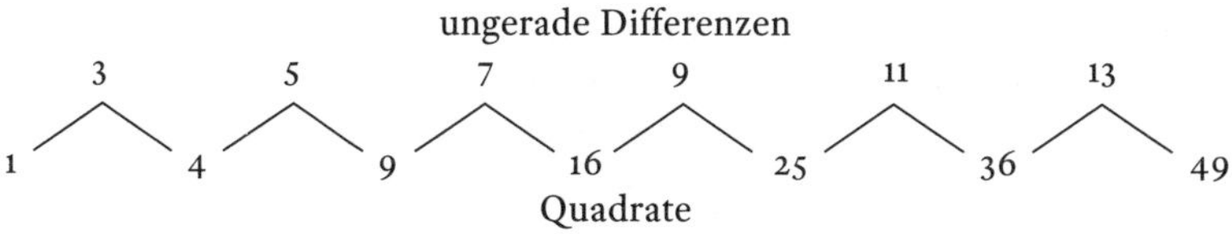


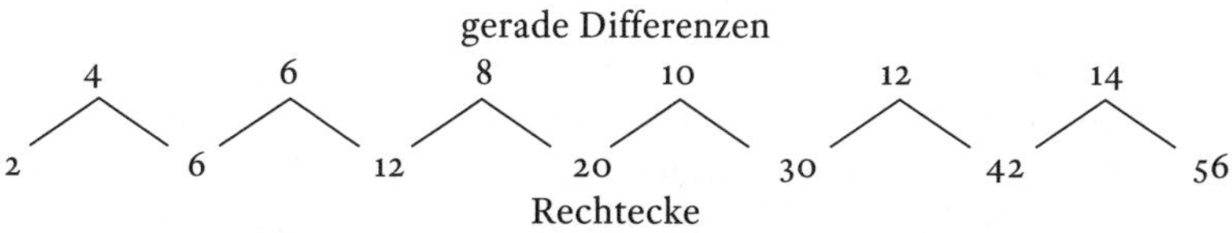


(6) Wenn wir nun aber zwischen das erste und das zweite Quadrat das erste Rechteck stellen, ist es mit diesen beiden durch ein einziges Verhältnis verbunden. In beiden Verhältnissen findet sich nämlich das Doppel-Vielfache. Wenn man aber zwischen das zweite und dritte Quadrat das zweite Rechteck stellt, wird die Form des Eineinhalb-Vergleichs gebildet, und wenn man zwischen das dritte und vierte Quadrat das dritte Rechteck setzt, entsteht die Eineindrittel-Art, und wenn du das Gleiche bei allen Zahlen gemacht hast, wirst du erstaunt sein, alle Superpartikular-Arten zu finden.

| | | | | | | |
|---|---|---|---|---|---|---|
| Quadrate | erstes 1 | Rechtecke | erstes 2 | Quadrate | zweites 4 | Doppel |
| | zweites 4 | | zweites 6 | | drittes 9 | Eineinhalb |
| | drittes 9 | | drittes 12 | | viertes 16 | Eineindrittel |
| | viertes 16 | | viertes 20 | | fünftes 25 | Eineinviertel |

Und auf die gleiche Weise kann man es bei den anderen Zahlen sehen.

(7) rursus si ponantur duo tetragoni ex superius descriptis, id est primus et secundus et in unum colligantur, et medius eorum parte altera longior bis multiplicetur, tetragonus fit. namque unus et IIII, si iungantur, V faciunt. ‹medius› eorum binarius parte altera longior, si bis ducatur, IIII fiunt, qui iuncti VIIII sine ulla dubitatione conficient, qui est numerus quadratus. et ad eundem modum in aliis hoc modo dispositis numeris, quos supra descripsimus, idem constat intellegi.

(8) si vero convertas et inter duos, primum et secundum, parte altera longiores secundum tetragonum ponas, qui in ordine quidem secundus est, sed actu et opere primus, ex duobus parte altera longioribus congregatis et bis multiplicato medio tetragono rursus tetragonus conficitur. namque inter sex et binarium numerum, qui sunt primus et secundus parte altera longiores, si ponatur quaternarius ordine secundus, primus actu tetragonus, et coniungantur II et VI, faciunt VIII; tum si bis ducantur medii IIII, faciunt rursus VIII, qui cum superioribus iuncti XVI tetragonum pandunt.

[130]

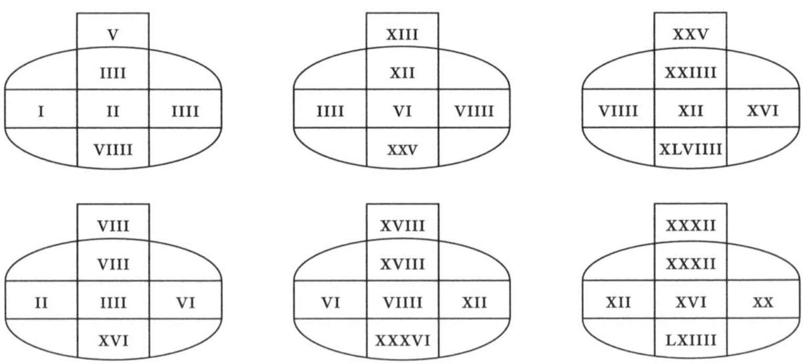

(7) Wenn wiederum zwei Quadrate von den weiter oben beschriebenen, nämlich das erste und das zweite, sowohl in eins zusammengelegt werden als auch das zwischen ihnen liegende Rechteck mit zwei multipliziert wird, dann entsteht ein Quadrat. Wenn nämlich 1 und 4 zusammengenommen werden, ergeben sie 5. In der Mitte dieser Zahlen ist das Rechteck 2; wenn es mit 2 multipliziert wird, ergibt das 4. Diese verbunden ergeben ohne Zweifel 9, und das ist eine quadratische Zahl. Dasselbe kann auf dieselbe Weise bei den anderen auf diese Weise angeordneten Zahlen wahrgenommen werden, die wir oben beschrieben haben.

(8) Wenn du aber tauschst und zwischen die beiden Rechtecke, das erste und das zweite, das zweite Quadrat setzt, das in der Reihenfolge zwar das zweite ist, aber tatsächlich (*actu et opere*) das erste, dann wird aus den zwei Rechtecken, die zusammensetzt wurden, und dem dazwischen liegenden Quadrat, mit 2 multipliziert, wiederum ein Quadrat zustande gebracht. Wenn nämlich zwischen 6 und 2, welche das erste und zweite Rechteck sind, die 4 – das zweite Quadrat in der Reihenfolge, tatsächlich (*actu*) das erste – gesetzt wird, und 2 und 6 verbunden werden, ergeben sie 8; wenn dann die mittlere Zahl 4 mit zwei multipliziert wird, ergibt sie wiederum 8, die mit den obigen (8) verbunden das Quadrat 16 ergibt.

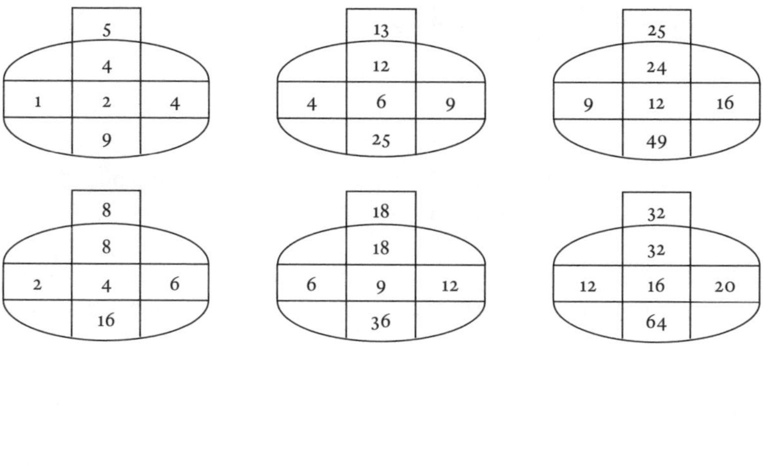

(9) illud quoque non oportet minore admiratione suspicere, quod secundum proprias naturas, ubi altrinsecus duo tetragoni stant et unus parte altera longior in medio ponitur, tetragonus, qui nascitur, ille semper ab inpari procreatur. nam ex superioribus uno et IIII et bis multiplicato binario factus est novenarius tetragonus, qui scilicet a tribus procreatur; ter enim tres VIIII faciunt, qui ternarius inpar est numerus. et sequens, qui ex IIII et VIIII et bis multiplicato senario coniunctus est XXV tetragonus et ipse ex inpari quinario nascitur et continenti post ternarium; quinquies enim quinque XXV producunt et quinarius post ternarium inpar est numerus. insequenti quoque eadem ratio est. nam qui ex VIIII et XVI et bis ducto XII quadratus XLVIIII producitur, ille a septenario inpari fit et post quinarium continenti; septies enim septem XLVIIII creant.

(10) at vero ubi duo altrinsecus parte altera longiores unum medium tetragonum claudunt, omnes ex his qui fiunt tetragoni a paribus producuntur. nam qui ex duobus et VI parte altera longioribus et quaternario bis multiplicato XVI tetragonus factus est, ille a quaternario numero, id est pari, producitur; quater enim quattuor XVI sunt. et insequenti [131] quoque ordine, qui ex senario et XII et bis in suam summam ducto novenario XXXVI fiunt, ex continenti pari senario copulantur; sex enim sexies XXXVI restituunt. nec minus in eandem rationem cadit ex XII et XX et bis XVI factus LXIIII tetragonus; hic enim ex octonario continenti post senarium nascitur; octies enim VIII LXIIII tetragonum iungunt. et in aliis quoque secundum eundem modum, si idem facias, rationis ordo non discrepat.

### XXXIIII. quod ex quadratis et parte altera longioribus omnis formarum ratio consistat

(1) illud vero, quod ex his duobus tota omnium formarum videtur orta prolatio, non minore consideratione notandum est. namque trianguli, qui cunctas alias formas, sicut superius docuimus, collecti producunt, his iunctis velut ex quibusdam elementis oriuntur. namque ex uno primo tetragono et binario primo parte altera longiore

(9) Auch jenes ist mit nicht minderer Bewunderung zur Kenntnis zu nehmen, dass, wo zwei Quadrate gemäß ihren eigenen eigentlichen Naturen nebeneinanderstehen und ein Rechteck in die Mitte gestellt wird, das Quadrat, das (so) entsteht, immer aus einer ungeraden Zahl geschaffen wird. Aus der obigen 1 und 4 und der 2, die mit 2 multipliziert wird, entsteht nämlich das Quadrat 9, das natürlich aus der 3 geschaffen wird. Dreimal 3 ergibt ja 9, und die 3 ist eine ungerade Zahl. Und die folgende Zahl, die aus 4 und 9 und der mit 2 multiplizierten 6 verbunden ist, ergibt das Quadrat 25 und entsteht selbst aus der ungeraden und auf die 3 folgenden 5: Fünfmal 5 ergibt nämlich 25, und 5 ist die (nächste) ungerade Zahl nach 3. Dieselbe Berechnung besteht für die folgende Zahl. Die Zahl, die aus 9 und 16 und der mit 2 multiplizierten 12 entsteht, ist ja das Quadrat 49; jenes entsteht aus der ungeraden und sich an 5 anschließenden 7; siebenmal 7 ergibt ja 49.
(10) Wo aber zwei nebeneinanderstehende Rechtecke ein Quadrat in der Mitte einschließen, werden alle Quadrate, die aus ihnen entstehen, durch gerade Zahlen erzeugt. Das Quadrat nämlich, das aus den Rechtecken 2 und 6 und der mit 2 multiplizierten 4 gebildet worden ist, ist das Quadrat 16; und jenes wird durch die Zahl 4 erzeugt, also durch eine gerade Zahl; viermal 4 ist ja 16. Und auch in der folgenden Anordnung, wo aus 6 und 12 und der mit 2 zu ihrem Gesamtwert multiplizierten 9 die 36 wird, wird diese aus der angrenzenden geraden Zahl 6 zusammengesetzt; sechsmal 6 ergibt ja 36. Das Quadrat 64 fällt nicht minder in die gleiche Berechnung: Es wird aus 12 und 20 und zweimal 16 gebildet; dies entsteht nämlich aus der auf die 6 folgende 8. Achtmal 8 ergibt nämlich das Quadrat 64. Und wenn du auch bei den anderen (Zahlen) nach dieser Art vorgehst, weicht diese Reihenfolge der Berechnung nicht ab.

## 34. Dass aus Quadraten und Rechtecken jede Ratio von Formen besteht

(1) Die Tatsache aber, dass aus diesen beiden (Formen) offenbar die gesamte Entwicklung aller Formen hervorgegangen ist, sollte mit nicht geringerer Aufmerksamkeit zur Kenntnis genommen werden. Dreiecke nämlich, die zusammengefügt alle anderen Formen hervorbringen, wie wir oben (in II 18) gezeigt haben, entstehen aus gleichsam zweifach verbundenen gewissen Elementen: Aus der 1, dem ersten

ternarius triangulus copulatur, et ex binario et quaternario, id est ex secundo tetragono senarius triangulus procreatur. ex quaternario quoque et senario denarius triangulus nascitur, et ad eundem ordinem cuncta triangulorum ratio constabit.

(2) disponantur enim alternatim inter se tetragoni et parte altera longiores, qui ut melius pernotarentur, prius in duobus [eos] versibus disposuimus. post autem eosdem permiscuimus et, qui exinde trianguli nascerentur, adscripsimus.

[132]

tetragoni

| | | | | | | | | |
|---|---|---|---|---|---|---|---|---|
| I | IIII | VIIII | XVI | XXV | XXXVI | XLVIIII | LXIIII | LXXXI |

parte altera longiores

| | | | | | | | | |
|---|---|---|---|---|---|---|---|---|
| II | VI | XII | XX | XXX | XLII | LVI | LXXII | XC |

trianguli

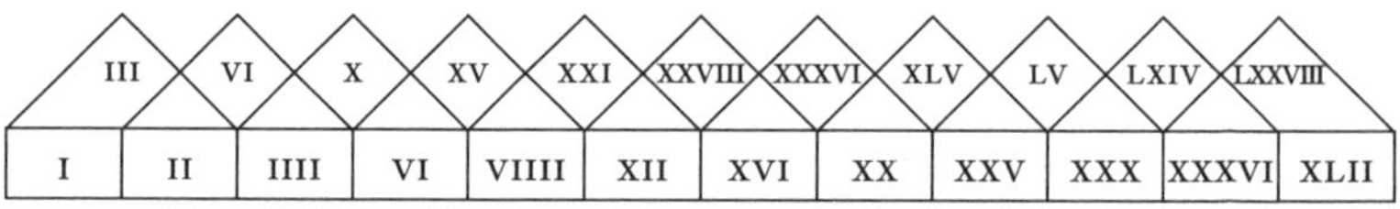


## XXXV. quemadmodum quadrati ex parte altera longioribus vel parte altera longiores ex quadratis fiant

(1) omnis vero tetragonus, si ei proprium latus addatur, vel eodem rursus dematur, parte altera longior fit. namque IIII tetragono si quis duo iungat vel duo detrahat, VI addendo perficiet et II detrahendo. at uterque figuram continet parte altera longiorem. quae scilicet magna est alteritatis vis. omnis enim infinita et indeterminata potentia ab aequalitatis natura et a suis se finibus continente substantia discedens aut in maius exuberat aut in minora decrescit.

Quadrat, und der 2, dem ersten Rechteck, wird ja das Dreieck 3 zusammengesetzt und aus 2 und 4, also dem zweiten Quadrat, wird das Dreieck 6 geschaffen. Aus 4 und 6 entsteht das Dreieck 10, und nach derselben Regel wird die ganze Berechnung der Dreiecke gleichbleiben.
(2) Es sollen einander abwechselnd Quadrate und Rechtecke angeordnet werden; damit diese besser wahrgenommen werden können, haben wir sie zuerst in zwei Zeilen angeordnet. Danach aber haben wir sie vermischt und die Dreiecke, die daraus entstanden, aufgeschrieben:

Quadrate

| | | | | | | | | |
|---|---|---|---|---|---|---|---|---|
| 1 | 4 | 9 | 16 | 25 | 36 | 49 | 64 | 81 |

Rechtecke

| | | | | | | | | |
|---|---|---|---|---|---|---|---|---|
| 2 | 6 | 12 | 20 | 30 | 42 | 56 | 72 | 90 |

Dreiecke

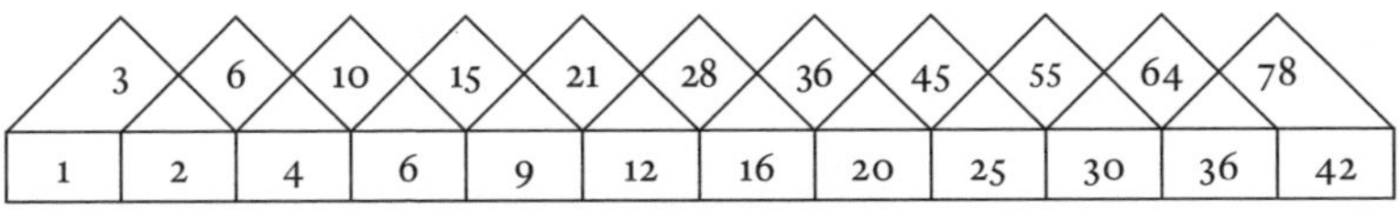


## 35. Auf welche Weise die Quadrate aus Rechtecken entstehen oder die Rechtecke aus Quadraten

(1) Jedes Quadrat wird, wenn man ihm seine eigene Breite hinzufügt oder wiederum ihm wegnimmt, zu einem Rechteck. Wenn man nämlich zu dem Quadrat 4 noch 2 hinzufügt oder 2 davon abzieht, wird es durch Addition zu 6 und durch Subtraktion zu 2. Jede von beiden umfasst eine Rechteck-Figur. Dies ist natürlich die große Kraft der Andersartigkeit. Jedes unendliche und unbestimmte Potential (*potentia*), das sich von der Natur der Gleichheit und von dem Wesen unterscheidet, die von ihren Grenzen umfasst ist, wird ja entweder zu Höherem ansteigen oder zu Geringerem schrumpfen.

### XXXVI. quod principaliter eiusdem quidem sit substantiae unitas, secundo vero loco inpares numeri, tertio quadrati, et quod principaliter dualitas alterius sit substantiae, secundo vero loco pares numeri, tertio parte altera longiores

(1) constat igitur primo quidem loco unitatem propriae inmutabilisque substantiae eiusdemque naturae, dualitatem vero primam alteritatis mutationisque esse principium; secundo vero loco omnes inpares numeros [133] propter unitatis cognationem eiusdem atque inmutabilis substantiae esse participes, pares vero ob binarii numeri consortium alteritatibus esse permixtos; tetragonos quoque ad eundem modum considerari manifestum est. nam quod eorum compositio et coniunctio ex inparibus fit, inmutabili eos naturae pronuntiabo coniunctos. quod vero parte altera longiores ex copulatione parium procreantur, nunquam ab alteritatis varietate separantur.

### XXXVII. alternatim positis quadratis et parte altera longioribus qui sit eorum consensus in differentiis et in proportionibus

(1) illud igitur perspiciendum est, quod, si idem tetragoni et parte altera longiores disponantur, ita ut alternatim sibi permixti sint, tanta in his est coniunctio, ut alias sibi in eisdem proportionibus communicent, discrepent autem differentiis, alias vero differentiis pares sint, proportionibus distent.

(2) disponantur enim in ordinem idem illi superiores tetragoni et parte altera longiores ab uno:

| | | | | | | | | | |
|---|---|---|---|---|---|---|---|---|---|
| I | II | IIII | VI | VIIII | XII | XVI | XX | XXV | XXX |

(3) ergo in superiore formula hoc maxime intuendum est. namque inter I, qui est tetragonus, et II dupla proportio est; inter II et IIII

## 36. Dass an erster Stelle die Einzahl desselben Wesens steht, an zweiter Stelle aber die ungeraden Zahlen und an dritter die Quadrate, und dass die Zweizahl des anderen Wesens an erster Stelle steht, an zweiter Stelle aber die geraden Zahlen, an dritter die Rechtecke

(1) Es ist also erstens so, dass die Einzahl das Prinzip des eigentlichen und unveränderlichen Wesens und ein und derselben Natur ist, die erste Zweizahl aber die Grundlage der Andersartigkeit und der Veränderung, dass zweitens alle ungeraden Zahlen aufgrund der Verwandtschaft mit der Einzahl an ein und demselben unveränderlichen Wesen teilhaben, die geraden Zahlen hingegen wegen der Gemeinschaft mit der Zweizahl mit den Andersartigkeiten gemischt worden sind. Es ist offensichtlich, dass auch die Quadrate auf dieselbe Weise betrachtet werden. Aufgrund der Tatsache, dass ihre Zusammensetzung und Verbindung aus ungeraden (Zahlen) stammt, werde ich nämlich verkünden, dass sie mit der unveränderlichen Natur verbunden sind. Da aber die Rechtecke durch das Zusammenfügen von geraden Zahlen entstehen, werden sie niemals von der Veränderlichkeit der Andersartigkeit getrennt.

## 37. Was bei abwechselnd platzierten Quadraten und Rechtecken deren Übereinstimmung bei den Differenzen und bei den Verhältnissen ist

(1) Man muss also erkennen, dass, wenn gleichzeitig Quadrate und Rechtecke so angeordnet werden, dass sie abwechselnd untereinander gemischt sind, es bei ihnen eine Verbindung von der Art gibt, dass sie das eine Mal in den gleichen Verhältnissen nebeneinanderstehen, aber bei den Differenzen abweichen, das andere Mal aber in den Differenzen gleich sind, in den Verhältnissen (aber) voneinander abweichen.
(2) Angeordnet werden sollen nämlich in der Reihenfolge gleichzeitig jene oben genannten Quadrate und Rechtecke von 1 an:

| | | | | | | | | | |
|---|---|---|---|---|---|---|---|---|---|
| 1 | 2 | 4 | 6 | 9 | 12 | 16 | 20 | 25 | 30 |

(3) In dem obigen Schema muss also besonders dies betrachtet werden: Zwischen der 1, die ein Quadrat ist, und der 2 ist das Verhältnis

dupla. hic ergo tetragonus cum parte altera longiore atque hic cum sequente tetragono eadem proportione iunguntur, differentiis vero non isdem. namque duorum atque unius sola unitas differentia est, sed idem duo a quaternario solo binario relinquuntur.

(4) rursus si II ad IIII speculeris, dupla est proportio, si IIII ad VI, habitudinem sesqualteram recognosces. hic ergo [134] in proportionibus discrepant, in differentiis pares sunt. namque et IIII a duobus et VI a IIII eodem binario distant. in sequentibus etiam eodem modo, sicut in primis fuit, ratio constat. nam eadem proportio est, differentiis non eisdem. nam IIII ad VI et VI ad VIIII sesqualtera proportione iunguntur, VI autem quaternarium duobus, VIIII vero senarium tribus praetereunt. in sequentibus etiam eadem ratio speculabitur et semper alternatim, nunc quidem eaedem proportiones, aliae differentiae sunt, nunc autem ordine permutato eisdem differentiis aliae proportiones, semperque, in quibus differunt, secundum naturalis numeri ordines tetragoni et parte altera longiores sese superabunt, tantum quod geminatis summulis naturalis numeri fit progressio. quod mirum videri non debet. nos enim ipsas summas tetragonorum et parte altera longiorum geminavimus ad primas secundasque proportiones.

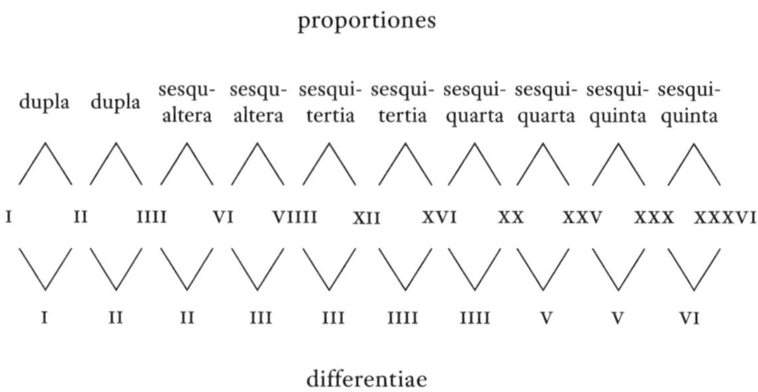

nämlich eine Verdoppelung; zwischen 2 und 4 ist es eine Verdoppelung. Dieses Quadrat ist also mit dem Rechteck und dieses mit dem folgenden Quadrat im gleichen Verhältnis verbunden, aber nicht durch die gleichen Differenzen. Zwischen 1 und 2 gibt es nur eine Differenz von 1, aber gleichzeitig wird die 2 von der 4 nur um die Differenz von 2 überstiegen.

(4) Wenn wiederum du 2 im Verhältnis zu 4 betrachtest, gibt es ein Doppel-Verhältnis, aber zwischen 4 und 6 erkennst du eine Eineinhalb-Beziehung. Hier also weichen sie in den Verhältnissen ab, sind aber gleich in ihren Differenzen, denn 4 ist von 2 und 6 von 4 um die gleiche 2 entfernt. Auch bei den folgenden (Zahlen) bleibt die Ratio mit der gleichen Methode wie bei den ersten (Zahlen). Es besteht ja das gleiche Verhältnis, während die Differenzen nicht dieselben sind: 4 zu 6 und 6 zu 9 sind durch ein Eineinhalb-Verhältnis verbunden, 6 aber übersteigt 4 um 2, doch 9 überschreitet 6 um 3. Auch bei den folgenden Zahlen wird dieselbe Berechnung zu sehen sein, und zwar immer abwechselnd, bald sind die Verhältnisse dieselben, aber die Differenzen andere, bald sind bei veränderter Reihenfolge die Verhältnisse andere, während die Differenzen die gleichen sind, und immer werden sich die Quadrate und Rechtecke übertreffen gemäß den Abfolgen der natürlichen Zahlenreihe, in denen sie sich unterscheiden, nur insofern, weil es ein Vorrücken der natürlichen Zahlenreihe gibt, nachdem die kleinen Gesamtzahlen verdoppelt worden sind. Es sollte niemanden überraschen, dies zu sehen. Wir haben nämlich eben die Gesamtzahlen der Quadrate und der Rechtecke verdoppelt in Bezug auf die ersten und zweiten Verhältnisse.

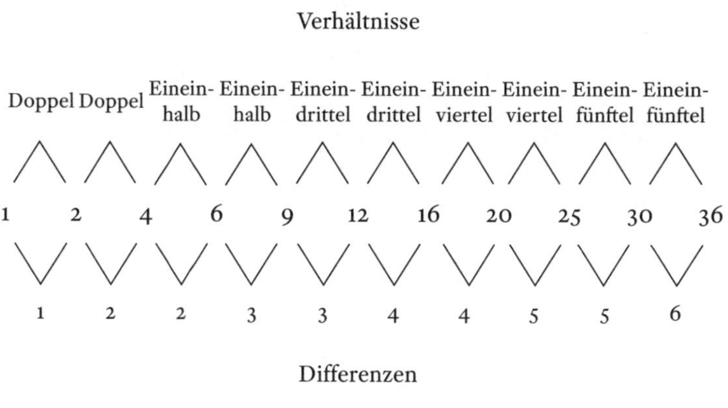

(5) eaedem quoque differentiae mirabilem in modum a toto per sequentes partes et per easdem unitates, quibus superius creverunt, progrediuntur.
(6) namque inter unum et duo tantum unitas intercedit, quae unitatis, cui aequalis est, totum est; binarii vero medietas. eodemque modo [135] inter II et IIII tantum II sunt, qui binarii totum sunt, quaternarii medietas. inter quaternarium vero et senarium idem II sunt, ad quaternarium medietas, ad senarium pars tertia. III vero, qui sequuntur, qui inter VI et VIIII constituti sunt medii, sunt quidem senarii dimidium, pars vero tertia novenarii. et rursus ternarius, qui novenarii tertia pars est, duodenarii quarta est; et ad eundem modum usque in finem descriptionis geminatis huiusmodi partibus, sicut ipsa quoque summarum comparatio geminata est, aequas partium progressiones aspicies.

## XXXVIII. probatio quadratos eiusdem esse naturae

(1) illud autem apertissimum signum est, omnes tetragonos inparibus esse cognatos, quod in omni dispositione ab uno vel in duplicibus vel in triplicibus talis naturae ordo conseritur, ut nunquam, nisi secundum inparem locum tetragonus inveniatur.

(2) disponamus enim in ordinem numeros, primo quidem duplos, deinde triplos.

| | | | | | | | | |
|---|---|---|---|---|---|---|---|---|
| I | II | IIII | VIII | XVI | XXXII | LXIIII | CXXVIII | CCLVI |
| I | III | VIIII | XXVII | LXXXI | CCXLIII | DCC-XVIIII | II C-XXXVII | VI D-LXI |

(3) si igitur in utrisque versibus primos aspicias, singulos quos invenis, quoniam tetragoni sunt, in inpari loco sunt constituti, quoniam primi sunt. si vero tertium locum respexeris, IIII et VIIII notabis, quorum hic a duobus proficiscitur, illum ternarius creat; qui sunt loco inpari constituti. quintum deinde si videas locum XVI et LXXXI respicies, sed unus a quaternario nascitur, alterum novenarius creat. et si nonum locum rursus adspi[136]cias, tetragonos pernotabis

(5) Dieselben Differenzen rücken auch auf wunderbare Weise vom Ganzen durch die aufeinanderfolgenden Bruchteile und durch dieselben Einzahlen voran, durch die sie weiter oben gewachsen sind.
(6) Zwischen 1 und 2 tritt nämlich nur eine Einzahl, welche das Ganze der Einzahl ist, der sie gleich ist; von 2 aber ist sie die Hälfte. In gleicher Weise gibt es zwischen 2 und 4 nur die 2, welche das Ganze der 2 ist, die Hälfte von 4. Zwischen 4 und 6 gibt es ebenfalls 2, in Bezug auf 4 die Hälfte, in Bezug auf 6 ein Drittel. Die 3 aber, die folgt, die zwischen 6 und 9 in der Mitte steht, ist freilich die Hälfte von 6, aber ein Drittel von 9. Und 3 wiederum, die ein Drittel von 9 ist, ist ein Viertel von zwölf, und nach der gleichen Art und Weise wirst du bis zum Ende der Darstellung das gleiche Vorrücken der Bruchteile sehen, nachdem die Bruchteile dieser Art aufgereiht worden sind, wie auch der Vergleich der Gesamtzahlen selbst aufgereiht worden ist.

## 38. Der Beweis dafür, dass die Quadrate von der gleichen Natur sind

(1) Jenes ist ein höchst offensichtliches Zeichen dafür, dass alle Quadrate mit ungeraden (Zahlen) verwandt sind, dass in jeder Anordnung von der eins an, sei es bei verdoppelten oder verdreifachten (Zahlen), eine solche natürliche Reihe zusammengefügt wird, dass ein Quadrat nur an einer ungeraden Stelle gefunden wird.
(2) Lasst uns also die Zahlen der Reihe nach anordnen, zuerst die Zweifachen, dann die Dreifachen:

| | | | | | | | | |
|---|---|---|---|---|---|---|---|---|
| 1 | 2 | 4 | 8 | 16 | 32 | 64 | 128 | 256 |
| 1 | 3 | 9 | 27 | 81 | 243 | 729 | 2187 | 6561 |

(3) Wenn du dir in beiden Reihen die ersten Zahlen ansiehst, stehen die beiden Einzahlen, die du findest, weil sie ja Quadrate sind, an einer ungeraden Zahlenstelle, weil sie ja die ersten sind. Wenn du dir aber die dritte Stelle anschaust, bemerkst du 4 und 9, von denen diese von 2 ausgeht, jene die 3 bildet. Sie sind an einer ungeraden Stelle platziert. Wenn du dann auf den fünften Platz schaust, siehst du 16 und 81; das eine entsteht aus 4, das andere bildet die 9. Und wenn du dir wiederum die neunte Stelle ansiehst, wirst du die Quadrate 256

CCLVI et VI DLXI; quorum superior fit a XVI, inferior vero ab LXXXI idem si in infinitum facere libeat, indiscrepanter incurrit.

## XXXVIIII. cybos eiusdem participare substantiae, quod ab inparibus nascantur

(1) ipsi vero cybi, qui quamquam tribus intervallis sublati sint, tamen propter aequalem multiplicationem participant inmutabilis substantiae eiusdemque naturae sunt socii, non aliorum quam inparium coacervatione producuntur, nunquam vero parium.

(2) nam si omnes ab unitate inpares disponantur, iuncti figuras cybicas explicabunt.

| | | | | | | | | | | |
|---|---|---|---|---|---|---|---|---|---|---|
| I | III | V | VII | VIIII | XI | XIII | XV | XVII | XVIIII | XXI |

in his igitur qui primus est, potestate et virtute primum cybum faciet; iuncti vero duo qui sequuntur, ternarius scilicet et quinarius, secundum efficiunt cybum, qui est octonarius. iuncti autem tres, qui sequuntur, septenarius novenariusque et XI cybum facient, qui XXVII numero continetur, qui est tertius. et sequentes quattuor quartum, et qui sequuntur quinque quintum, et ad eundem modum quotus quisque cybus efficitur, tot coniunctione inpares apponuntur. hoc autem diligentius subiecta descriptio docet.

| | | | | |
|---|---|---|---|---|
| I | III. V | VII. VIIII. XI | XIII. XV. XVII. XVIIII | XXI. XXIII. XXV. XXVII. XXVIIII |
| I | VIII | XXVII | LXIIII | CXXV |

und 6561 bemerken, von denen das obere von 16, das untere aber von 81 ausgeht. Wenn du das Gleiche ins Unendliche tust, wird es ohne Abweichung eintreffen.

## 39. Dass die Würfel an dem gleichen Wesen teilhaben, weil sie aus ungeraden (Zahlen) erzeugt werden

(1) Die Würfel selbst aber, die, obwohl sie um drei Intervalle erhöht sind, dennoch wegen der gleichen Multiplikation am unveränderlichen Wesen teilhaben und Gefährten derselben Natur sind, werden durch die Anhäufung von ausschließlich ungeraden Zahlen, niemals von geraden Zahlen, erzeugt.
(2) Wenn man nämlich alle ungeraden Zahlen von der 1 ab anordnet, ergeben sie zusammengefügt die kubischen Figuren.

| | | | | | | | | | | |
|---|---|---|---|---|---|---|---|---|---|---|
| 1 | 3 | 5 | 7 | 9 | 11 | 13 | 15 | 17 | 19 | 21 |

Bei diesen macht also die (Zahl), welche die erste ist, potentiell (*potestate et virtute*) den ersten Würfel. Die zwei folgenden (Zahlen) aber, natürlich 3 und 5, bilden, zusammengefügt, den zweiten Würfel, der 8 ist. Die drei folgenden (Zahlen) aber, 7, 9 und 11, bilden, zusammengefügt, einen Würfel, der von der Zahl 27 umfasst wird, was der dritte Würfel ist. Die vier folgenden (Zahlen) bilden den vierten, die fünf dann folgenden den fünften (Würfel) und auf dieselbe Weise wird der sovielte Würfel erzeugt, wie ungerade Zahlen durch eine Verbindung zusammengesetzt werden. Dies lehrt die folgende Darstellung besonders treffend:

| | | | | |
|---|---|---|---|---|
| 1 | 3, 5 | 7, 9, 11 | 13, 15, 17, 19 | 21, 23, 25, 27, 29 |
| 1 | 8 | 27 | 64 | 125 |

[137] XL. de proportionalitatibus

(1) et de his quidem sufficienter dictum est; nunc res admonet quaedam de proportionibus disputantes, quae nobis vel ad musicas speculationes vel ad astronomicas subtilitates vel ad geometricae considerationis vim vel etiam ad veterum lectionum intellegentiam prodesse possint, arithmeticam introductionem commodissime terminare.
(2) est igitur proportionalitas duarum vel trium vel quotlibet proportionum adsumptio ad unum atque collectio. ut etiam communiter definiamus: proportionalitas est duarum vel plurium proportionum similis habitudo, etiamsi non eisdem quantitatibus et differentiis constitutae sint. differentia vero est inter numeros quantitas.

(3) proportio est duorum terminorum ad se invicem quaedam habitudo et quasi quodammodo continentia, quorum compositio quod efficit, proportionale est. ex iunctis enim proportionibus proportionalitas fit.
(4) in tribus autem terminis minima proportionalitas invenitur. fit etiam in pluribus, sed longior; ut binarius ad unum, quoniam duo sunt termini, duplam obtinet proportionem. sin vero quattuor contra duo compares, hic quoque dupla proportio est. quos tres terminos si continue consideres, ex duabus proportionibus fit proportionalitas et est proportionalitas unum ad duo et duo ad quattuor. est enim proportionalitas, ut dictum est, collectio proportionum in unumque redactio.
(5) fit etiam et in longioribus. nam si quattuor illis octo velis adiungere et his XVI et his XXXII et deinceps duplos, qui sequuntur, fit in omnibus dupla proportionalitas ex proportionibus duplis.

(6) igitur [138] quotiens unus atque idem terminus ita duobus circum se terminis communicat, ut ad unum dux sit, ad alium comes, haec proportionalitas continua vocatur, ut unus, duo, quattuor. est enim aequalitas in his proportionibus et quemadmodum sunt IIII ad II, sic sunt II ad unum, et rursus quemadmodum unus ad duo, sic duo ad quattuor. et secundum quantitatem quoque numeri eodem modo est. quantum enim tres superant binarium, tantum binarius unitatem, et quanto unus a duobus minor est, tanto binarius a ternario superatur.

## 40. Über die Proportionen

(1) Über diese Dinge ist genug gesagt. Jetzt mahnt (uns) eine bestimmte Sache, die Verhältnisse (von Zahlen) zu erörtern, die uns für musikalische Betrachtungen, für astronomische Feinsinnigkeiten, für die Kraft geometrischer Betrachtung oder auch für das Verständnis alter mathematischer Schriften nützlich sein können, die Einführung in die Arithmetik höchst passend zu beenden.
(2) Es ist also eine Proportion das Heranziehen von zwei, drei oder beliebig vielen Verhältnissen zur 1 und ihre Kombination. Damit wir auch gemeinsam definieren (sagen wir): Eine Proportion ist eine ähnliche Beziehung von zwei oder mehr Verhältnissen, auch wenn sie nicht aus denselben Mengen und Differenzen bestehen. Die Differenz aber ist die Menge zwischen Zahlen.
(3) Ein Verhältnis ist eine bestimmte gegenseitige Beziehung von zwei Werten und gewissermaßen auf eine gewisse Weise ihr Zusammenhang, und was ihre Kombination hervorbringt, ist verhältnisgemäß. Aus zusammengefügten Verhältnissen entsteht ja die Proportion.
(4) Bei drei Werten wird die kleinste Proportion gefunden. Sie kommt auch bei mehreren (Werten) vor, ist dann aber länger. So nimmt etwa 2 zu 1, weil es zwei Werte sind, ein Doppel-Verhältnis ein. Wenn man 4 mit 2 vergleicht, ist auch dies ein Doppel-Verhältnis. Wenn man als nächstes diese drei Werte bedenkt, gibt es eine Proportion aus zwei Verhältnissen, und zwar von 1 zu 2 und von 2 zu 4. Eine Proportion ist nämlich, wie man sagt, eine Kombination von Verhältnissen und ihre Rückführung in eins.
(5) Dies kommt auch bei längeren (Kombinationen) vor. Wenn du nämlich zu jenen 4 dann 8 anfügen willst und dazu 16 und dazu 32 und weitere Doppelte, die folgen, entsteht in allen eine doppelte Proportion aus doppelten Verhältnissen.
(6) Sooft also ein und derselbe Wert sich zu zwei Werten um ihn herum so verhält, dass er für den einen Anführer, für den anderen Gefolgsmann ist (s. o. I 24,4), nennt man dies eine kontinuierliche Proportion, etwa 1, 2, 4. Es gibt nämlich eine Gleichheit in diesen Verhältnissen: So, wie 4 zu 2 ist, so ist 2 zu 1, und wiederum so, wie 1 zu 2 ist, so ist 2 zu 4. Dies gilt auch (im unten angeführten Beispiel 1, 2, 3) entsprechend der Menge der Zahl: Um so viel nämlich, wie 3 die 2 übertrifft, um so viel übertrifft 2 die 1, und um so viel, wie 1 weniger als 2 ist, um so viel wird 2 von 3 übertroffen.

(7) sin vero alius ad unum refertur terminus, alius vero ad alium, necesse est habitudinem disiunctam vocari, ut ad qualitatem quidem proportionis sunt:

| | | | |
|---|---|---|---|
| I | II | IIII | VIII |

sic enim sunt quemadmodum duo ad unum, sic octo ad quattuor, et conversim: quemadmodum unus ad duo, sic quattuor ad octo, et permutatim: quemadmodum quattuor ad unum, sic octo ad binarium. secundum quantitatem vero numeri [ut] sunt:

| | | | |
|---|---|---|---|
| I | II | III | IIII |

quantum enim unus a duobus vincitur, tantum ternarius a quaternario superatur, et quanto duo unum vincunt, tanto ternarium quaternarius transit. permixtim etiam: quanto unus tribus minor est, tanto binarius quaternario, vel quanto ternarius unitatem superat, tanto binarium transgreditur quaternarius.

## XLI. quae apud antiquos proportionalitas fuerit; quas posteriores addiderint

(1) confessae quidem et apud antiquiores notae, [139] quaeque ad Pythagorae vel Platonis vel Aristotelis scientiam pervenerunt, hae tres medietates sunt: arithmetica, geometrica, armonica. post quas proportionum habitudines tres aliae sunt, quae sine nomine quidem feruntur, vocantur autem quarta, quinta, sexta, quae superius dictis oppositae sunt.

(2) at vero posteri propter denarii numeri perfectionem, quod erat Pythagorae conplacitus, medietates alias quattuor addiderunt, ut in his proportionalitatibus denariae quantitatis corpus efficerent. secundum quem numerum et priores quinque habitudines comparationesque descriptae sunt, ubi quinque maioribus proportionibus, quos vocavimus duces, minores aptavimus alios terminos, quos comites dicimus.

(7) Wenn aber ein anderer Wert mit dem einen verglichen wird und wieder ein anderer mit dem anderen, muss die Beziehung disjunkt genannt werden, wie in Bezug auf die Qualität des Verhältnisses (folgende Zahlen) sind:

| | | | |
|---|---|---|---|
| 1 | 2 | 4 | 8 |

So nämlich, wie 2 zu 1 ist, so ist 8 zu 4, und umgekehrt: So, wie 1 zu 2 ist, so ist 4 zu 8, und umgedreht: So, wie 4 zu 1 ist, so ist 8 zu 2. Entsprechend ihrer Menge stehen hingegen die Zahlen:

| | | | |
|---|---|---|---|
| 1 | 2 | 3 | 4 |

Um wie viel 1 von 2 überragt wird, um so viel wird 3 von 4 übertroffen; und um wie viel 2 die 1 übertrifft, um so viel übertrifft 4 die 3. Durcheinandergemischt (gilt) sogar: Um wie viel 1 kleiner als 3 ist, um so viel ist 2 weniger als 4, oder um wie viel 3 die 1 übertrifft, um so viel übertrifft 4 die 2.

## 41. Was Proportion bei den Alten war und was die Späteren hinzugefügt haben

(1) Folgende drei Mittelwerte sind bezeugt und bekannt bei den Alten, und sie sind in die Wissenschaft des Pythagoras, Platon oder Aristoteles gelangt: der arithmetische, der geometrische und der harmonische Mittelwert. Nach diesen Beziehungen der Verhältnisse gibt es drei weitere, die uns freilich ohne Namen überliefert werden, jedoch vierte, fünfte und sechste (Proportion) genannt werden, die den weiter oben genannten gegenübergestellt sind.
(2) Doch spätere Denker fügten dann wegen der Vollkommenheit der Zahl Zehn, weil es Pythagoras gefiel, vier weitere Mittelwerte hinzu, so dass sie in diesen Proportionen eine Gesamtheit von Zehn zusammenbrachten. Entsprechend dieser Zahl sind auch weiter oben (I 22) fünf Verhältnisse und Vergleiche beschrieben worden, wo wir fünf höheren Beziehungen, die wir Anführer genannt haben, andere, geringere Werte angepasst haben, die wir als Gefolgsleute bezeichnet haben (s. o. I 24,4).

(3) inde etiam in Aristotelica atque Archytae prius decem praedicamentorum descriptione Pythagoricum denarium manifestum est inveniri; quando quidem et Plato, studiosissimus Pythagorae, secundum eandem disputationem dividit, et Archytas Pythagoricus ante Aristotelem, licet quibusdam sit ambiguum, decem haec praedicamenta constituit.

(4) inde etiam decem membrorum particulae, inde alia permulta, quae omnia persequi non est necesse.

## XLII. quod primum de ea, quae vocatur arithmetica proportionalitas, dicendum sit

(1) nunc vero de proportionalitatibus deque medietatibus dicendum est, et primum quidem de ea medietate tractabimus, quae secundum quantitatis aequalitatem neglecta proportionis parilitate constitutorum terminorum habitudines servat. in his autem quantitatibus medietas ista versatur, inque his speculanda est, in quibus a se [140] ipsi termini differunt. quid autem esset differentia terminorum superius definitum est. hanc autem esse arithmeticam medietatem numerorum, ipsa ratio declarabit, quoniam eius proportio in numeri quantitate consistit.

(2) quae igitur causa est, huiusmodi terminorum habitudinem, id est arithmeticam, cunctis aliis proportionalitatibus anteponere? primum, quod hanc nobis in principio ipsa numerorum natura et vis naturalis quantitatis obponit. huiusmodi enim proportiones quaeque ad terminorum differentias pertinent, ut paulo post demonstrabitur, in naturalis primum numeri dispositione cognoscimus. deinde, quod in superiore libro disputantibus nobis apparuit, arithmeticam vim geometrica atque musica esse antiquiorem et quod inlata non has simul inferret, sublata vero perimeret. quare ordine disputatio progredietur, si ab ea primo inchoandum sit medietate, quae in numeri differentia non in proportionis speculatione versatur.

(3) Auch in der Darstellung der zehn Kategorien bei Aristoteles (*Kategorien* 4 p. 1b) und Archytas (*Frg.* 2) ist die pythagoreische Zehn offensichtlich zu finden. Einmal auch hat Platon, ein sehr eifriger Schüler des Pythagoras, sie nach derselben Erörterung eingeteilt, und der Pythagoreer Archytas hat vor Aristoteles, auch wenn es manchen uneindeutig erscheinen mag, dieselben zehn Kategorien festgelegt.
(4) So gibt es auch zehn Teilchen von Gliedern und viele andere Dinge, die alle zu verfolgen nicht notwendig ist.

## 42. Was zuerst von dem, was man arithmetische Proportion nennt, zu sagen ist

(1) Es muss nun aber etwas über die Proportionen und die Mittelwerte gesagt werden. Zuerst werden wir denjenigen Mittelwert behandeln, der die Beziehungen der gebildeten Werte gemäß der Gleichheit der Menge unabhängig von der Gleichheit des Verhältnisses bewahrt. In diesen Mengen aber findet sich dieser Mittelwert und in diesen (Mengen) muss man sehen, worin die Werte sich voneinander unterscheiden. Was aber mit den Differenzen der Werte gemeint ist, wurde oben gesagt (II 40, 2). Die Ratio selbst erklärt, dass dies aber der arithmetische Mittelwert der Zahlen ist, da sein Verhältnis in der Menge der Zahl besteht.
(2) Aus welchem Grund sollte nun eine Wertebeziehung dieser Art, das heißt die arithmetische (Beziehung) von Werten, vor allen anderen Proportionen stehen? Erstens, weil die Natur der Zahlen selbst und die natürliche Kraft der Menge diese (Beziehung) für uns an den Anfang setzt. Verhältnisse dieser Art, die sich auf die Differenzen der Werte beziehen, erkennen wir nämlich, wie später gezeigt wird, zuerst in der Anordnung der natürlichen Zahlenreihe. Dann, weil im vorigen Buch (I 1,8–10), als ich (darüber) sprach, klar wurde, dass die Arithmetik älter ist als Geometrie und Musik und dass sie, nachdem sie herbeigeführt worden war, diese (Geometrie und Musik) nicht zugleich einführte, aber, nachdem sie beseitigt worden wäre, (diese) beseitigen würde. So rückt die Erörterung der Reihe nach vor, wenn man zuerst bei diesem (arithmetischen) Mittelwert beginnen muss, der sich in der Differenz der Zahl, nicht in der Betrachtung des Verhältnisses findet.

## XLIII. de arithmetica medietate eiusque proprietatibus

(1) arithmeticam medietatem vocamus, quotiens vel tribus vel quotlibet terminis positis aequalis atque eadem differentia inter omnes dispositos terminos invenitur. in qua neglecta proportionis aequalitate terminorum tantum differentiarumque speculatio custoditur, ut:

| | | | | | | | | | |
|---|---|---|---|---|---|---|---|---|---|
| I | II | III | IIII | V | VI | VII | VIII | VIIII | X |

in hac enim naturalis numeri dispositione, si quis continuatim differentias terminorum curet aspicere, secundum arithmeticam medietatem aequa terminorum inter se discrepantia est; aequales enim sunt differentiae, sed eadem proportio atque habitudo non est.

(2) si igitur in tribus terminis consideratio [141] sit, continua proportionalitas dicitur; sin vero hic alius dux et alius comes, illic vero utrique sint alii, vocabitur disiuncta medietas.

(3) si igitur in tribus tantum terminis secundum continuam medietatem respexeris vel in quattuor vel in quotlibet aliis secundum disiunctam easdem semper differentias terminorum videbis, tantum solis proportionibus permutatis.

(4) id si in uno quis noverit, reliqua eum ratio non latebit. sit continua medietas

| | | |
|---|---|---|
| I | II | III |

hic unus a duobus et duo a tribus solis tantum singulis distant, et sunt eaedem differentiae, proportiones vero aliae. namque duo ad unum duplus est, III ad II sesqualter. et in ceteris idem videbis.

(5) sin autem permiscens et aliquos praeteriens eligas et in his aliquam speculationem ponas, idem poterit evenire. nam si aequales terminos intermittas et uno sese in priore dispositione praetereant,

## 43. Über den arithmetischen Mittelwert und seine Eigenschaften

(1) Wir sprechen von einem arithmetischen Mittelwert, sooft, nachdem drei oder eine beliebige Anzahl von Werten angeordnet worden sind, die gleiche und dieselbe Differenz zwischen allen gesetzten Werten gefunden wird. Bei dieser wird ohne Rücksicht auf die Gleichheit des Verhältnisses die Betrachtung nur der Werte und ihrer Differenzen bewahrt, etwa so:

| | | | | | | | | | |
|---|---|---|---|---|---|---|---|---|---|
| 1 | 2 | 3 | 4 | 5 | 6 | 7 | 8 | 9 | 10 |

In dieser Anordnung der natürlichen Zahlenreihe gibt es nämlich, wenn man fortlaufend die Differenzen der Werte ansehen will, die gleichen Abweichung der Werte untereinander gemäß dem arithmetischen Mittelwert. Die Differenzen sind nämlich gleich, aber das Verhältnis und die Beziehung sind es nicht.
(2) Wenn man also drei Werte bedenkt, spricht man von einer kontinuierlichen Proportion. Wenn aber hier der eine ein Anführer und der andere ein Gefolgsmann (s. o. I 24,4) ist, dort aber beide andere sind, spricht man von einem disjunkten Mittelwert.
(3) Wenn du also bei nur drei Werten gemäß einem kontinuierlichen Mittelwert oder aber bei vier oder beliebig vielen anderen (Werten) gemäß einem disjunkten (Mittelwert) Betrachtungen anstellst, wirst du immer die gleichen Differenzen der Werte sehen, nachdem nur die Verhältnisse vertauscht sind.
(4) Wenn dies jemand in einem Fall erkannt hat, wird ihm die übrige Berechnung nicht verborgen bleiben. Es sei etwa folgender kontinuierlicher Mittelwert:

| | | |
|---|---|---|
| 1 | 2 | 3 |

Hier sind 1 von 2 und 2 von 3 jeweils nur die Eins entfernt und es sind die gleichen Differenzen, aber die Verhältnisse sind verschieden: 2 ist ja von 1 das Doppelte, 3 von 2 das Eineinhalbfache. Das Gleiche wirst du bei den übrigen Zahlen sehen.
(5) Wenn du aber, indem du sie mischst und manche Zahlen übergehst, eine Auswahl triffst und dann bei diesen eine Betrachtung anstellst, wird das Gleiche geschehen können. Wenn du nämlich gleiche Werte auslässt und sie in einer vorherigen Anordnung sich um 1 übertreffen, dann wird,

si singulos intermittas, solius binarii notabitur differentia, sin vero duos praetereas, ternarii, si tres, quaternarii, si quattuor, quinarii. et ad eundem modum uno plus, quam intermiseris, erit illa, quam quaerimus, differentia terminorum.

(6) namque si in tribus terminis singuli relinquantur, binarius semper intererit.

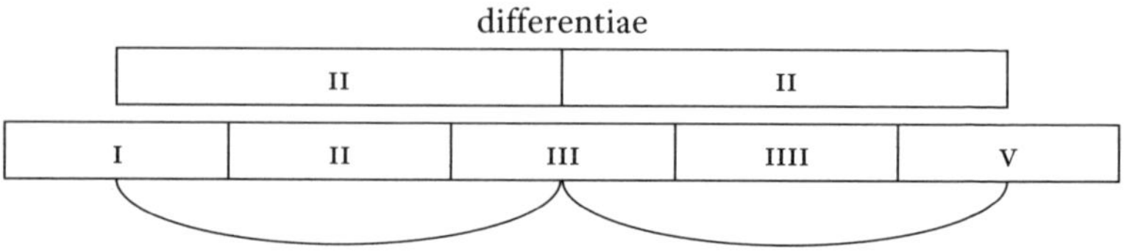


videsne ut, cum superius in naturalis numeri dispositione se termini singulis praeterirent, praetermissis duobus et [142] IIII unus ad III et III ad quinarium comparati binarium solum in differentia retinuerint. nec non etiam in disiuncta eadem versabitur observatio.

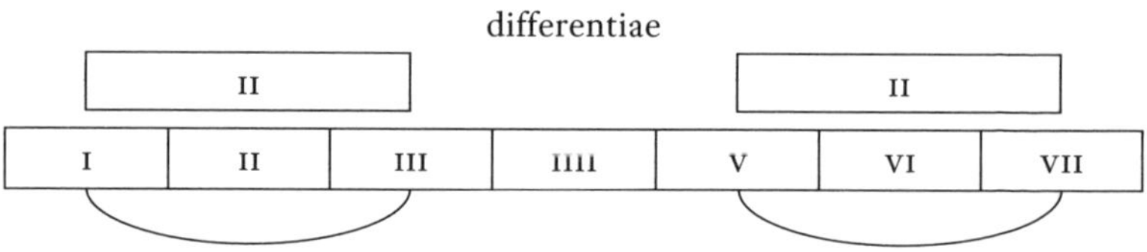


(7) talibus igitur vestigiis insistentem nullus ab eadem similitudine error abducet. namque si duos intermittas, ternarius differentiam continebit, si tres, quaternarius, si quattuor, quinarius aeque in continuis proportionibus atque disiunctis.
(8) qualitas autem proportionis eadem non erit, quamvis sint aequis termini differentiis distributi. quod si conversim ponantur, ut non eisdem differentiis eadem qualitas proportionis eveniat, geometrica talis proportionalitas, non arithmetica nominatur.

wenn du einzelne auslässt, eine Differenz von genau 2 bemerkt werden; wenn du aber 2 übergehst, von 3; wenn 3 (übergangen werden), dann von 4; wenn 4, dann von 5. Und so wird auf dieselbe Weise jene Differenz der Werte, die wir suchen, um 1 mehr sein als diejenige, die du hast dazwischentreten lassen.

(6) Wenn also bei drei Werten je einer (in der Mitte) fortgelassen wird, dann wird immer 2 dazwischenkommen.

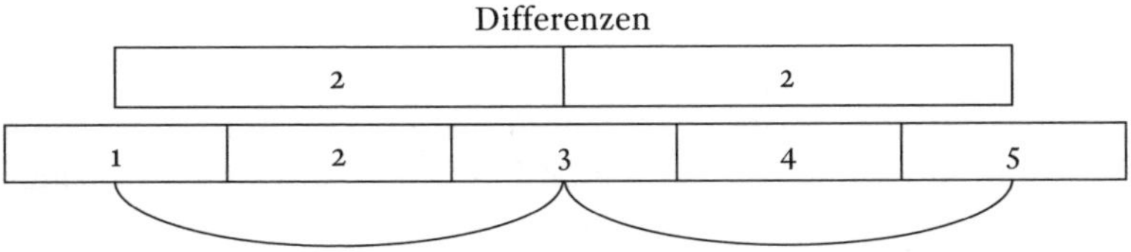


Siehst du, dass, da weiter oben in der Anordnung der natürlichen Zahlenreihe die Werte einander um je eine Zahl überschreiten, wenn man die 2 und die 4 weggelassen hat, die 1 im Vergleich zu der 3 und die 3 im Vergleich zu der 5, nur 2 in ihrer Differenz behalten haben. Dieselbe Beobachtung wird sich auch bei einer disjunkten (Anordnung) finden.

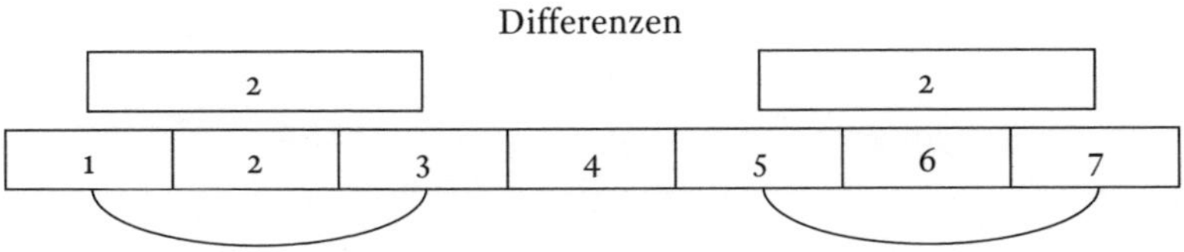


(7) Denjenigen, der auf solchen Spuren wandelt, wird kein Irrtum von derselben Gleichheit wegführen. Wenn du nämlich 2 auslässt, wird 3 die Differenz sein; wenn 3, wird 4; wenn 4, wird 5 die Differenz sein, gleichermaßen in kontinuierlichen und disjunkten Verhältnissen.

(8) Aber die Qualität des Verhältnisses wird nicht dieselbe sein, obwohl die Werte mit gleichen Differenzen angeordnet sind. Wenn sie aber umgedreht gesetzt werden, so dass dieselbe Qualität des Verhältnisses nicht mit denselben Differenzen auftritt, wird ein solches Verhältnis geometrisch (s. u. II 44), nicht arithmetisch genannt.

(9) est autem proprium huius medietatis, quod, si in tribus terminis speculatio sit, compositis extremitatibus illa summa, quae inter extremitates est, non loco tantum verum etiam sit quantitate medietas. ut si ponantur

| | | |
|---|---|---|
| I | II | III |

unus et III quattuor reddunt, duo vero, qui medius inter utrosque est, quaternarii medietas invenitur. quod si bis medietatem ducas, aequus erit extremitatibus. bis enim II IIII creant. sin vero disiuncta sit, quod fit ex utrisque extremitatibus compositis, hoc ex duabus medietatibus redditur. si enim sint

| | | | |
|---|---|---|---|
| I | II | III | IIII |

unus et quattuor quinarium creant, II et III medii in eundem rursus quinarium surgunt.

[143] continua

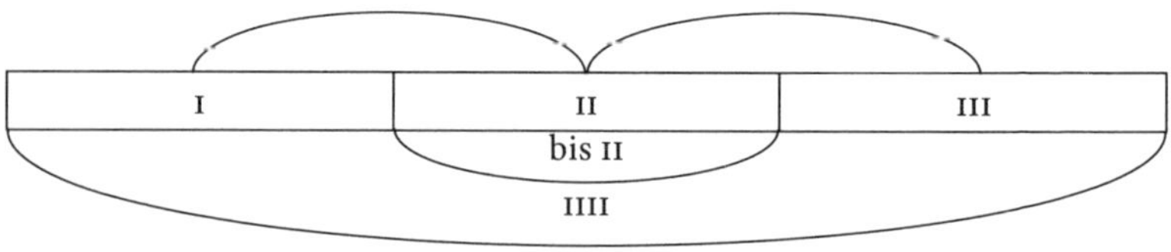


disiuncta

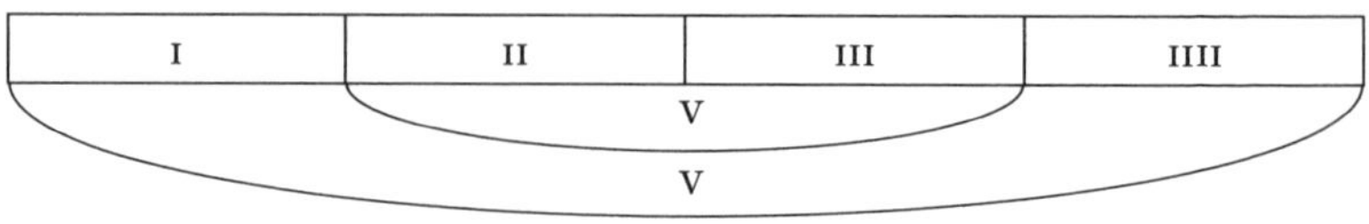

(9) Es ist charakteristisch für diesen (arithmetischen) Mittelwert, dass, wenn die Betrachtung auf 3 Werten liegt, nachdem die Randwerte gesetzt worden sind, jene Gesamtzahl, die zwischen den Randwerten liegt, nicht nur dem Platz nach, sondern auch der Menge nach der Mittelwert ist. Wenn also beispielsweise

| | | |
|---|---|---|
| 1 | 2 | 3 |

gesetzt werden, ergeben 1 und 3 zusammen 4; 2 aber, welche die Mitte zwischen beiden ist, wird als die Hälfte von 4 befunden. Wenn du aber die Mitte mit 2 multiplizierst, ist sie gleich den Randwerten. Zweimal 2 ergibt ja 4. Aber wenn es ein disjunktes (Verhältnis) ist, weil es aus beiden Randwerten gebildet worden ist, wird dies aus den Mittelwerten hervorgebracht. Wenn nämlich

| | | | |
|---|---|---|---|
| 1 | 2 | 3 | 4 |

(gesetzt) sind, dann ergeben 1 und 4 die 5, 2 und 3 des mittleren (Teils) ergeben wiederum 5:

kontinuierlich

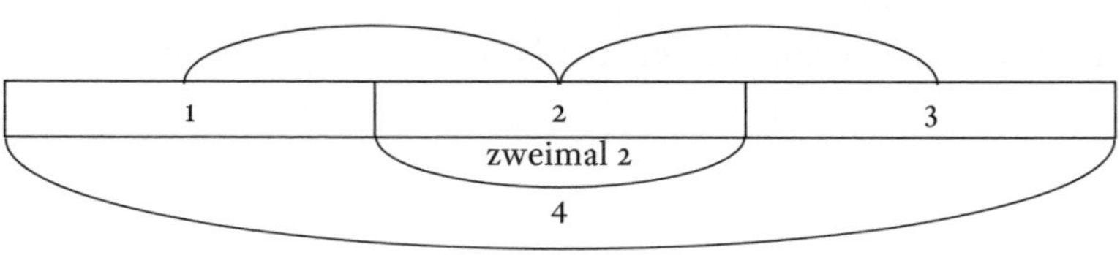


disjunkt

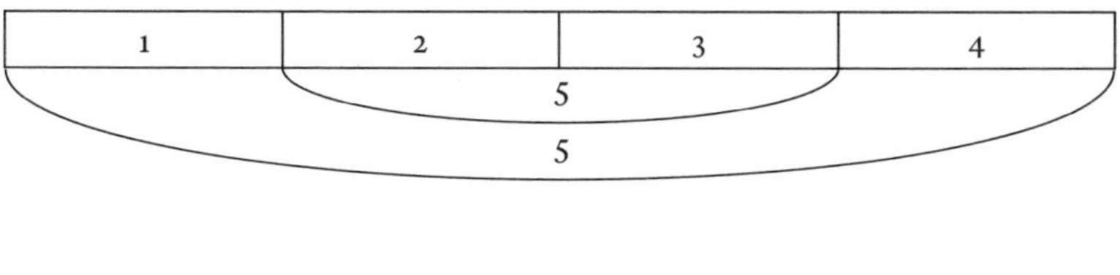

(10) est illi hoc quoque solida proprietate coniunctum, quod quemadmodum sunt omnes termini huiusmodi dispositionis ad se ipsos, ita sunt differentiae ad differentias constitutae. namque omnis terminus sibi ipsi aequalis est et differentiae differentiis sunt aequales.

(11) illud quoque subtilius, quod multi huius disciplinae periti nisi Nicomachus nunquam antea perspexerunt, quod in omni dispositione vel continua vel disiuncta, quod continetur sub duabus extremitatibus minus est eo numero, qui ex medietate conficitur, tantum, quantum possunt duae sub se differentiae continere, quae inter ipsos sunt terminos constitutae.

(12) ponamus enim tres terminos huiusmodi

| | | |
|---|---|---|
| III | V | VII |

si igitur tres septies augeantur, in XXI numerum cadunt. quod si medium terminum, id est V, in semet ipsum multiplicaveris, quinquies quinque faciunt XXV et hic numerus ab eo, quem extremitates colligunt, quaternario maior est, quem scilicet differentiae conficiunt. inter III enim et V et VII bini intersunt, quos si in sese multiplices, IIII reddunt. bis enim duo IIII fiunt. recte igitur dictum est, in hac huiusmodi dispositione, quod continetur sub extremitatibus, minus esse illo numero, [144] qui fit ex medietate, tantum, quantum differentiae in se multiplicatae restituunt.

*[Abb. fol. 115ᵛ, hier S. 78]*

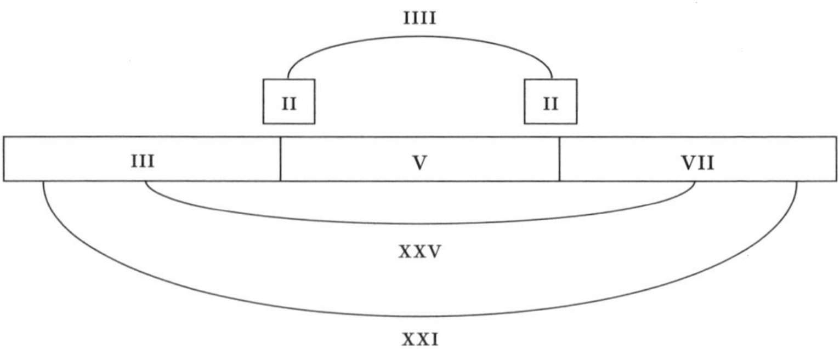

(10) Es ist damit auch folgendes in einer festen Eigenschaft verbunden, dass, wie auch immer die Werte einer Anordnung dieser Art zueinanderstehen, so die Differenzen zu den Differenzen angeordnet sind. So ist jeder Wert sich selbst gleich und die Differenzen sind den Differenzen gleich.

(11) Es gibt auch jene recht feinsinnige Angelegenheit, die mit Ausnahme von Nikomachos viele Gelehrte dieses Lehrgebiets nie zuvor beobachtet haben, dass nämlich in jeder Anordnung, ob kontinuierlich oder disjunkt, das, was aus den beiden Randwerten (durch Multiplikation) erzielt wird, geringer ist als diejenige Zahl, die sich aus dem Mittelwert (durch Multiplikation) ergibt, und zwar um so viel, wie die beiden Differenzen miteinander umschließen können, die zwischen den Werten selbst gebildet worden sind.

(12) Lasst uns drei Werte dieser Art aufschreiben:

| | | |
|---|---|---|
| 3 | 5 | 7 |

Wenn also die 3 siebenmal vermehrt wird, kommt sie auf die Zahl 21. Wenn aber der mittlere Wert, 5, mit sich selbst multipliziert wird, dann ergibt fünfmal 5 die Zahl 25 und diese Zahl ist im Vergleich zu derjenigen, welche die Randwerte zusammen multipliziert ergeben, um 4 größer, was natürlich die Differenzen ergeben: Zwischen 3 und 5 sowie zwischen 5 und 7 liegen ja jeweils 2, die zusammen multipliziert 4 ergeben. Zweimal 2 macht nämlich 4. Zu Recht ist also gesagt worden, dass bei dieser Art der Anordnung das, was aus den Randwerten erzielt wird, weniger ist als jene Zahl, die aus dem Mittelwert entsteht, und zwar um so viel, wie die Differenzen mit sich selbst multipliziert ergeben:

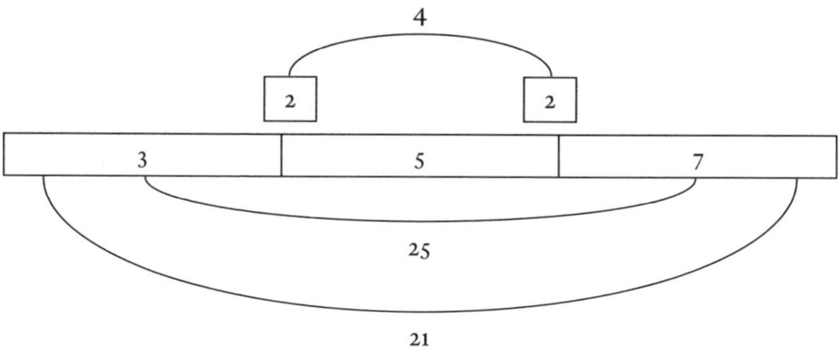

(13) quartum vero proprium huiusmodi dispositionis notatur, quod antiquiores quoque habuere notissimum, quod in hac proportionalitate vel medietate in minoribus terminis maiores proportiones, in maioribus minores comparationes necesse est inveniri.

(14) namque in dispositione hac

| | | |
|---|---|---|
| I | II | III |

minores sunt termini I et II, maiores II et III. et II ad unum duplus est, tres vero ad II sesqualter. sed maior est proportio dupli quam sesqualtera.

(15) in armonica autem medietate e contrario evenire contingit; in minoribus enim terminis minores proportiones, in maioribus maior proportionis quantitas custoditur. harum vero medietatum, id est arithmeticae atque armonicae, geometrica proportionalitas media esse notata est, quae vel in maioribus vel in minoribus terminis aequas numerorum qualitates in proportionalitate custodit. inter maius vero et minus aequalitas loco ponitur medietatis.

(16) et de arithmetica quidem medietate satis dictum est.

(13) Als vierte Eigenschaft dieser Art von Anordnung wird notiert, was auch die Alten als das Bemerkenswerteste betrachtet haben, dass in dieser Proportion oder diesem Mittelwert notwendigerweise bei den kleineren Werten die größeren Verhältnisse, bei den größeren (Werten) die kleineren Verhältnisse zu finden sind.
(14) In dieser Anordnung nämlich

| | | |
|---|---|---|
| 1 | 2 | 3 |

sind die kleineren Werte 1 und 2, die größeren 2 und 3. Und 2 zu 1 ist ein Doppel-, 3 zu 2 ein Eineinhalb-Verhältnis. Aber das Verhältnis eines Doppelten ist größer als das eines Eineinhalb.
(15) Bei einem harmonischen Mittelwert aber (s. u. II 47) verhält es sich gegensätzlich: Bei den kleineren Werten gibt es nämlich kleinere Verhältnisse, bei den größeren wird eine größere Menge des Verhältnisses bewahrt. Zwischen diesen beiden Mittelwerten, also dem arithmetischen und dem harmonischen, nimmt, wie bemerkt wurde, die geometrische Proportion die Mittelstellung ein, die sowohl bei den größeren als auch bei den kleineren Werten gleiche Zahlenqualitäten in Proportion bewahrt: An der Stelle zwischen dem Größeren und dem Kleineren ist die Gleichheit des Mittelwerts platziert.
(16) Nun ist genug über den arithmetischen Mittelwert gesagt.

## XLIIII. de geometrica medietate eiusque proprietatibus

(1) nunc vero quae hanc sequitur, geometrica medietas expediatur, quae sola vel maxime proportionalitas appellari potest propterea quod in eisdem proportio[145]nibus terminorum vel in maioribus vel in minoribus speculatio ponitur. hic enim aequa semper proportio custoditur, numeri quantitas multitudoque neglegitur, contrarie quam in arithmetica medietate,

(2) ut sunt

| | | | | | | |
|---|---|---|---|---|---|---|
| I | II | IIII | VIII | XVI | XXXII | LXIIII |

vel in tripla proportione

| | | | | |
|---|---|---|---|---|
| I | III | VIIII | XXVII | LXXXI |

vel si quadrupla vel si quincupla vel si in quamlibet multiplicitatem numerorum sit constituta distensio. in his enim, quotlibet terminos sumpseris, explebunt geometricam medietatem, quemadmodum enim prior ad sequentem est, ita sequens ad alium, et rursus, si permixte facias, idem erit. si enim ponantur tres termini II IIII et VIII., quemadmodum sunt VIII ad IIII ita quattuor ad duo. atque hoc si convertas, quemadmodum sunt duo ad quattuor, ita erunt quattuor ad VIII.

dupla dupla

| | | |
|---|---|---|
| II | IIII | VIII |

(3) vel si in quattuor terminis, ut sunt

| | | | |
|---|---|---|---|
| II | IIII | VIII | XVI |

quemadmodum est primus ad tertium, id est II ad VIII, sic erit secundus ad quartum, id est IIII ad XVI utraque enim proportio

## 44. Über den geometrischen Mittelwert und seine Eigenschaften

(1) Nun aber soll der geometrische Mittelwert, der diesem (dem arithmetischen) folgt, erklärt werden, der allein oder am ehesten eine Proportion genannt werden kann, da die Betrachtung sich auf die gleichen Verhältnisse der Werte richtet, gleich ob bei größeren oder kleineren Werten. Hier wird ja immer ein gleiches Verhältnis eingehalten und die Menge und Vielheit der Zahl außer Acht gelassen, im Gegensatz zum arithmetischen Mittelwert.
(2) So gibt es etwa

| | | | | | | |
|---|---|---|---|---|---|---|
| 1 | 2 | 4 | 8 | 16 | 32 | 64 |

oder im dreifachen Verhältnis

| | | | | |
|---|---|---|---|---|
| 1 | 3 | 9 | 27 | 81 |

oder wenn es eine vierfache oder fünffache oder in jede beliebige Multiplikation von Zahlen (gerichtete) Erweiterung gibt. In solchen Zahlen werden, gleich wie viele Werte du aufnimmst, diese einen geometrischen Mittelwert erfüllen, und zwar so, wie sich der vorhergehende (Wert) zum nachfolgenden verhält, so verhält sich der nachfolgende (Wert) zu dem anderen; und wiederum, wenn du diese vertauschst, wird es dasselbe sein. Wenn nämlich drei Werte gesetzt werden, 2 und 4 und 8, verhalten sich 8 zu 4 so wie 4 zu 2. Und wenn du diese umdrehst, werden sich so wie 2 zu 4 auch 4 zu 8 verhalten.

Doppel Doppel

| | | |
|---|---|---|
| 2 | 4 | 8 |

(3) Oder wenn du vier Werte betrachtest, wie etwa

| | | | |
|---|---|---|---|
| 2 | 4 | 8 | 16 |

dann gilt: Wie sich der erste zum dritten (Wert) verhält, also 2 zu 8, so wird der zweite sich zum vierten (Wert) verhalten, also 4 zu 16;

quadrupla est. et conversim quemadmodum quartus est ad secundum, ita tertius notatur ad primum.

(4) hoc vero etiam disiuncte licet. nam quemadmodum est primus ad secundum, id est duo ad IIII, sic tertius ad quartum, id est VIII ad XVI et conversim quemadmodum secundus ad primum, id est IIII ad II, ita quartus ad tertium, id est XVI ad VIII. idque in omnibus rata consideratione perspicies.

[146] *[Abb. fol. 116ᵛ, hier S. 79]*

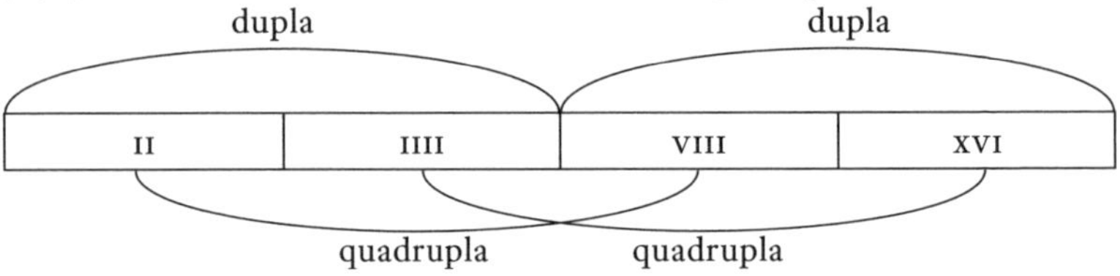


(5) habet autem proprium huiusmodi medietas, quod in omni dispositione secundum hanc proportionalitatem terminorum differentiae in eadem proportione contra se sunt, qua fuerint ipsi termini, quorum sunt ipsae differentiae.
(6) sive enim dupli contra se sint termini, duplae erunt etiam differentiae, sive tripli, triplae, sive secundum quamlibet multiplicitatem, eadem in differentiis multiplicitas erit, quam prima consideratio invenit in terminis, ut subiecta descriptio monet.

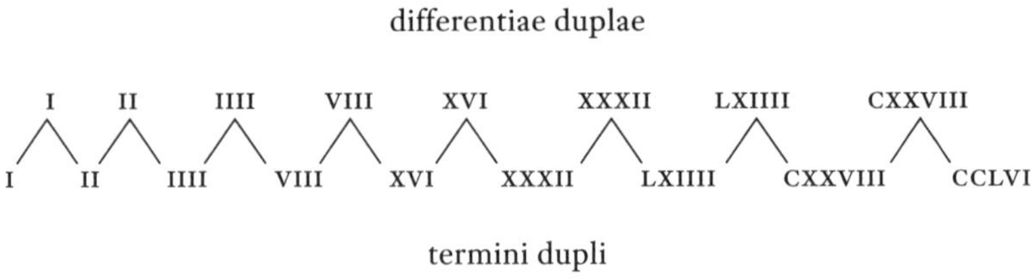

beide Verhältnisse sind nämlich ein Vierfaches. Umgedreht gilt: Wie der vierte Wert sich zum zweiten verhält, so wird der dritte zum ersten zur Kenntnis genommen.

(4) Dies gilt auch disjunkt: Wie der erste (Wert) sich zum zweiten verhält, also 2 zu 4, so verhält sich nämlich der dritte zum vierten (Wert), also 8 zu 16. Und umgedreht: Wie der zweite sich zum ersten verhält, also 4 zu 2, so verhält sich der vierte zum dritten (Wert), nämlich 16 zu 8. Und dies wirst du bei rechter Betrachtung bei allen erkennen.

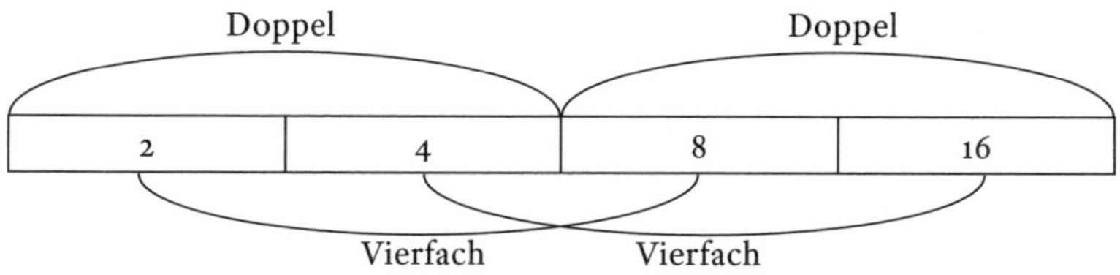


(5) Ein solcher Mittelwert hat die Eigenschaft, dass in jeder Anordnung gemäß dieser Proportion die Differenzen der Werte im selben Verhältnis zueinanderstehen, in welchem sich die Werte selbst befanden, zwischen denen sich eben diese Differenzen befinden.

(6) Sei es nämlich, dass die Werte einander gegenüber verdoppelt sind, (dann) werden auch die Differenzen doppelt sein, sei es verdreifacht, (dann) dreifach, sei es gemäß einer beliebigen Multiplikation, (dann) wird dieselbe Multiplikation bei den Differenzen vorliegen, die die erste Betrachtung bei den Werten gefunden hat, wie die folgende Darstellung zeigt:

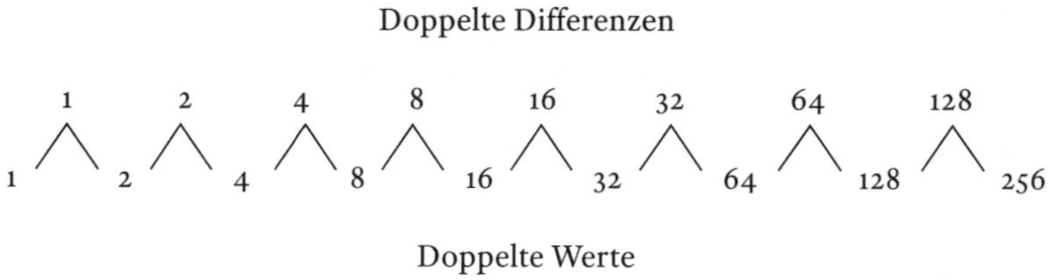

nulli igitur dubium esse potest, quod, cum omnes termini dupli sint, ita differentiae quoque eorum terminorum duplae esse videantur, ut uno minus termino in differentiis omnes paene dispositos subter terminos, quorum sunt ipsae differentiae, superior ordo reddiderit.

(7) est etiam aliud proprium, quod omnis ad minorem maior terminus comparatus ipsum minorem retinet differentiam.

(8) namque binarius ad unitatem ipsa unitate differt, et quaternarius binario ipso binario et octonarius quaternario ipso quaternario et deinceps maiores alii ipsis minoribus ab eisdem ipsis differunt, quos numerositate praetereunt.

(9) et hoc quidem in duplici proportione cadit; sin vero sint triplices proportiones maior [147] terminus a minore termino duplicato minore termino differt, ut, si sint

| | | |
|---|---|---|
| I | III | VIIII |

tres ab uno binario differunt, in quem unitas, id est minor terminus duplicatus exundat; et VIIII a tribus senario differunt, quem ternarius duplicatus educit. et in aliis cunctis eiusmodi ratio reperietur. sin vero quadruplices sint, triplicato minore termino maior terminus a minore distabit, et, si quincupla, quadruplicato, et, si sescupla, quincuplicato, et una minus multiplicatione, quam est ipsa minorum ad maiores comparatio terminorum, minorem numerum maior exsuperat.

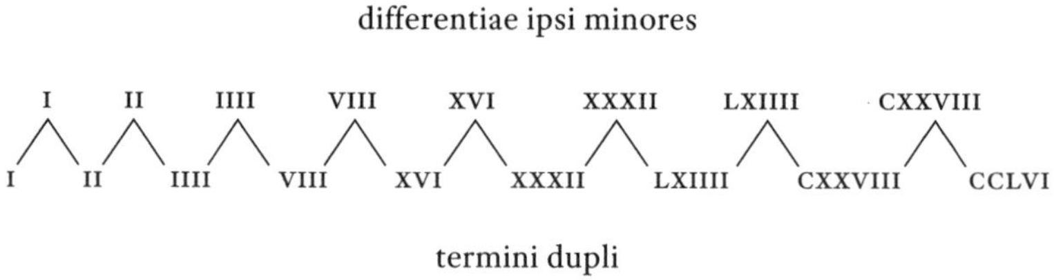

Es kann also für niemanden ein Zweifel daran bestehen, dass, wenn alle Werte doppelt sind, so offenbar auch die Differenzen zwischen diesen Werten doppelt sind, so dass die obere Reihe – mit einem Wert weniger bei den Differenzen – fast alle darunter gesetzten Werte wiedergegeben hat, deren Differenzen es eben sind.
(7) Eine weitere Eigenschaft besteht darin, dass jeder größere Wert, der mit einem kleineren verglichen worden ist, genau den kleineren als Differenz beibehält.
(8) 2 unterscheidet sich ja von der Einzahl genau durch die Einzahl, und 4 unterscheidet sich von 2 genau durch 2, und 8 unterscheidet sich von 4 genau durch 4, und sodann unterscheiden sich die anderen größeren Zahlen durch genau die kleineren Zahlen von eben diesen, die sie an Menge übertreffen.
(9) Dies geschieht freilich im Doppel-Verhältnis. Wenn es aber dreifache Verhältnisse gibt, unterscheidet sich der größere Wert von dem kleineren Wert durch den verdoppelten kleineren Wert, wie etwa bei

| | | |
|---|---|---|
| 1 | 3 | 9 |

wo sich 3 von 1 durch 2 unterscheidet, zu welcher die Einzahl, also der kleinere Wert, ansteigt, wenn er verdoppelt worden ist. Und 9 unterscheidet sich von 3 durch 6, was die verdoppelte 3 ergibt. Auch bei allen anderen (Vielfachen) wird man eine Ratio dieser Art finden. Wenn es aber Vierfache sind, unterscheidet sich der größere Wert von dem kleineren um ein Dreifaches des kleineren Werts. Sind es Fünffache, um ein Vierfaches, und sind es Sechsfache, um ein Fünffaches, und um eine Multiplikation weniger, als genau der Vergleich der kleineren Werte mit den größeren ergibt, übertrifft die größere Zahl die kleinere.

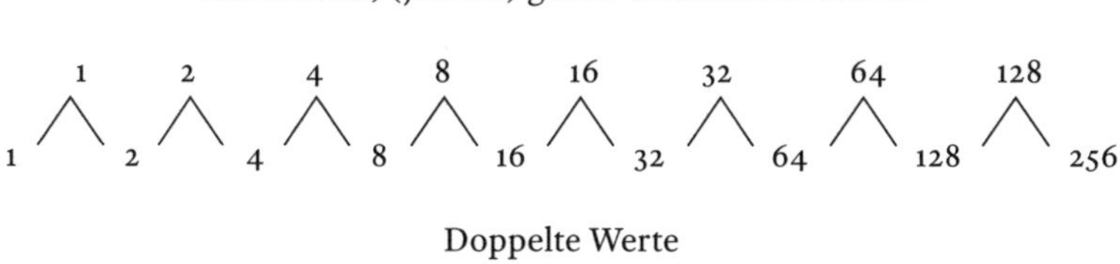

differentiae dupli minores

II VI XVIII LIIII CLXII CCCLXXXVI I CCCCLVIII

I III VIIII XXVII LXXXI CCXLIII DCCXXVIIII II CLXXXVII

termini tripli

differentiae tripli minores

III XII XLVIII CXCII DCCLXVIII III LXXII XII CCLXXXVIII

I IIII XVI LXIIII CCLVI I XXIIII IIII XCVI XVI CCCLXXXIIII

termini quadrupli

(10) haec autem proportionalitas et in aliis omnibus vel superparticularibus vel superpartientibus invenitur huiusmodi proprietate in omnibus conservata, ut in continua proportione, quod fit sub extremitatibus, si tres fuerint termini, hoc a medietate multiplicata consurgat. si enim sint

| | | |
|---|---|---|
| II | IIII | VIII |

quod fit ex bis VIII, idem fit ex quater IIII; vel si sit in quattuor terminis disiuncta proportio, [148] quod fit sub utrisque extremitatibus, id duarum medietatum multiplicatione concrescat, ut, si sint

| | | | |
|---|---|---|---|
| II | IIII | VIII | XVI |

quod fit ex bis XVI, id ex quater VIII reddatur.

Differenzen, (jeweils) die doppelten kleineren Zahlen

2 6 18 54 162 386 1458

1 3 9 27 81 243 729 2187

Dreifache Werte

Differenzen, (jeweils) die dreifachen kleineren Zahlen

3 12 48 192 768 3072 12288

1 4 16 64 256 1024 4096 16384

Vierfache Werte

(10) Diese Proportion findet sich auch in allen anderen Superpartikularen oder Superpartienten, da die so geartete Eigenschaft bei allen bewahrt worden ist, so dass in einem kontinuierlichen Verhältnis das, was aus den Randwerten (durch Multiplikation) entsteht, wenn es drei Werte sind, auch aus einem multiplizierten Mittelwert entsteht. Wenn es nämlich

| | | |
|---|---|---|
| 2 | 4 | 8 |

gibt, so ist das, was aus zweimal 8 entsteht, dasselbe wie das, was aus viermal 4 entsteht; oder wenn bei vier Werten ein disjunktes Verhältnis besteht, so wächst das, was aus beiden Randwerten entsteht, auch aus der Multiplikation der beiden Mittelwerte, so dass, wenn es

| | | | |
|---|---|---|---|
| 2 | 4 | 8 | 16 |

gibt, das, was aus zweimal 16 entsteht, auch aus viermal 8 gebildet wird.

(11) exemplar autem nobis maximum certissimumque sit illud, ubi ex aequalitate diximus omnes inaequalitatis species fundi. illic enim in omnibus vel multiplicibus vel superparticularibus vel superpartientibus vel in ceteris coniunctis geometrica proportionalitas custoditur has omnes proprietates, quas supra diximus, continens.
(12) quarta vero est proprietas huiusce medietatis, quod vel in maioribus vel in minoribus terminis aequales semper proportiones sunt.
(13) namque si ponantur

| | | | | | |
|---|---|---|---|---|---|
| II | IIII | VIII | XVI | XXXII | LXIIII |

inter hos omnes dupla proportio est.

apparet etiam haec proportionalitas in binis proportionibus ab unitate alternatim parte altera longioribus quadratisque dispositis a prima multiplicitatis habitudine, id est a duplici per cunctas superparticularis habitudines proportionesque discurrens; quod subiecta descriptione signatum est.

| | |
|---|---|
| tetragonus | I |
| parte altera longior | II |
| tetragonus | IIII |
| parte altera longior | VI |
| tetragonus | VIIII |
| parte altera longior | XII |
| tetragonus | XVI |
| parte altera longior | XX |
| tetragonus | XXV |
| [149] parte altera longior | XXX |
| tetragonus | XXXVI |
| parte altera longior | XLII |
| tetragonus | XLVIIII |

| |
|---|
| dupla |
| dupla |
| sesqualtera |
| sesqualtera |
| sesquitertia |
| sesquitertia |
| sesquiquarta |
| sesquiquarta |
| sesquiquinta |
| sesquiquinta |
| sesquisexta |
| sesquisexta |

(11) Ein äußerst großes und zuverlässiges Muster ist für uns jenes, wo wir (in I 32) sagten, dass aus der Gleichheit alle Arten der Ungleichheit entstehen. Bei allen Vielfachen oder Superpartienten oder Superpartikularen oder bei anderen (Beziehungen) wird die geometrische Proportion eingehalten, weil sie alle diese Eigenschaften enthält, die wir oben genannt haben.
(12) Es ist die vierte Eigenschaft dieses Mittelwerts, dass in den kleineren oder den größeren Werten die Verhältnisse immer gleich sind.
(13) Wenn nämlich die Zahlen

| | | | | | |
|---|---|---|---|---|---|
| 2 | 4 | 8 | 16 | 32 | 64 |

gesetzt sind, dann gibt es zwischen all diesen ein Doppel-Verhältnis.

Diese (geometrische) Proportion erscheint auch in den paarweisen Verhältnissen, wenn von der Einzahl an abwechselnd Rechtecke (s. o. II 26) und Quadrate angeordnet worden sind, indem sie (die Proportion) von der ersten Vielfach-Beziehung an, das heißt vom Doppel, durch alle Beziehungen und Verhältnisse des Superpartikularen durchläuft. Dies ist in der folgenden Darstellung aufgezeichnet worden:

| | | |
|---|---|---|
| Quadrat | 1 | |
| | | Doppel |
| Rechteck | 2 | |
| | | Doppel |
| Quadrat | 4 | |
| | | Eineinhalb |
| Rechteck | 6 | |
| | | Eineinhalb |
| Quadrat | 9 | |
| | | Eineindrittel |
| Rechteck | 12 | |
| | | Eineindrittel |
| Quadrat | 16 | |
| | | Eineinviertel |
| Rechteck | 20 | |
| | | Eineinviertel |
| Quadrat | 25 | |
| | | Eineinfünftel |
| Rechteck | 30 | |
| | | Eineinfünftel |
| Quadrat | 36 | |
| | | Eineinsechstel |
| Rechteck | 42 | |
| | | Eineinsechstel |
| Quadrat | 49 | |

## XLV. quae medietates quibus rerum publicarum statibus comparentur

(1) atque [ideo] arithmetica quidem rei publicae comparatur, quae paucis regitur, idcirco quod in minoribus eius terminis maior proportio sit. musicam vero medietatem optimatium dicunt esse rem publicam ideo, quod in maioribus terminis maior proportionalitas invenitur. geometrica medietas popularis quodammodo et exaequatae civitatis est. namque vel in maioribus vel in minoribus aequali omnium proportionalitate componitur, et est inter omnes paritas quaedam medietatis aequum ius in proportionibus conservantis.

## XLVI. quod superficies una tantum in proportionalitatibus medietate iungantur, solidi vero numeri duabus medietatibus in medio collocatis

(1) post haec igitur tempus est, ut expediamus nunc quiddam nimis utile in Platonica quodam disputatione, quae in Timaei cosmopoeia haud facili cuiquam vel penetrabili ratione versatur. omnes enim planae figurae, quae nulla altitudine crescunt, una tantum medietate [150] geometrica continuantur; alia, quae iungat, non potest inveniri; unde duo tantum in his intervalla sunt constituta, a primo scilicet ad medium et a medio ad tertium.

(2) si vero fuerint cybi, duas tantum habebunt medietates, ubi tertia inveniri non poterit secundum geometricam scilicet proportionem; unde formae solidae tria intervalla dicuntur habere. est enim unum intervallum a primo ad secundum et a secundo ad tertium et a tertio ad quartum, quae est scilicet postrema distantia.

(3) recte igitur et planae figurae duobus intervallis et solidae tribus contineri dicuntur. sint enim duo tetragoni IIII scilicet et VIIII horum igitur unus tantum medius in eadem proportione constitui pote-

## 45. Welche Mittelwerte mit welchen Staatsformen verglichen werden

(1) Und zwar wird der arithmetische (Mittelwert) deshalb mit dem Staat verglichen, der von wenigen regiert wird, weil es bei seinen kleineren Werten ein größeres Verhältnis gibt. Man sagt aber, dass der musikalische (harmonische, s. u. II 47) Mittelwert deshalb ein Staat der Optimaten (Aristokraten) ist, weil es bei dessen größeren Werten eine größere Proportion gibt. Der geometrische Mittelwert ist gewissermaßen volkstümlich und Zeichen einer volkstümlichen und gleichberechtigten Bürgerschaft (Demokratie); sowohl bei den größeren als auch bei den kleineren (Werten) wird dieser nämlich in einer gleichen Proportion aller gebildet und es gibt zwischen allen eine gewisse Gleichheit (»Geradheit«) des Mittelwerts, der das gleiche Recht in allen Verhältnissen bewahrt. *[dazu Silvestre 1996; Guillaumin 2002]*

## 46. Dass Flächenzahlen nur durch einen Mittelwert in den Proportionen verbunden sind, Körperzahlen aber durch zwei in der Mitte platzierte Mittelwerte

(1) Nach diesen Dingen ist es nun an der Zeit, etwas überaus Nützliches zu erwähnen in einer gewissen Erörterung Platons, die sich in seinem Werk über die Natur des Kosmos, dem *Timaios* (30c), findet, das für niemanden von leichter oder durchschaubarer Ratio ist. Alle Flächen-Figuren, die nicht in die Höhe wachsen, werden nämlich nur durch einen einzigen geometrischen Mittelwert ausgedehnt; kein anderer kann gefunden werden, der sie zusammenhält. Daher werden bei ihnen nur zwei Intervalle gebildet, nämlich vom ersten Wert zur Mitte und von der Mitte zum dritten Wert.
(2) Sind sie hingegen Würfel, so werden sie zwei Mittelwerte haben, wo ein dritter nicht gefunden werden kann, natürlich gemäß dem geometrischen Verhältnis; daher sagt man von Körperformen, sie hätten drei Intervalle. Es gibt ein Intervall von dem ersten zum zweiten Wert, vom zweiten zum dritten und vom dritten zum vierten, welcher natürlich der am weitesten entfernte ist.
(3) Zu Recht sagt man daher, dass Flächen-Figuren von zwei Intervallen und Körper von drei Intervallen umfasst werden. Es seien zwei Quadrate, nämlich 4 und 9, für die nur ein einziger Mittelwert im sel-

st. namque senarius ad IIII sesqualter est et VIIII ad senarium eodem modo sesqualter. hoc autem idcirco evenit, quod singula latera singulorum tetragonorum efficiunt senariam medietatem. nam quaternarii tetragoni latus binarius est, novenarii ternarius. hi ergo multiplicati senarium perfecerunt; bis enim III senarius est. et quotienscunque datis duobus tetragonis eorum medietatem volumus invenire, latera eorum multiplicanda sunt, et qui ex his procreabitur, medietas est.

(4) si autem cybi sint, ut VIII et XXVII, duae tantum inter hos eadem proportione medietates constitui queunt, XII scilicet et XVIII namque XII ad VIII et XVIII ad XII et XXVII ad XVIII sesqualtera tantum proportione iunguntur. in his quoque eadem laterum ratio est. namque ex uno cybo, qui propinquior est, una medietas duo latera colligit, ex alternatim vero posito unum. in alia quoque medietate idem est. ponantur enim duo cybi et in medio eorum duae medietates, quas superius diximus:

| | | | |
|---|---|---|---|
| VIII | XII | XVIII | XXVII |

octonarii igitur latus est bi[151]narius; bis enim bini bis octonarium ferunt: ternarius vero XXVII cybi latus est; ter enim tres ter XXVII restituunt. medietas igitur, quae iuxta octonarium est, id est XII, mutuatur duo latera ex propinquo sibi octonario et aliud unum latus ex altrinsecus posito XXVII cybo. bis enim bini ter XII pandunt. et XVIII eadem ratione duo latera a propinquo sibi XXVII cybo colligit et unum ab altrinsecus posito octonario. tres enim ter bis XVIII concludunt. hoc autem universaliter speculandum est.

(5) si tetragonus tetragonum multiplicet, sine dubio tetragonus provenit; sin vero parte altera longior tetragonum multiplicet vel tetragonus parte altera longiorem nunquam tetragonus, semper parte altera longior crescit. rursus si cybus cybum multiplicaverit, cybi forma conficitur, si vero parte altera longior cybum vel cybus parte altera longiorem, nunquam cybus procreabitur.

ben Verhältnis gebildet werden kann. Es ist ja 6 zu 4 ein Eineinhalb und 9 zu 6 ebenfalls ein Eineinhalb. Dies aber geschieht deshalb, weil die einzelnen Seiten der einzelnen Quadrate einen Mittelwert von 6 ergeben; das Quadrat 4 hat eine Seite von 2, das Quadrat 9 hat eine Seite von 3. Diese miteinander multipliziert haben 6 ergeben; zweimal 3 ist ja 6. Und so oft wir also bei zwei gegebenen Quadraten ihren Mittelwert finden wollen, müssen ihre Seiten multipliziert werden, und (die Zahl), die sich daraus ergibt, ist der Mittelwert.
(4) Wenn es aber Würfel sind, wie etwa 8 und 27, können nur zwei Mittelwerte zwischen ihnen mit dem gleichen Verhältnis gebildet werden, natürlich 12 und 18. 12 zu 8 und 18 zu 12 und 27 zu 18 sind nämlich genau durch ein Eineinhalb-Verhältnis verbunden. Bei diesen ist auch die gleiche Ratio der Seiten vorhanden. Von dem einen Würfel, welcher der nähere ist, stellt ja der eine Mittelwert zwei (seiner drei) Seiten zusammen, aus dem (Würfel) gegenüber aber eine (Seite). So ist es auch beim anderen Mittelwert. Es sollen nämlich zwei Würfelzahlen und in der Mitte zwischen ihnen die beiden Mittelwerte gelegt werden, die wir oben genannt haben:

| | | | |
|---|---|---|---|
| 8 | 12 | 18 | 27 |

Die Seite der 8 ist zwei; zweimal zweimal 2 ergibt ja 8. Die Seite des 27er Würfels ist drei; dreimal dreimal 3 ergibt ja 27. Somit ist der Mittelwert, welcher neben der 8 ist, 12. Er wird in Bezug auf zwei Seiten von der ihm benachbarten 8 und in Bezug auf die eine andere Seite von der auf der anderen Seite platzierten Würfelzahl 27 beeinflusst. Zweimal zweimal 3 ergibt ja 12. Auch 18 stellt nach derselben Berechnung zwei Seiten von dem ihr benachbarten Würfel 27 zusammen und eine (Seite) von der gegenüber platzierten 8. Dreimal dreimal 2 ergibt ja 18. Dies muss universell beachtet werden.
(5) Wenn ein Quadrat ein Quadrat multipliziert, kommt ohne Zweifel ein Quadrat hervor; aber wenn ein Rechteck ein Quadrat multipliziert oder ein Quadrat ein Rechteck, erwächst niemals daraus ein Quadrat, (sondern) immer ein Rechteck. Wenn wiederum ein Würfel einen Würfel multipliziert, wird die Form eines Würfels zustande gebracht; wenn aber ein Rechteck einen Würfel multipliziert oder ein Würfel ein Rechteck, entsteht niemals ein Würfel.

(6) hoc scilicet secundum similitudinem paris atque inparis. par enim parem si multiplicet, semper par nascitur et inpar inparem si multiplicet, inpar continuo procreatur. si vero inpar parem vel si par inparem multiplicet, par semper exoritur.

(7) hoc autem facilius cognoscitur ex lectione Platonis in libris de re publica eo loco, qui nuptialis dicitur, quem ex persona musarum philosophus introducit.

(8) sed nunc ad tertiam medietatem redeundum est.

## [152] XLVII. de armonica medietate eiusque proprietatibus

(1) armonica autem medietas est, quae neque eisdem differentiis nec aequis proportionibus constituitur, sed illa, in qua quemadmodum maximus terminus ad parvissimum terminum ponitur, sic differentia maximi et medii contra differentiam medii atque parvissimi comparatur; ut si sint

| | | |
|---|---|---|
| III | IIII | VI |

vel si

| | | |
|---|---|---|
| II | III | VI |

senarius enim quaternarium sua tertia parte superat, id est duobus, quaternarius vero ternarium sua quarta parte supervenit, id est uno, et senarius ternarium sua medietate, id est tribus, ternarius vero binarium sua parte tertia, id est unitate transcendit. quare in his neque eadem proportio terminorum est, neque sunt eaedem differentiae, est autem quemadmodum maximus terminus ad parvissimum terminum, sic differentia maximi et medii ad differentiam medii atque postremi.

(6) Dies geschieht natürlich entsprechend der Ähnlichkeit von gerade und ungerade. Wenn nämlich gerade mit gerade multipliziert wird, entsteht immer eine gerade Zahl, und wenn ungerade mit ungerade multipliziert wird, entsteht sogleich eine ungerade Zahl. Wenn man aber ungerade mit gerade multipliziert oder gerade mit ungerade, entsteht immer eine gerade Zahl.
(7) Dies ist leichter zu verstehen aus der Lehre Platons in seinen Büchern über den Staat (*Politeia* 546a–547c) an der Stelle, die »eheliche Vermehrung« (»Hochzeitszahl«) genannt wird und die der Philosoph durch den Mund der Musen einführt.
(8) Nun müssen wir zur dritten Art des Mittelwerts zurückkehren.

## 47. Über den harmonischen Mittelwert und seine Eigenschaften

(1) Harmonisch aber ist ein Mittelwert, der weder durch gleiche Differenzen noch durch gleiche Verhältnisse gebildet wird, sondern jener, bei dem, auf welche Weise der größte mit dem kleinsten Wert ins Verhältnis gesetzt wird, so (auch) die Differenz des größten und des mittleren (Werts) der Differenz des mittleren und des kleinsten (Werts) gegenübergestellt wird. Es seien etwa:

| | | |
|---|---|---|
| 3 | 4 | 6 |

oder:

| | | |
|---|---|---|
| 2 | 3 | 6 |

6 übertrifft 4 um ein Drittel seiner selbst, das ist um 2; 4 übertrifft 3 um ein Viertel seiner selbst, das ist um 1; und 6 übertrifft 3 um die Hälfte seiner selbst, das ist um 3; 3 überflügelt 2 um ein Drittel seiner selbst, das ist um 1. Deshalb gibt es bei diesen weder das gleiche Verhältnis der Werte noch gibt es die gleichen Differenzen, sondern wie sich der größte im Vergleich zum kleinsten Wert verhält, so verhält sich die Differenz zwischen dem größten und dem mittleren (Wert) zur Differenz zwischen dem mittleren und dem letzten (Wert).

(2) namque in hac proportione, quae est III IIII VI, maior terminus, id est senarius, ad parvissimum terminum, id est ternarium, duplus est et differentia maximi et medii, id est senarii et quaternarii, duo scilicet, ad differentiam medii et ultimi, id est quaternarii atque ternarii, quae est unitas, dupla perspicitur. sed hoc quoque subiecta descriptione monstratur.

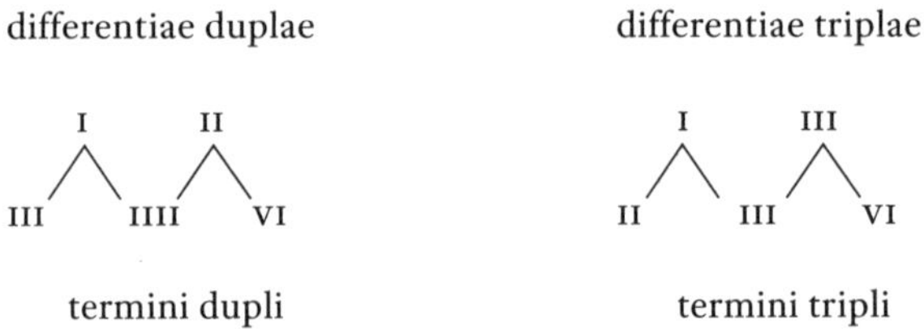


(3) habet autem proprietatem, quemadmodum dictum est, contrariam arithmeticae medietati. in illa enim in minoribus terminis maior erat proportio, in maioribus minor. in hac vero in maioribus quidem terminis maior est proportio, in minoribus vero minor. namque in hac dispo[153]sitione

| | | |
|---|---|---|
| III | IIII | VI |

tres ad quattuor comparati sesquitertiam habitudinem, sex vero ad quattuor, sesqualteram reddunt. sed maior est proportio sesqualtera a sesquitertia tantum, quantum pars tertia medietate transcenditur.

iuste igitur medietas quaedam geometrica proprieque esse proportionalitas iudicatur, scilicet inter eam, ubi in maioribus terminis minor est proportio et in minoribus maior, et inter eam, ubi in maioribus maior est, in minoribus minor. illa est enim vere proportionalitas, quae medietatis quodammodo locum obtinens et in maioribus et in minoribus aequalibus proportionum comparationibus continetur.

(2) In diesem Verhältnis, das 3, 4, 6 lautet, ist ja der größere Wert, also 6, in Bezug auf den kleinsten Wert, also 3, doppelt; und die Differenz zwischen dem größten und dem mittleren (Wert), nämlich zwischen 6 und 4, natürlich 2, wird in Bezug auf die Differenz zwischen dem mittleren und dem letzten Wert, das heißt zwischen 4 und 3, was die Einzahl ist, als doppelt gesehen. Aber dies wird in der folgenden Darstellung gezeigt:

doppelte Differenzen

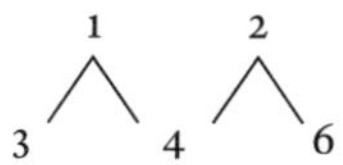


doppelte Werte

dreifache Differenzen

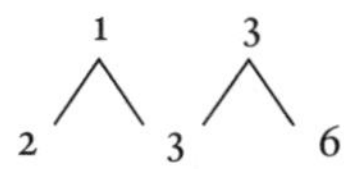


dreifache Werte

(3) Er (der harmonische Mittelwert) hat aber eine Eigenschaft, wie schon gesagt wurde, die gegensätzlich zum arithmetischen Mittelwert ist. Bei jenem nämlich war das Verhältnis bei den kleineren Werten größer, bei den größeren kleiner. Bei diesem hingegen ist das Verhältnis bei den größeren Werten größer, bei den kleineren aber kleiner. In folgender Anordnung:

| | | |
|---|---|---|
| 3 | 4 | 6 |

ergibt 3 verglichen mit 4 eine Eineindrittel-Beziehung, 6 aber (verglichen) mit 4 ein Eineinhalb-Verhältnis. Aber das Eineinhalb-Verhältnis ist um so viel größer als das Eineindrittel, wie ein Drittel von einem Halben übertroffen wird.

Also wird der geometrische (Mittelwert) zu Recht gewissermaßen als Mitte und als eigentliche Proportion beurteilt, nämlich zwischen demjenigen (arithmetischen Mittelwert), wo bei den größeren Werten ein kleineres Verhältnis und bei den kleineren ein größeres Verhältnis besteht, und demjenigen (harmonischen Mittelwert), wo bei den größeren Werten ein größeres Verhältnis, bei den kleineren ein kleineres Verhältnis besteht. Jene (geometrische) ist nämlich wirklich eine Proportion, die, indem sie gewissermaßen den Platz der Mitte einnimmt, sowohl bei den größeren als auch bei den kleineren Werten gleiche Vergleichsverhältnisse umfasst.

(4) hoc quoque signum est duarum extremitatum mediam esse quodammodo geometricam proportionem.
namque in arithmetica proportione medius terminus eadem sua parte et minorem praecedit et a maiore praeceditur, sed alia parte minoris, alia vero parte maioris.

(5) sit enim arithmetica dispositio

| | | |
|---|---|---|
| II | III | IIII |

ternarius igitur numerus binarium tertia sua parte praecedit, id est uno, et a quaternario tertia sua parte praeceditur, id est uno. at vero ternarius non eadem parte minoris minorem vincit vel maioris a maiore superatur. namque minorem, id est binarium, uno superat, id est ipsius medietate binarii, a quaternario vero uno relinquitur, quae pars quaternarii quarta est. recte igitur dictum est, medium terminum in huiusmodi medietate eadem sui parte et minorem vincere et a maiore superari, sed non eisdem partibus vel minoris minorem transgredi vel maioris a maiore transcendi.

(6) contrarie armonica medietas proportiones habet. namque non eadem parte sua medius terminus in hac proportione vel minorem vincit vel a maiore [154] superatur, sed eadem parte minoris minorem superat, qua parte maioris a maiore superatur.

(7) in hac enim dispositione armonica, quae est

| | | |
|---|---|---|
| II | III | VI |

ternarius binarium tertia sui parte vincit, idem ternarius a senario tota sui quantitate superatur, id est tribus, idemque ipse ternarius medietate minoris vincit minorem, id est uno, et medietate maioris a maiore termino vincitur, id est tribus. senarii enim medietas ternarius est.

(4) Auch das Folgende ist ein Zeichen dafür, dass das geometrische Verhältnis gewissermaßen in der Mitte von zwei Randwerten steht. Im arithmetischen Verhältnis ist es ja so, dass der mittlere Wert um denselben Teil seiner selbst sowohl den kleineren überrundet als auch vom größeren überrundet wird, aber um einen anderen Teil vom kleineren und wieder einen anderen Teil vom größeren (Wert).
(5) Es sei die arithmetische Anordnung:

| | | |
|---|---|---|
| 2 | 3 | 4 |

Die Zahl 3 überrundet die 2 um ein Drittel ihrer selbst, also um 1; von der 4 wird sie auch um ein Drittel ihrer selbst, also um 1, überrundet. Aber die 3 überragt den kleineren Wert oder wird vom größeren Wert überschritten nicht um denselben Teil des kleineren und größeren: Sie überschreitet ja die kleinere Zahl, also 2, um 1, das heißt um die Hälfte derselben 2; von der 4 hingegen wird sie um 1 überstiegen, was ein Viertel der 4 ist. Zu Recht ist daher gesagt worden, dass der mittlere Wert in einem solchen (arithmetischen) Mittelwert um denselben Teil seiner selbst sowohl den kleineren Wert überragt als auch von dem größeren überschritten wird, dass er aber nicht um dieselben Teile des kleineren den kleineren übertrifft oder des größeren vom größeren überflügelt wird.
(6) Gegensätzlich hat der harmonische Mittelwert die Verhältnisse. Nicht um denselben Teil seiner selbst überragt ja der mittlere Wert in diesem Verhältnis den kleineren oder wird er vom größeren überschritten, sondern um denselben Teil des kleineren überschreitet er den kleineren, um welchen Teil des größeren er vom größeren überschritten wird.
(7) In dieser harmonischen Anordnung, die so aussieht:

| | | |
|---|---|---|
| 2 | 3 | 6 |

überragt die 3 die 2 um ein Drittel ihrer selbst und dieselbe 3 wird von der 6 um ihre Gesamtmenge, also um 3, überschritten; dieselbe 3 selbst überragt den kleineren Wert um die Hälfte des kleineren, also um 1, und wird um die Hälfte des größeren Werts vom größeren Wert überragt, also um drei; 3 ist ja die Hälfte von 6.

(8) in geometrica vero medietate neque eisdem suis partibus medius vel vincit minorem vel a maiore vincitur, neque eadem parte vel minorem minoris superat vel maioris a maiore relinquitur, sed qua parte sua medius terminus minorem superat, eadem parte sua maior terminus medium vincit, quod est ut medietas atque extremitas aequalibus medietatem et extremitatem reliquam suis partibus supervadant.

(9) in hac enim dispositione, quae est

| | | |
|---|---|---|
| IIII | VI | VIIII |

tertia sui parte medius senarius quaternarium superat, id est duobus, et tertia sui parte rursus novenarius senarium vincit, id est tribus.

(10) habet autem aliam proprietatem armonica medietas, ut cum duas extremitates in unum redactas medietas multiplicaverit, dupla quantitas colligatur, quam si se multiplicent duae extremitates.

(11) sint enim hi termini:

| | | |
|---|---|---|
| III | IIII | VI |

si igitur ternarium et senarium iungas, novenarium facies, qui per quaternarium ductus XXXVI efficit. quod si se ipsae extremitates multiplicent et fiant tres sexies, XVIII conficiunt, quod est prioris summae dimidium.

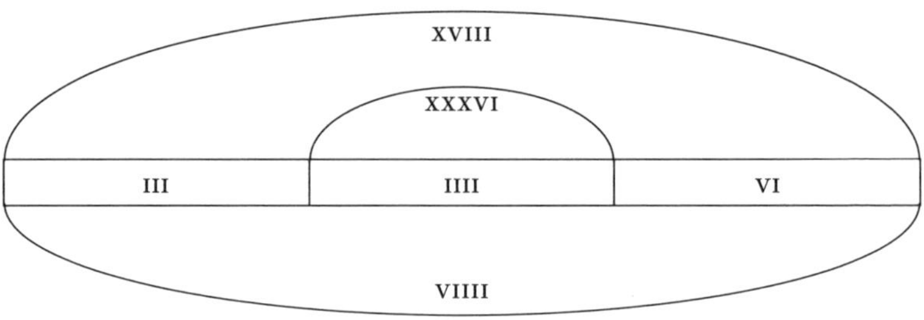

(8) Bei einem geometrischen Mittelwert aber ist es so, dass der mittlere (Wert) weder um dieselben Teile seiner selbst den kleineren überragt und vom größeren überragt wird noch um denselben Teil des kleineren den kleineren überschreitet und des größeren vom größeren überstiegen wird, sondern dass um den Teil seiner selbst, um den der mittlere Wert den kleineren überschreitet, um denselben Teil seiner selbst der größere Wert den mittleren überragt – was bedeutet, dass der Mittelwert und ein Randwert (jeweils) den Mittelwert und den anderen Randwert um gleiche Teile ihrer selbst überschreiten.

(9) In folgender geometrischer Anordnung, die da ist:

| | | |
|---|---|---|
| 4 | 6 | 9 |

überschreitet nämlich die mittlere Zahl 6 die Zahl 4 um einen dritten Teil ihrer selbst, also um zwei; und wiederum überragt die Zahl 9 die 6 um einen dritten Teil ihrer selbst, also um 3.

(10) Der harmonische Mittelwert hat aber die weitere Eigenschaft, dass, wenn mit den beiden Randwerten, zu einem addiert, der Mittelwert multipliziert wird, die doppelte Menge erzielt wird, als wenn beide Randwerte miteinander multipliziert werden.

(11) Es seien folgende Werte:

| | | |
|---|---|---|
| 3 | 4 | 6 |

Wenn du 3 und 6 verbindest, erhältst du 9, die, mit 4 multipliziert, 36 ergibt. Wenn aber die Randwerte miteinander multipliziert werden, und 3 mal 6 gebildet werden, ergeben sie 18, was die Hälfte der vorherigen Gesamtzahl ist:

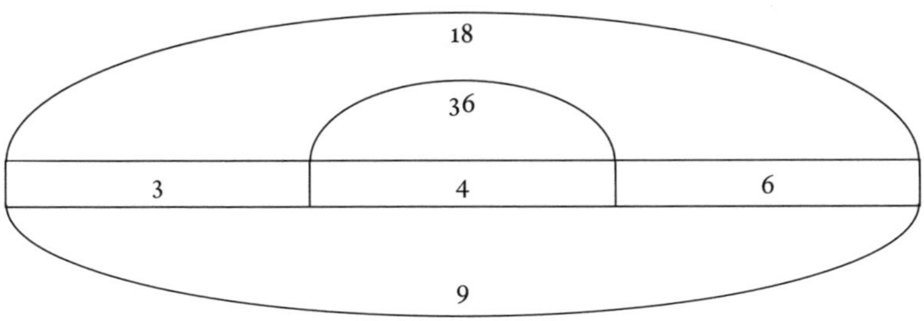

## [155] XLVIII. quare dicta sit armonica medietas ea, quae digesta est

(1) considerandum forsitan videatur, cur hanc armonicam medietatem vocemus. cuius haec ratio est, quoniam arithmetica dispositio aequas tantum per differentias dividit quantitates, geometrica vero terminos aequa proportione coniungit, at vero armonica ad aliquid quodammodo relata consideratione neque solum in terminis speculationem proportionis habet neque solum in differentiis, sed in utrisque communiter. quaerit enim, ut quemadmodum sunt ad se extremi termini, sic maioris ad medium differentia contra differentiam medietatis ad ultimum.

(2) ad aliquid autem considerationem armonicae proprie esse, in primi libri rerum omnium divisione monstravimus. ipsarum quoque musicarum consonantiarum, quas symphonias nominant, proportiones in hac paene sola medietate frequenter invenies. namque symphonia diatessaron, quae princeps est et quodammodo vim obtinens elementi – constituitur scilicet in epitrita proportione, ut est quaternarius ad ternarium – in eiusmodi armonicis medietatibus invenitur.

(3) sint enim eiusmodi armonicae medietatis termini, quorum extremi dupli sint, et rursus alia huiusmodi dispositio, quorum extremi tripli.

| | | |
|---|---|---|
| III | IIII | VI |
| II | III | VI |

(4) senarius igitur ad ternarium duplus est, idem autem in alia dispositione senarius ad binarium triplus. horum igitur si differentias colligamus et ad se invicem comparemus, epitrita proportio colligetur, unde diatessaron sym[156]phonia resonabit. inter III enim et VI ternarius est et inter binarium et senarium quaternarius, qui sibimet comparati sesquitertiam efficient proportionem.

## 48. Warum man das einen harmonischen Mittelwert genannt hat, was durchgenommen worden ist

(1) Vielleicht sollte man überlegen, warum wir dies einen harmonischen Mittelwert nennen. Die Ratio dafür ist: Nachdem also die arithmetische Anordnung Mengen nur nach gleichen Differenzen trennt, die geometrische (Anordnung) aber die Werte durch ein gleiches Verhältnis verbindet, bezieht die harmonische (Anordnung) dagegen, nachdem sie ihre Aufmerksamkeit sozusagen auf irgendetwas gerichtet hat, die Untersuchung des Verhältnisses weder allein auf die Werte noch allein auf die Differenzen, sondern auf beide gemeinsam. Sie fragt nämlich: Wie sich die Randwerte zueinander verhalten, verhält sich auch so die Differenz des größeren zum mittleren (Wert) gegenüber der Differenz des mittleren zum letzten (kleineren Wert)?
(2) Dass die auf etwas gerichtete Betrachtung dem Harmonischen eigen ist, haben wir bei der Einteilung aller Dinge des ersten Buchs gezeigt (I 1,4). Die Verhältnisse eben der musikalischen Konsonanzen, die man *symphoniae* nennt, wirst du in großer Zahl fast nur bei diesem Mittelwert finden. Die Quarten-Konsonanz (*diatessaron*), welche der Begründer ist und gewissermaßen die Kraft eines Elements in sich trägt – sie ist ja in einem Eineindrittel-Verhältnis (*epitritos*) konstituiert, wie 4 zu 3 – findet sich nämlich in harmonischen Mittelwerten dieser Art.
(3) Es seien Werte dieser Art des harmonischen Mittelwerts, deren Randwerte doppelt sind, und wiederum eine weitere Anordnung dieser Art, deren Randwerte dreifach sind:

| | | |
|---|---|---|
| 3 | 4 | 6 |
| 2 | 3 | 6 |

(4) Die 6 ist also das Doppel von 3 und ebenso ist die 6 in der zweiten Anordnung das Dreifache der 2. Wenn wir deren Differenzen zusammenstellen und gegenseitig vergleichen, wird das Eineindrittel-Verhältnis (*epitritos*) gebildet, aus dem die Konsonanz der Quarte erklingt. Zwischen 3 und 6 steht ja 3, und zwischen 2 und 6 steht 4, die im Vergleich zueinander ein Eineindrittel-Verhältnis bewirken.

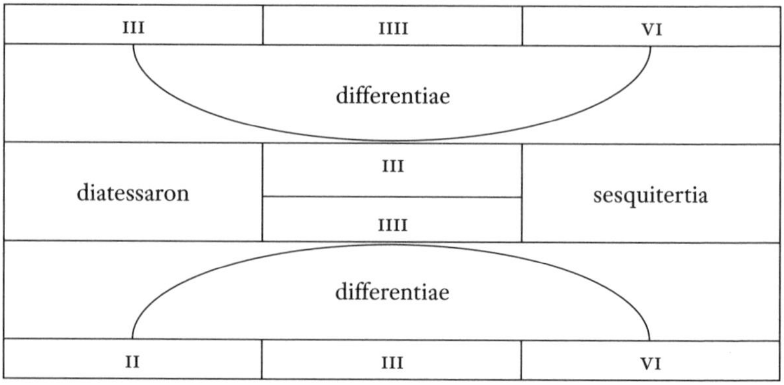


(5) in eadem quoque medietate et diapente symphonia componitur, quam sesqualtera habitudo restituit.
(6) nam in utrisque dispositionibus his, quae subiectae sunt, in duplici senarius ad quaternarium sesqualter est et in triplici ternarius ad binarium. ex quibus utrisque diapente symphonia coniungitur

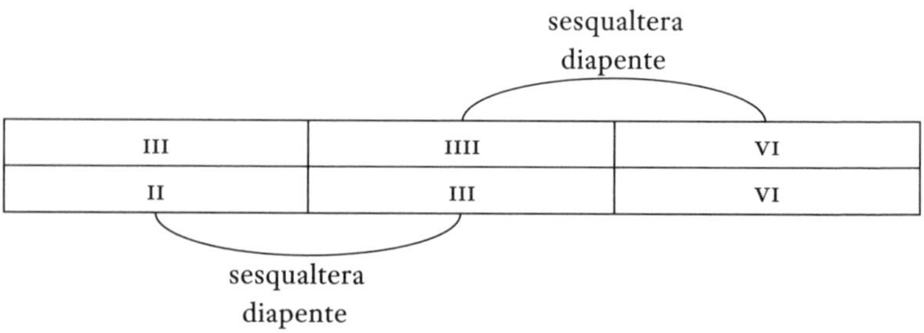


(7) post hanc autem diapason consonantia, quae fit ex duplici, ut est subiecta formula.

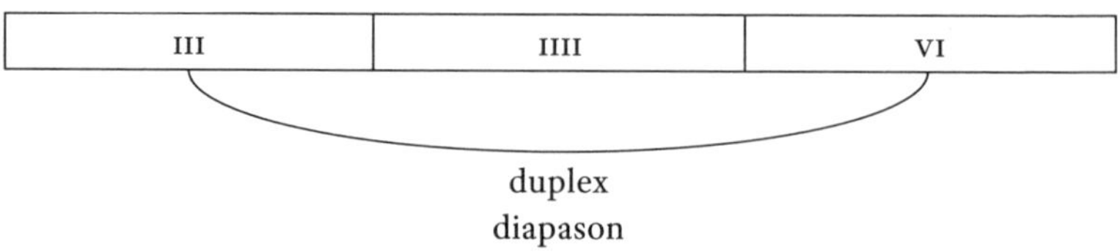

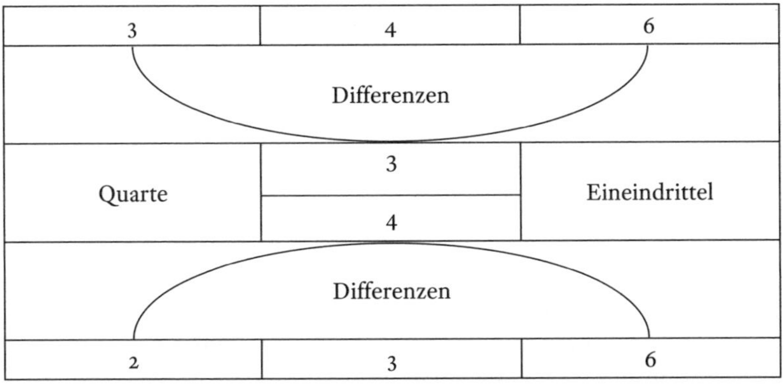


(5) Bei der gleichen Art von Mittelwert wird auch eine Quinten-Konsonanz (*diapente*) gebildet, die eine Eineinhalb-Beziehung aufstellt. (6) In den beiden Anordnungen, die unten aufgeführt sind, findet sich in der Anordnung mit verdoppeltem Randwert das Eineinhalb-Verhältnis 6 zu 4 und in der Anordnung mit verdreifachtem Randwert (das Eineinhalb-Verhältnis) 3 zu 2. Aus diesen beiden wird eine Quinten-Konsonanz konstruiert.

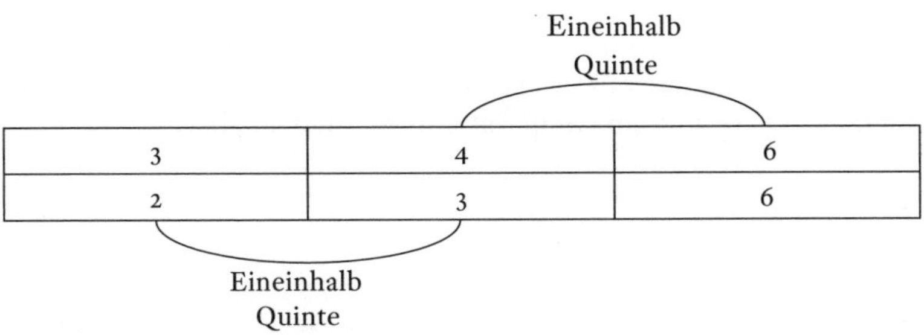


(7) Danach kommt die Oktaven-Konsonanz (*diapason*), die aus einem Doppel gebildet wird, wie in dem folgenden Schema:

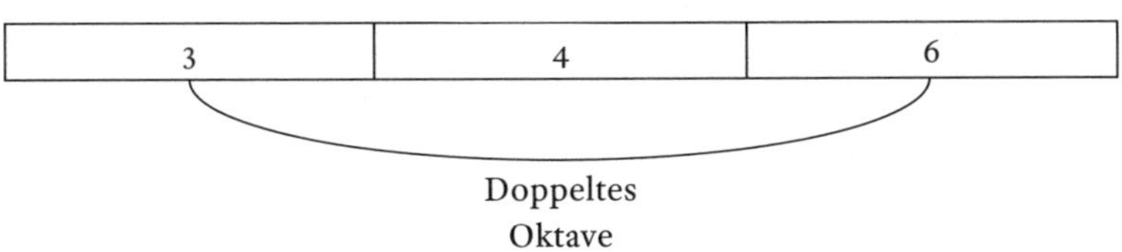

(8) in triplici quoque dispositione simul diapente et diapason symphonia componitur servans sesqualteram et duplicem rationem, quod subiecta descriptio docet.

[157]

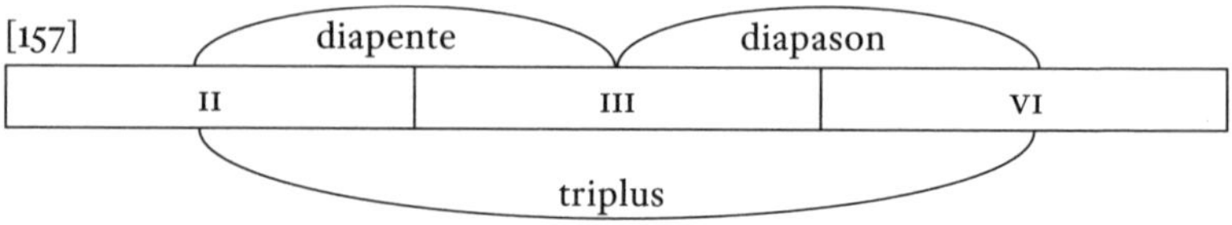


(9) et quoniam triplus duas continet consonantias, diapente scilicet et diapason, in huius triplicis dispositione in differentiis eundem rursus triplum reperiemus, secundum subter descriptum modum.

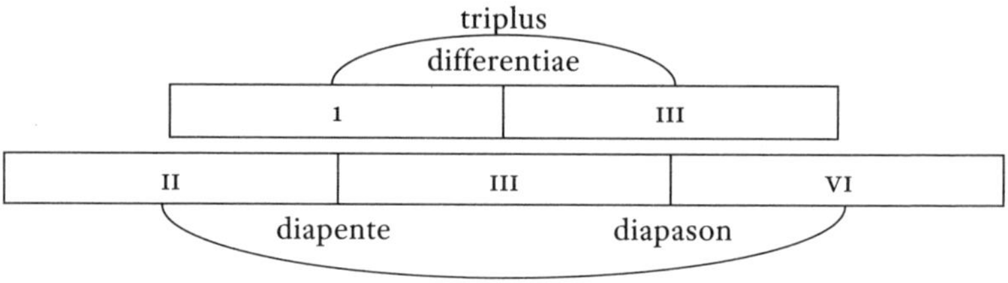


(10) in dupla vero dispositione maior terminus ad medii termini contra se differentiam triplus est et rursus minor terminus ad medii contra minorem terminum comparati differentiam triplus est.

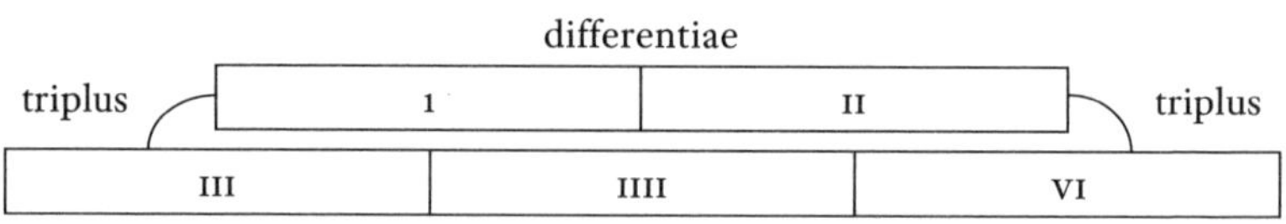

(8) In der Dreifach-Anordnung wird zugleich die Quinten- und die Oktaven-Konsonanz zusammengesetzt, wobei die Ratio von Einein-halb und Doppel beibehalten wird, was die folgende Darstellung lehrt:

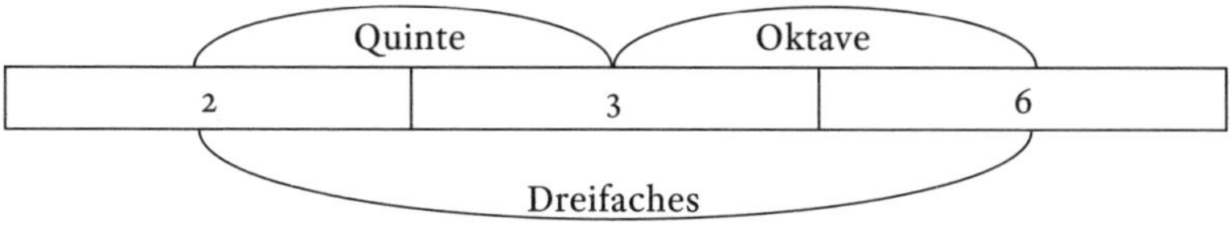


(9) Da das Dreifache zwei Konsonanzen enthält, natürlich die Quinte und die Oktave, werden wir bei der Anordnung dieses Dreifachen in seinen Differenzen wiederum dasselbe Dreifache finden, und zwar gemäß dem unten dargestellten Modus:

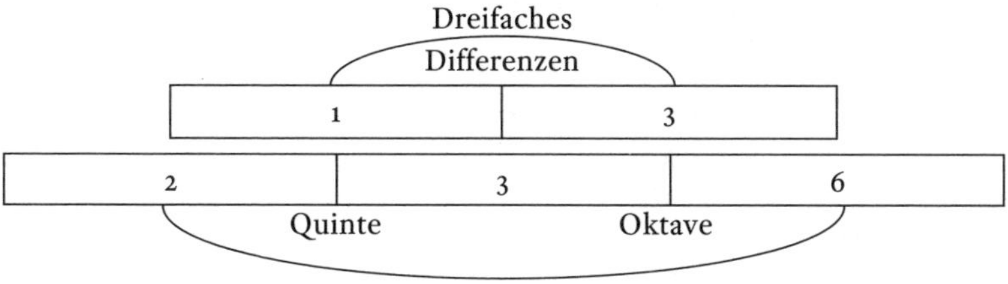


(10) In einer Doppel-Anordnung aber ist der größere Wert im Verhältnis zur Differenz des mittleren Werts gegenüber sich selbst (also zwischen dem mittleren Wert und dem größeren Wert) ein Dreifaches und wiederum ist der kleinere Wert im Verhältnis zur Differenz des mittleren (Werts) verglichen mit dem kleineren Wert ein Dreifaches:

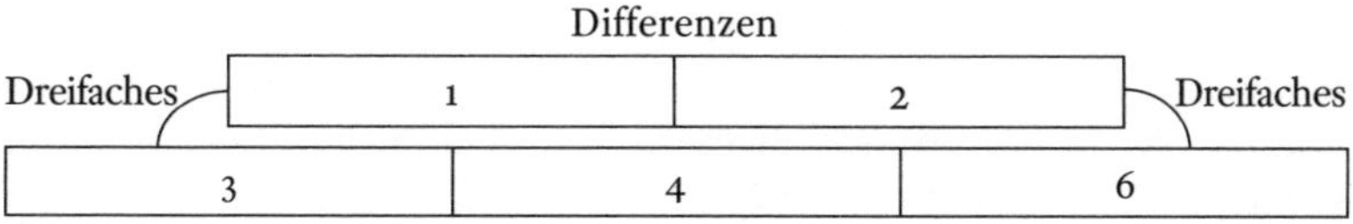

(11) illa autem maxima symphonia, quae vocatur bis diapason velut bis duplum, quoniam diapason symphonia ex duplici [158] proportione colligitur, huic se iuncturae armonicae medietatis interserit. nam in duplici proportione medius terminus ad minoris suique differentiam quadruplus invenitur.

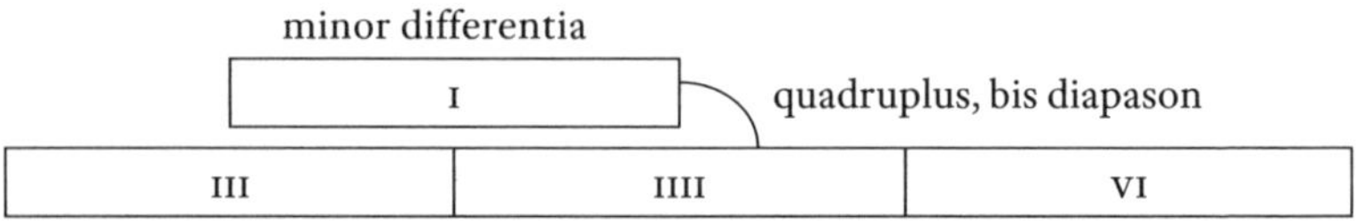


(12) in triplicibus quoque extremitatibus maior differentia ad minorem differentiam quadrupla est et bis diapason symphoniam emittit. namque in dispositione

| | | |
|---|---|---|
| II | III | VI |

extremorum differentia est, id est senarii et binarii, IIII; minor vero differentia, id est ternarii et binarii, unus IIII autem uno quadrupla maior est relatione, quae comparatio bis diapason consonantiam tenet.

## XLVIIII. de geometrica armonia

(1) vocant autem quidam armonicam huiusmodi medietatem idcirco, quod semper haec proportionalitas geometricae armoniae cognata est. armoniam autem geometricam cybum dicunt. ita enim ex longitudine in latitudinem distentus est et in altitudinis cumulum crevit, ut ex aequalibus proficiscens ad aequalia perveniens aequaliter totus sibi conveniens creverit. haec autem medietas in omnibus cybis, quae est geometrica armonia, perspicitur. omnis enim cybus habet latera XII angulos VIII superficies VI hic autem ordo et dispositio [159] armonica est.

(11) Die größte Konsonanz aber, die man Doppeloktave (*bis diapason*) bzw. zweimal doppelt nennt, weil die Oktaven-Konsonanz (*diapason*) aus einem doppelten Verhältnis zusammengestellt wird, fügt sich dieser Verbindung eines harmonischen Mittelwerts ein. Bei einem Doppel-Verhältnis wird ja der mittlere Wert im Verhältnis zur Differenz zwischen dem kleineren (Wert) und sich selbst als vierfach befunden:

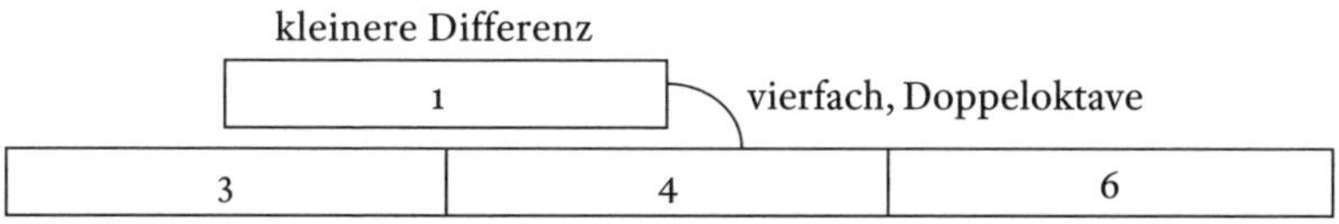


(12) Bei dreifachen Randwerten ist die größere Differenz im Verhältnis zur kleineren Differenz vierfach und ergibt eine Doppeloktaven-Konsonanz. In der Anordnung

| | | |
|---|---|---|
| 2 | 3 | 6 |

ist ja die Differenz zwischen den Randwerten, also zwischen 6 und 2, 4; die kleinere Differenz, also zwischen 3 und 2, ist 1, 4 aber ist um die Vierfachbeziehung größer als 1. Dieser Vergleich hält die Konsonanz einer Doppeloktave.

## 49. Über die geometrische Harmonie

(1) Einen harmonischen Mittelwert dieser Art nennt man deshalb so, weil diese Proportion immer mit der geometrischen Harmonie verwandt ist. Man nennt einen Würfel eine geometrische Harmonie. Er hat sich nämlich von der Länge so in die Breite ausgedehnt und ist auch so in die Zugabe der Höhe gewachsen, dass er, von der Gleichheit ausgehend und zur Gleichheit gelangend, gewachsen ist, indem er in Gänze zu sich selbst gleichmäßig passt. Diese Art des Mittelwerts gibt es bei allen Würfeln, was eine geometrische Harmonie ist. Jeder Würfel hat nämlich 12 Seiten, 8 Ecken und 6 Flächen. Diese Anordnung und Verteilung sind harmonisch.

(2) disponantur enim

| | | |
|---|---|---|
| VI | VIII | XII |

hic ergo quemadmodum est maior terminus ad parvissimum, ita differentia maioris et medii ad medii ac parvissimi comparatur. perpensi namque XII ad VI dupli sunt, differentia vero duodenarii et octonarii quaternarius est, octonarii vero et senarii duo. dupla autem ratione distabunt duobus quattuor comparati. rursus octonarius, qui medietas est, alia sua parte minorem praecedit et alia sua parte a maiore praeceditur. eadem autem parte minoris minorem superat, qua parte maioris a maiore superatur. rursus si extremitates in unum redigantur et a medietate octonario multiplicentur, duplus erit ab eo numero, quem solae extremitates multiplicatae perfecerint.

(3) omnes autem in hac dispositione symphonias musicas invenimus. diatessaron quidem est VIII ad VI, quoniam proportio sesquitertia est, at diapente XII ad VIII, quoniam, quae sesqualtera comparatio dicitur, in ea diapente consonantia reperitur. diapason vero quae ex duplici nascitur, ex XII ad VI compositione producitur. diapason vero et diapente, quae triplicis obtinent rationem, fit ab extremitatum differentia ad differentiam minorem. namque duodenarii et senarii VI differentia est, minor vero est differentia octonarii et senarii, id est II; qui senarius ad binarium triplus est, et diapason simul et diapente consonantiam sonant. illa vero maior consonantia, quae est bis diapason, quae ex quadruplo fit, in medii [160] termini, id est octonarii, et eius differentiae comparatione perspicitur, quae inter octonarium senariumque reperitur.

(4) quare proprie atque convenienter huiusmodi proportionalitas armonica medietas appellatur.

(2) Angeordnet werden sollen:

| | | |
|---|---|---|
| 6 | 8 | 12 |

Hier verhält sich also so, wie der größere Wert zum kleinsten ist, auch die Differenz zwischen dem größeren und dem mittleren (Wert) zur (Differenz) zwischen dem mittleren und dem kleinsten (Wert). Genau untersucht ist nämlich 12 das Doppel zu 6, die Differenz zwischen 12 und 8 ist 4, zwischen 8 und 6 ist sie 2. Verglichen mit 2 wird sich 4 durch Verdoppelung unterscheiden. Wiederum überrundet die 8, die der Mittelwert ist, dem kleineren Wert um einen Teil ihrer selbst und wird um einen anderen Teil ihrer selbst vom größeren Wert überrundet, aber sie überschreitet den kleineren Wert um denselben Teil des kleineren, um welchen Teil des größeren sie vom größeren überschritten wird. Wenn wiederum die Randwerte zu einem addiert und mit der mittleren 8 multipliziert werden, dann wird es das Doppelte derjenigen Zahl sein, welche nur die Randwerte miteinander multipliziert ergeben.
(3) Wir werden alle musikalischen Konsonanzen in dieser Anordnung finden. Die Quarte (*diatessaron*) ist (das Verhältnis) 8 zu 6, da dies ein Eineindrittel-Verhältnis ist; doch die Quinte (*diapente*) ist 12 zu 8, weil das, was ein Eineinhalb-Vergleich genannt wird, in dieser Quinten-Konsonanz gefunden wird. Die Oktave (*diapason*) aber, die aus einem Doppel entsteht, wird aus der Zusammenstellung von 12 und 6 erzielt. Die Oktave und die Quinte, welche die Ratio eines Dreifachen haben, entstehen aus der Differenz der Randwerte im Verhältnis zur kleineren Differenz. Die Differenz zwischen 12 und 6 ist ja 6, die kleinere Differenz aber zwischen 8 und 6 ist 2. Diese 6 ist zu 2 ein Dreifaches, und Oktave und Quinte erklingen zugleich als Konsonanz. Jene größere Konsonanz aber, also eine Doppeloktave (*bis diapason*), die aus einem Vierfachen entsteht, wird bei einem Vergleich des mittleren Werts, also 8, und derjenigen Differenz gesehen, die zwischen 8 und 6 vorgefunden wird.
(4) Daher wird eine Proportion dieser Art eigentlich und angemessen harmonischer Mittelwert genannt.

## L. quemadmodum constitutis altrinsecus duobus terminis arithmetica, geometrica et armonica inter eos medietas alternetur: in quo de eorum generationibus

(1) nos autem praestare debemus quatenus, quemadmodum dato calamo extremis foraminibus manentibus musicis mos est, ut medium foramen permutantes atque alios aperientes alios digitis occludentes diversos emittant sonos, vel cum duabus altrinsecus protensis chordis medii nervi sonum musicus vel adstringendo tenuat vel remittendo gravat: ita quoque datis duobus numeris nunc quidem arithmeticam nunc vero geometricam nunc autem armonicam medietatem experiamur inserere, ut rectum propriumque medietatis nomen sit, quod manentibus extremitatibus huc atque illuc ferri permutarique videatur. poterimus autem hanc in duobus altrinsecus positis terminis vel paribus vel inparibus permutare ita, ut, cum arithmeticam ponimus medietatem, differentiarum tantum ratio aequalitasque servetur, cum vero geometricam, rata se proportionum iunctura custodiat, sin autem armonica fiat, differentiarum comparatio ab terminorum proportione non discrepet.

(2) et sint quidem primo pares positae quaedam extremitates, inter quas has omnes medietates oporteat internectere, X et XL.
(3) prius igitur arithmetica medietas aptetur. inter hos ergo si XXV posuero, erit [161] mihi arithmetica proportio differentiarum quantitate inmutabiliter custodita, in huiusmodi scilicet dispositione:

| | | |
|---|---|---|
| X | XXV | XL |

vides enim, ut quindena sese summulae quantitate transcendant; omnesque proprietates, quas supra diximus in medietate arithmetica convenire, ab hac huiusmodi dispositione non reperies alienas. namque quemadmodum unusquisque eorum terminus ad se ipsum est, quoniam sibi aequalis est, ita sunt ad se invicem differentiae,

## 50. Auf welche Weise bei zwei einander gegenübergestellten Werten der arithmetische, der geometrische und der harmonische Mittelwert untereinander abgewechselt werden; darin geht es auch um ihre Erzeugungen

(1) Wir müssen aber an diesem Punkt darlegen: Wie es bei den Musikern üblich ist, wenn (ihnen) ein Rohr gegeben worden ist, bei dem an den Rändern je ein Loch bleibt, indem sie ein mittleres Loch wechselweise nutzen, und zwar die einen (Löcher) öffnen, die anderen mit den Fingern verschließen, verschiedene Töne hervorzubringen, oder wie, wenn zwei Saiten an den beiden (Außen)seiten (einer dreisaitigen Leier) gespannt worden sind, der Musiker den Ton der mittleren Saite durch Anspannen anhebt oder durch Lockern absenkt, so kann man es unternehmen, nachdem zwei Zahlen gegeben worden sind, mal den arithmetischen, mal den geometrischen, mal den harmonischen Mittelwert einzufügen, so dass der Name des Mittelwerts richtig und passend ist, weil er bei unveränderten Randwerten sich offensichtlich hierhin und dorthin bewegt und wechselt. Wir werden aber in der Lage sein, den Mittelwert innerhalb dieser beiden einander gegenüberliegenden Werte entweder mit geraden oder ungeraden Zahlen abzuwechseln, so dass, wenn wir einen arithmetischen Mittelwert setzen, nur die Berechnung der Differenzen und die Gleichheit erhalten bleibt, wenn wir aber einen geometrischen (Mittelwert setzen), die errechnete Verbindung der Verhältnisse sich erhält, wenn aber ein harmonischer Mittelwert gebildet wird, der Vergleich der Differenzen vom Verhältnis der Werte nicht abweicht.
(2) Es seien zuerst gewisse gerade Randwerte gesetzt, zwischen denen man alle diese Mittelwerte einknüpfen muss, 10 und 40.
(3) Als Erstes also soll der arithmetische Mittelwert angepasst werden. Wenn ich also zwischen diese (Randwerte) 25 gesetzt habe, werde ich ein arithmetisches Verhältnis der Differenzen haben, wobei ihre Menge unverändert bewahrt worden ist, nämlich in dieser Art von Anordnung:

| | | |
|---|---|---|
| 10 | 25 | 40 |

Du siehst nämlich, dass die Werte einander um die Menge von 15 überflügeln; und alle Eigenschaften, von denen wir oben sagten, dass sie in einem arithmetischen Mittelwert vorkommen, wirst du in dieser Anordnung unverändert finden. Wie sich nämlich jeder ihrer Werte zu sich selbst verhält, da jeder gleich zu sich selbst ist, so verhalten sich auch die

quoniam sibi sunt aequales; et quanto maior terminus medium transit, tanto medius vincit minorem; et extremitatum adgregatio duplex est medietate; et minorum terminorum proportio maior est illa comparatione, quae inter maiores terminos continetur; et tanto minor est numerus, qui fit ex multiplicatis extremitatibus, ab eo, qui fit ex multiplicata medietate, quantum eorum differentiae multiplicatae restituunt; illud quoque quod medietas eadem sui parte et a maiore vincitur et minorem ipsa supervenit, non eadem autem parte minoris minorem transit vel maioris a maiore relinquitur. quae omnes scilicet proprietates non alterius nisi arithmeticae medietatis sunt, quod, si superius dicta meminerit lector, ita esse indubitanter intelleget.

(4) rursus si inter eosdem x et xl xx constituam, statim geometrica medietas cum suis proprietatibus cunctis exoritur, arithmetica medietate pereunte. in hac enim dispositione

| | | |
|---|---|---|
| x | xx | xl |

quemadmodum est maior ad medium, sic medius ad extremum; et quod continetur ab extremitatibus, aequum est ei, quod a multiplici medietate conpletur. differentiae quoque eorum in eadem sunt proportione qua termini. crementum vero et inminutio proportionum secundum terminos nulla est, sed [162] maiorum terminorum proportio a minorum terminorum proportione non discrepat.

(5) si vero armonicam medietatem coniungere velim, xvi mihi numerus inter extremitates utrasque ponendus est, ut sit hoc modo:

| | | |
|---|---|---|
| x | xvi | xl |

nunc igitur licet in huiusmodi dispositione omnes armonicas proprietates agnoscere. qua enim maximus ad parvissimum terminus proportione coniungitur, eadem proportione differentiae ad se invicem comparantur. et quibus partibus maioris a maiore medius

Differenzen zueinander, da sie ja zueinander gleich sind, und um wie viel der größere Wert den mittleren überschreitet, um so viel überragt der mittlere den kleineren; und die Summe der Randwerte ist ein Doppel zum Mittelwert; das Verhältnis der kleineren Werte ist größer als jener Vergleich, der zwischen den größeren Werten besteht. Und um so viel ist die Zahl, die aus den multiplizierten Randwerten entsteht, kleiner als diejenige (Zahl), die aus dem (mit sich selbst) multiplizierten Mittelwert entsteht, wie viel ihre multiplizierten Differenzen ergeben. (Beachte) auch, dass der Mittelwert um denselben Teil seiner selbst sowohl vom größeren (Wert) überragt wird als auch den kleineren (Wert) selbst übertrumpft, aber nicht um denselben Teil des kleineren (Werts) den kleineren (Wert) überschreitet oder (um denselben Teil) des größeren (Werts) vom größeren Wert überstiegen wird. Alle diese Eigenschaften gehören nämlich zu keinem anderen als dem arithmetischen Mittelwert, was der Leser, wenn er sich an das oben Gesagte erinnert, zweifellos als solches einsehen wird.

(4) Wenn man wiederum zwischen dieselben 10 und 40 eine 20 setzt, entsteht sogleich ein geometrischer Mittelwert mit allen seinen Eigenschaften anstelle des arithmetischen Mittelwerts. In dieser Anordnung:

| | | |
|---|---|---|
| 10 | 20 | 40 |

verhält sich nämlich so, wie sich die größere Zahl zur mittleren verhält, die mittlere zur kleinsten. Und das was von den beiden (multiplizierten) Randwerten umfasst wird, ist gleich dem, was aus der Multiplikation der Mitte (mit sich selbst) erhalten wird. Auch ihre Differenzen stehen im gleichen Verhältnis wie die Werte. Es gibt keine Vergrößerung oder Verkleinerung der Verhältnisse gemäß den Werten, sondern das Verhältnis der größeren Werte unterscheidet sich nicht vom Verhältnis der kleineren Werte.

(5) Wenn ich einen harmonischen Mittelwert zusammenstellen will, muss ich die Zahl 16 zwischen die beiden Randwerte setzen, so dass es auf diese Weise werde:

| | | |
|---|---|---|
| 10 | 16 | 40 |

Nun möge man also bei dieser Art der Anordnung alle harmonischen Eigenschaften wiedererkennen. Durch dasselbe Verhältnis, durch das der größte Wert mit dem kleinsten verbunden wird, werden die Differenzen miteinander verglichen. Und um die Teile der größeren Zahl, mit denen

vincitur, eisdem partibus minoris praeterit minorem; suis vero non eisdem vel a maiore vincitur vel transit minorem; et in maioribus terminis maior est proportio, in minoribus minor; et si in unum extremitates redigantur et medietatis quantitate concrescant, duplus inde conficitur numerus ab eo, qui ex solis multiplicatis extremitatibus procreatur.

(6) atque hoc quidem in terminis paribus constitutum est. at vero si inpares proponantur, ut sunt v et XLV aptatus medius XXV arithmeticam proportionem medietatemque constituet. nam si sint

| | | |
|---|---|---|
| V | XXV | XLV |

eadem sese numerorum quantitate termini transgredientur. et omnis superius dicta proprietas arithmeticae medietatis in his terminis custoditur. sed si XV numerum medium ponam, ut sint

| | | |
|---|---|---|
| V | XV | XLV |

in geometricam medietatem termini relabuntur aequalibus terminorum ad se invicem proportionibus custoditis. VIIII vero si inter utrosque terminos ponam, ut sint

| | | |
|---|---|---|
| V | VIIII | XLV |

fit armonica medietas, ut qua summa maximus numerus parvissimum praecedit, eadem maior differentia minorem differentiam vincat.

(7) qua vero disciplina huiusmodi medietates reperire [163] possimus expediendum est. datis duobus terminis si arithmeticam medietatem constituere oportebit, utraque est extremitas coniungenda quodque ex ea copulatione colligitur dividendum, isque numerus, qui ex divisione redactus est, arithmeticam medietatem inter extremitates locatus efficiet;

die mittlere Zahl von der größeren überragt wird, um dieselben Teile der kleineren Zahl überschreitet sie die kleinere Zahl; doch (der Mittelwert) wird nicht mit denselben Teilen seiner selbst vom größeren Wert übertroffen oder überschreitet er den kleineren Wert; bei den größeren Werten ist das Verhältnis größer, bei den kleineren kleiner, und wenn die Randwerte in eines addiert und mit dem Mittelwert multipliziert werden, wird dadurch eine doppelte Zahl von der zustande gebracht, die aus den allein multiplizierten Randwerten entsteht.
(6) Und zwar ist dies in geraden Zahlen festgelegt. Wenn aber ungerade Zahlen vorgelegt werden, etwa 5 und 45, wird der passend eingerichtete mittlere Wert von 25 ein arithmetisches Verhältnis und einen (arithmetischen) Mittelwert bilden. Wenn nämlich

| | | |
|---|---|---|
| 5 | 25 | 45 |

dastehen, werden sich diese Werte um die gleiche Menge an Zahlen übertreffen. Und jede oben genannte Eigenschaft des arithmetischen Mittelwerts bleibt bei diesen Werten erhalten. Wenn ich aber den Wert 15 als mittlere Zahl einsetze, so dass es

| | | |
|---|---|---|
| 5 | 15 | 45 |

sind, werden die Werte auf einen geometrischen Mittelwert zugleiten, wobei gleiche Verhältnisse der Werte untereinander erhalten bleiben. Wenn ich aber 9 zwischen beide Werte setze, so dass es

| | | |
|---|---|---|
| 5 | 9 | 45 |

sind, entsteht ein harmonischer Mittelwert, so dass um dieselbe Gesamtzahl, um die die größte Zahl die kleinste überrundet, die größere Differenz die kleinere Differenz überragt.
(7) Durch welche Lehre wir solche Mittelwerte finden können, müssen wir nun erklären. Wenn man bei zwei gegebenen Werten einen arithmetischen Mittelwert aufstellen soll, müssen beide Randwerte addiert werden, und was aus dieser Zusammenfügung zusammengestellt wird, muss (durch 2) geteilt werden und diejenige Zahl, die aus dieser Teilung gewonnen wurde, wird den zwischen die Randwerte platzierten arithmetischen Mittelwert darstellen.

(8) ut x et xl si iunxero, efficiunt l, quos si dividam, xxv redduntur. hic erit medius terminus secundum arithmeticam proportionem. vel si illum numerum, quo maior minorem superat, dividas eumque minori superponas quodque inde concrescit medium ponas, arithmetica medietas informatur. nam xl denarium tricenario superat, quem si dividas xv fiunt. hunc si minori, id est denario, superposueris xx et v nascentur. quem si medium constituas, arithmeticae medietatis ordo formatur.

(9) geometricam vero si rationem vestiges, eius numeri, qui sub utrisque extremitatibus continetur, tetragonicum latus inquire, et hunc medium pone.
(10) nam sub xl et denario numero cccc continentur. si enim denarium in xl multiplices, hic numerus crescit. horum igitur quadringentorum require tetragonicum latus. hi sunt xx. vicies enim xx. cccc efficiunt. repertum ergo latus quadratum medium constitues. vel si eam proportionem, quam inter se dati termini custodiunt, dividas et id quod relinquitur medium terminum ponas. namque xl ad denarium quadruplus est. igitur quadruplum si dividas, duplum facies, qui est scilicet xx nam xx ad denarium duplus est. hunc si medium constituas, medietatem geometricam perferet.

(11) armonicam vero medietatem tali modo reperies. differentiam terminorum in minorem terminum multiplica et [164] post iunge terminos, et iuxta eum, qui inde confectus est, committe illum numerum, qui ex differentiis et termino minore productus est, cuius cum latitudinem inveneris, addis eam minori termino, et quod exinde colligitur, medium terminum pones.

(12) x enim et xl faciunt l. differentia autem inter x et xl xxx sunt, quem si multiplices in denarium, id est in minorem – decies xxx oportet – ccc efficies. quos ccc iuxta eum committe, qui ex iunctis utrisque confectus est, id est iuxta l – facient enim quinquagies senos –, et invenitur latitudo senarius. hunc igitur si minori termino addas, facient xvi et hic numerus medius constitutus inter x et xl armonicam proportionem medietatemque servabit.

(8) Wenn ich etwa 10 und 40 verbinde, ergeben sie 50, und wenn ich das teile, ergibt es 25. Dies ist der mittlere Wert gemäß einem arithmetischen Verhältnis. Oder wenn du jene Zahl, um die der größere den kleineren (Wert) überschreitet, halbierst und sie zum kleineren (Wert) addierst, und das, was sich daraus ergibt, als mittleren Wert setzt, entsteht ein arithmetischer Mittelwert. 40 überschreitet 10 ja um 30, und wenn du 30 halbierst, ergeben sich 15. Wenn du diese zum kleineren (Wert), das heißt zur 10, addiert hast, werden sich 25 ergeben. Wenn du diese (Zahl) als mittleren Wert setzt, wird die Reihe eines arithmetischen Mittelwerts gebildet.

(9) Wenn du aber eine geometrische Ratio aufspüren möchtest, suche die Quadratseite der Zahl, die aus den beiden Randwerte multipliziert wird, und setze diese als mittleren (Wert).

(10) Es wird von 40 und 10 nämlich 400 gebildet; wenn du nämlich 10 mit 40 multiplizierst, erwächst diese Zahl. Suche also die Quadratseite von 400, diese ist 20; zwanzigmal 20 machen ja 400. Die gefundene Quadratseite bestimmst du als Mitte. Oder (diese Anweisung stimmt freilich nur für Beispiele wie das gewählte, bei dem das Verhältnis der Werte vierfach ist) wenn du dasjenige Verhältnis, das die gegebenen Werte untereinander bewahren, (durch 2) teilst, und was übrigbleibt (mal dem kleineren Wert) als mittleren Wert setzt. 40 ist ja ein Vierfaches von 10. Wenn du also das Vierfache teilst, erhältst du ein Zweifaches, das nämlich 20 ist; 20 ist ja das Doppel von 10. Wenn du dies als den mittleren (Wert) festlegst, wird er einen geometrischen Mittelwert schaffen.

(11) Den harmonischen Mittelwert wirst du auf solche Weise finden: Multipliziere die Differenz der Werte mit dem kleineren Wert; addiere danach die Werte und setze neben die (Zahl), die so entstanden ist, jene Zahl, die sich aus der Differenz und dem kleineren Wert ergeben hat. Wenn du dessen Breite (also den Quotienten der beiden Zahlen) gefunden hast, addierst du sie zum kleineren Wert, und die Zahl, die daraus zusammengestellt wird, setzt du als mittleren Wert ein.

(12) 10 und 40 ergeben nämlich 50. Die Differenz aber zwischen 10 und 40 ist 30, und wenn du diese mit 10 multiplizierst, also mit dem kleineren Wert – zehnmal 30 muss es sein –, erhältst du 300. Setze diese 300 neben die (Zahl), die aus den beiden Werten gebildet ist, also neben die 50 – fünfzigmal 6 ergeben nämlich (300) –, und es wird die Sechser-Breite gefunden. Wenn du diese zu dem kleineren Wert addierst, macht das 16 und diese Zahl, die die Mitte zwischen 10 und 40 bildet, wird das harmonische Verhältnis und den (harmonischen) Mittelwert bewahren.

## LI. de tribus medietatibus, quae armonicae et geometricae contrariae sunt

(1) hae quidem sunt apud antiquiores inventae probataeque medietates, quas idcirco longius enodatiusque tractavimus, quod hae maxime in antiquorum lectionibus inveniuntur, et ad omnem paene vim cognitionis eorum versatur utilitas. ceteras autem praetereundo transcurrimus idcirco, quoniam non multum nobis in lectionibus prosunt, sed tantum ad inplendam denarii numeri quantitatem. quae ne lateant neve sint aliquibus ignorata, depromimus.

(2) videntur enim hae supra dictis medietatibus esse contrariae, ex quibus originem trahunt. ex his [165] enim etiam istae sunt constitutae.
(3) est autem quarta medietas, quae opposita videtur armonicae. in qua tribus terminis positis, quemadmodum est maximus terminus ad parvissimum, sic differentia minorum ad differentiam maximorum, ut sunt

| | | |
|---|---|---|
| III | V | VI |

sex ad ternarium duplus est, et sunt minores termini V et III, maximi vero huius dispositionis VI et V differentia vero minorum, quinarii scilicet et ternarii, II sunt, maiorum, quinarii et senarii, I qui II ad I comparati duplum faciunt. ergo quemadmodum est maximus terminus ad parvissimum, sic minorum terminorum differentia est ad differentiam maximorum.

(4) liquet autem oppositam et quodammodo contrariam esse hanc medietatem armonicae medietati idcirco, quod in illa quemadmodum est maximus terminus ad parvissimum, sic terminorum maiorum differentia ad differentiam minorum, hic autem e contrario.

(5) est autem proprium huius medietatis, quoniam quod continetur sub maximo termino et medio duplum est eo, quod continetur sub medio atque parvissimo. sexies enim quinque XXX sunt, quinquies vero tres XV.

## 51. Über die drei Mittelwerte, die zum harmonischen und zum geometrischen gegensätzlich sind

(1) Dies sind also die Mittelwerte, die bei den Älteren gefunden und geprüft worden sind und die wir deshalb ausführlicher und eingehender behandelt haben, weil diese vor allem in den Werken des Alten zu finden sind – und die Nützlichkeit ihrer Erforschung findet sich in fast jedem Bereich. Die übrigen haben wir durch Auslassung übergangen, weil sie uns bei den Lektüren nicht viel nützen, sondern nur (dazu dienen), die Menge der Zehnzahl zu erfüllen. Diese holen wir (nun) hervor, damit sie manchen nicht verborgen oder unbekannt sind.
(2) Diese sind offensichtlich gegensätzlich zu den oben genannten Mittelwerten, von denen sie ihren Ursprung haben. Aus diesen nämlich sind auch diese da entstanden.
(3) Es gibt einen vierten Mittelwert, welcher offenbar dem harmonischen gegenübergestellt ist. Bei ihm verhält sich, wenn drei Werte aufgestellt sind, der größte Wert so zum kleinsten wie die Differenz der kleineren Werte zur Differenz der größten; etwa stehen da:

| | | |
|---|---|---|
| 3 | 5 | 6 |

6 ist zu 3 das Doppel; die kleineren Werte sind 5 und 3, die größten dieser Anordnung sind 5 und 6. Die Differenz zwischen den kleineren (Werten), natürlich zwischen 5 und 3, ist 2; (die Differenz) zwischen den größeren Werten, also zwischen 5 und 6, ist 1, und diese 2, verglichen mit 1, bildet ein Doppel. So wie sich also der größte Wert zum kleinsten verhält, so verhält sich die Differenz der kleineren Werte zur Differenz der größten.
(4) Es ist klar, dass dieser Mittelwert dem harmonischen Mittelwert gegenübergestellt und gewissermaßen gegensätzlich ist, deswegen, weil (beim harmonischen Mittelwert) sich der größte Wert zum kleinsten so verhält wie die Differenz der größeren Werte zur Differenz der kleineren; hier aber ist es gegensätzlich.
(5) Es ist aber charakteristisch für diesen Mittelwert, weil das, was die Multiplikation des größten und des mittleren Werts ergibt, das Doppelte ist von demjenigen, was die Multiplikation des mittleren mit dem kleinsten (Wert) ergibt: Sechsmal 5 ist 30, fünfmal 3 aber ist 15.

(6) duae vero aliae medietates, quinta scilicet et sexta geometricae medietati contrariae sunt et eidem videntur oppositae. est autem quinta medietas, quotiens in tribus terminis quemadmodum est medius terminus ad minorem terminum, ita eorum differentia ad differentiam medii atque maioris. nam in hac dispositione

| | | |
|---|---|---|
| II | IIII | V |

quaternarius ad binarium duplus est. sed inter quaterna[166]rium et binarium II sunt, inter quaternarium vero et maiorem terminum, id est quinque, I et II ad I dupli sunt. contrarium autem geometricae medietati in hac proportione est, quod in illa quemadmodum maior terminus ad minorem est, sic maiorum differentia ad differentiam minorum; hic vero contrarie, quemadmodum minores ad se termini sunt, sic minorum differentia terminorum ad maiorum differentiam comparatur.
(7) est autem proprium in hac quoque dispositione, quod illud, quod continetur sub maiore termino et medietate duplum est eo, quod sub utrisque extremitatibus continetur. nam quinquies IIII sunt XX, quinquies vero II sunt X et XX denarii duplus est.

(8) sexta vero medietas est, quando tribus terminis constitutis quemadmodum est maior terminus ad medium, sic minorum terminorum differentia ad differentiam maximorum. in dispositione enim, quae est

| | | |
|---|---|---|
| I | IIII | VI |

maximus terminus ad medium sesqualter est, differentia vero minorum, id est unius et IIII ternarius est, maiorum vero, id est quaternarii et senarii, binarius. ternarius autem binario comparatus sesqualteram habitudinem proportionis efficiet. eodem autem modo haec quoque medietas geometricae contraria est, quemadmodum et quinta, propter proportionem differentiarum a minoribus ad maiores terminos conversam.

(6) Zwei andere Mittelwerte, nämlich der fünfte und der sechste, sind zum geometrischen Mittelwert gegensätzlich und ihm offenbar gegenübergestellt. Der fünfte Mittelwert tritt immer dann auf, wenn bei drei Werten sich der mittlere Wert so zum kleineren Wert verhält wie deren Differenz zur Differenz des mittleren und größeren (Werts). In folgender Anordnung nämlich:

| | | |
|---|---|---|
| 2 | 4 | 5 |

ist 4 ein Doppel von 2. Aber zwischen 4 und 2 sind 2, zwischen 4 und dem größeren Wert, also 5, ist 1; 2 zu 1 ist ein Doppel. Das Gegensätzliche aber zum geometrischen Mittelwert in diesem Verhältnis ist, dass bei jenem sich der größere Wert zum kleineren so verhält wie die Differenz der größeren (Werte) zur Differenz der kleineren. Hier aber ist es gegensätzlich: So wie sich die kleineren Werte zueinander verhalten, so verhält sich die Differenz der kleineren Werte zur Differenz der größeren.

(7) Es ist aber charakteristisch bei dieser Art der Anordnung, dass jenes, was die Multiplikation des größeren Werts mit dem Mittelwert ergibt, das Doppelte ist von demjenigen, das man erhält, wenn man die Randwerte multipliziert. Also: Fünfmal 4 ist 20, fünfmal 2 ist 10, und 20 ist das Doppel von 10.

(8) Der sechste Mittelwert entsteht, wenn, nachdem drei Werte aufgestellt worden sind, sich der größere Wert zum mittleren so verhält, wie sich die Differenz der kleineren Werte zur Differenz der größten Werte verhält. In einer Anordnung wie:

| | | |
|---|---|---|
| 1 | 4 | 6 |

ist der größte Wert im Verhältnis zum mittleren ein Eineinhalb, die Differenz zwischen den kleineren Werten, das heißt zwischen 1 und 4, ist 3, (die Differenz) aber zwischen den größeren Werten, also zwischen 4 und 6, ist 2. Vergleicht man 3 und 2, ergibt das eine Eineinhalb-Beziehung des Verhältnisses. Auf die gleiche Weise aber ist dieser Mittelwert gegensätzlich zum geometrischen, auf die es auch der fünfte (Mittelwert ist), weil das Verhältnis der Differenzen von den kleineren zu den größeren Werten umgedreht ist.

## [167] LII. de quattuor medietatibus, quas posteri ad implendum denarium limitem adiecerunt

(1) et hae quidem sunt sex medietates, quarum tres usque a Pythagora ad Platonem Aristotelemque manserunt. post vero, qui insecuti sunt, has tres alias, de quibus supra disseruimus, suis commentariis addiderunt. sequens autem aetas, quemadmodum diximus, ad inplendam denariam quantitatem alias quattuor medietates apposuit, quas non adeo quis in veterum libris inveniat. has igitur nos quam possumus brevissime disponamus.

(2) prima enim quae est earum, in ordine vero septima medietas, hoc modo coniungitur, cum in tribus terminis quemadmodum est maximus terminus ad ultimum, sic maximi et parvissimi termini differentia ad minorum differentiam terminorum, ut in hac dispositione:

| | | |
|---|---|---|
| VI | VIII | VIIII |

novenarius igitur ad senarium sesqualter est, quorum est differentia ternarius, minorum vero terminorum, id est octonarii et senarii binarius differentia est, qui ad superiorem ternarium comparatus facit sesqualteram proportionem.
(3) secunda vero inter quattuor, sed octava in ordine proportionalitas est, quotiens in tribus terminis quemadmodum sunt extremitates ad se invicem comparatae, sic eorum differentia ad maiorum terminorum differentiam, ut sunt

| | | |
|---|---|---|
| VI | VII | VIIII |

novem igitur ad VI sesqualter est. et [168] eorum differentia ternarius est, qui comparatus contra maiorum differentiam, id est septenarii et novenarii, qui binarius est, reddit sesqualteram proportionem.
(4) tertia vero inter has sequentes quattuor, nona autem in ordine proportio est, quando tribus terminis positis quam proportionem medius terminus ad parvissimum custodit, eam retinet extremorum differentia ad minorum differentiam comparata, ut

## 52. Über die vier Mittelwerte, welche die Späteren hinzugefügt haben, um die Zehnergrenze zu erreichen

(1) Das sind die sechs Mittelwerte, von denen drei ohne Unterbrechung von Pythagoras bis Platon und Aristoteles überdauert haben. Später aber haben diejenigen (Denker), die (ihnen) folgten, diese drei weiteren (Mittelwerte), die wir oben besprochen haben, in ihren Aufzeichnungen hinzugefügt. Das folgende Zeitalter aber hat, wie gesagt, vier weitere Mittelwerte hinzugefügt, um die Menge von 10 zu erfüllen, die man in dieser Anzahl in den Büchern der Alten nicht finden kann. Diese wollen wir also so kurz wie möglich vorstellen.
(2) Der erste von ihnen, der in der Reihenfolge der siebte Mittelwert ist, ist auf folgende Weise zusammengesetzt: So, wie sich bei in drei Werten der größte zum letzten verhält, so verhält sich die Differenz zwischen dem größten und dem kleinsten (Wert) zur Differenz der kleineren Werte, wie in dieser Anordnung:

| | | |
|---|---|---|
| 6 | 8 | 9 |

9 ist das Eineinhalb von 6; ihre Differenz ist 3. Die Differenz der kleineren Werte, also von 8 und 6, ist 2, was im Vergleich zur obigen 3 ein Eineinhalb-Verhältnis ergibt.

(3) Der zweite Mittelwert von den vier, jedoch die achte Proportion in der Reihe, liegt immer dann bei drei Werten vor, wenn sich die Randwerte so zueinander verhalten, wie ihre Differenz sich zur Differenz der größeren Werte verhält. Etwa:

| | | |
|---|---|---|
| 6 | 7 | 9 |

9 im Vergleich zu 6 ist ein Eineinhalb, deren Differenz ist 3, die im Vergleich zur Differenz der größeren Werte – also zwischen 7 und 9, die 2 ist – ein Eineinhalb-Verhältnis ergibt.
(4) Der dritte Mittelwert unter diesen zusätzlichen vier, aber das neunte Verhältnis in der Reihe, tritt ein, wenn die Differenz der Randwerte im Vergleich mit der Differenz der kleineren (Werte) dasjenige Verhältnis unterhält, das der mittlere Wert in Bezug auf den kleinsten (Wert) aufrechterhält. Etwa:

| | | |
|---|---|---|
| IIII | VI | VII |

etenim VI ad IIII sesqualter est, quorum est differentia binarius. septenarii vero et quaternarii ternarius differentia est, quem si ad superiorem binarium comparemus, sesqualtera proportione coniungitur. (5) quarta vero, quae in ordine decima est, consideratur in tribus terminis, cum tali proportione medius terminus ad parvissimum comparatur, quali extremorum differentia contra maiorum terminorum differentiam proportione coniungitur, ut sunt

| | | |
|---|---|---|
| III | V | VIII |

quinarius enim medius terminus ad ternarium superbipartiens est; extremorum vero differentia, octonarii scilicet et ternarii, quinarius est, qui comparatus contra maiorum terminorum differentiam, scilicet quinarii et octonarii, qui est ternarius, et ipse quoque superbipartiens invenitur.

### LIII. dispositio decem medietatum

(1) disponamus igitur cunctas medietates in ordinem, ut, cuiusmodi omnes sint, facillime possit intellegi.

| | | |
|---|---|---|
| arithmetica | prima | I . II . III |
| geometrica | secunda | I . II . IIII |
| [169] armonica | tertia | III . IIII . VI |
| contraria armonicae | quarta | III . V . VI |
| contraria geometricae | quinta | II . IIII . V |
| contraria geometricae | sexta | I . IIII . VI |
| inter IIII prima | septima | VI . VIII . VIIII |
| inter IIII secunda | octava | VI . VII . VIIII |
| inter IIII tertia | nona | IIII . VI . VII |
| inter IIII quarta | decima | III . V . VIII |

| | | |
|---|---|---|
| 4 | 6 | 7 |

Verglichen mit 4 ist 6 nämlich Eineinhalb; die Differenz ist 2. Die Differenz zwischen 7 und 4 ist 3, und wenn wir diese mit der obigen 2 vergleichen, wird sie durch ein Eineinhalb-Verhältnis verbunden.
(5) Der vierte (Mittelwert), der in der Reihe der zehnte ist, wird bei drei Werten betrachtet, wenn der mittlere Wert mit dem kleinsten durch eine solche Beziehung verglichen wird wie die, in der die Differenz der Randwerte im Vergleich mit der Differenz der größeren Werte verbunden wird. Etwa:

| | | |
|---|---|---|
| 3 | 5 | 8 |

5, der mittlere Wert, ist das Einzweidrittel zu 3. Die Differenz der Randwerte, nämlich von 8 und 3, ist 5. Diese verglichen mit der Differenz zwischen den größeren Werten, nämlich zwischen 5 und 8, was 3 ist, wird auch selbst als Einzweidrittel befunden.

## 53. Anordnung der zehn Mittelwerte

(1) Lasst uns nun also alle Mittelwerte der Reihe nach anordnen, damit man ganz leicht einsehen kann, von welcher Art sie sind:

| | | |
|---|---|---|
| arithmetischer | erster | 1 . 2 . 3 |
| geometrischer | zweiter | 1 . 2 . 4 |
| harmonischer | dritter | 3 . 4 . 6 |
| gegensätzlich zum harmonischen | vierter | 3 . 5 . 6 |
| gegensätzlich zum geometrischen | fünfter | 2 . 4 . 5 |
| gegensätzlich zum geometrischen | sechster | 1 . 4 . 6 |
| erster von vier | siebter | 6 . 8 . 9 |
| zweiter von vier | achter | 6 . 7 . 9 |
| dritter von vier | neunter | 4 . 6 . 7 |
| vierter von vier | zehnter | 3 . 5 . 8 |

### LIIII. de maxima et perfecta symphonia, quae tribus distenditur intervallis

(1) restat ergo de maxima perfectaque armonia disserere, quae tribus intervallis constituta magnam vim obtinet in musici modulaminis temperamentis et in speculatione naturalium quaestionum. etenim perfectius huiusmodi medietate nihil poterit inveniri, quae tribus intervallis producta perfectissimi corporis naturam substantiamque sortita est. hoc enim modo cybum quoque trina demensione crassatum plenam armoniam esse monstravimus.

(2) haec autem huiusmodi invenietur, si duobus terminis constitutis, qui ipsi tribus creverint intervallis, longitudine latitudine et profunditate, duo huiusmodi termini medii fuerint constituti et ipsi tribus intervallis notati, qui vel ab aequalibus per aequales aequaliter sint producti vel ab inaequalibus ad inaequalia inaequaliter, vel ab in[170]aequalibus ad aequalia aequaliter, vel quolibet alio modo, atque ita, cum armonicam proportionem custodiant alio tamen modo comparati faciant arithmeticam medietatem hisque geometrica medietas, quae inter utrasque versatur, deesse non possit.

(3) in quattuor enim terminis si fuerit quemadmodum primus ad tertium sic secundus ad quartum, proportionum ratione scilicet custodita, geometrica medietas explicatur, et quod continetur sub extremitatibus, aequum erit ei, quod sub utraque medietate [ad se invicem multiplicata] conficitur. *[Tilgung der Glosse nach Bohlin 2017]*

(4) rursus si maximus IIII terminorum numerus ad eum, qui sibi propinquus erit, talem habeat differentiam, qualem idem ipse maximo propinquus ad parvissimum, huiusmodi proportio in arithmetica consideratione proponitur, et extremorum coniunctio duplex erit propria medietate.
(5) si vero inter IIII qui est tertius terminus aequa parte quarti quartum terminum superet et aequa primi a primo superetur, armonica huiusmodi proportio medietasque perspicitur, et quod continetur

## 54. Über die größte und vollkommene Konsonanz, die über drei Intervalle ausgedehnt ist

(1) Nun bleibt noch, über die größte und vollkommene Harmonie zu sprechen, die – von drei Intervallen gebildet – große Bedeutung hat für die rechten Verhältnisse der musikalischen Melodie sowie bei der Erforschung der Naturphänomene. Man wird nämlich nichts Vollkommeneres finden können als einen solchen Mittelwert, der, von drei Intervallen hervorgebracht, die Natur und das Wesen des vollkommensten Körpers besitzt. Auf diese Weise stellt nämlich, wie wir gezeigt haben, auch der Würfel, der sich in dreifacher Dimension verdickt hat, eine vollständige Harmonie dar.
(2) Diese so geartete (Harmonie) aber wird gefunden, wenn, nachdem zwei Werte festgelegt worden sind, die selbst in drei Intervallen angewachsen sind, in Länge, Breite und Tiefe, zwei mittlere Werte dieser Art eingesetzt worden sind und ihrerseits mit drei Intervallen notiert sind, die entweder von gleichen durch gleiche (Werte) auf gleiche Weise hervorgebracht worden sind oder von ungleichen in Bezug auf ungleiche (Werte) auf ungleiche Weise oder von ungleichen in Bezug auf gleiche (Werte) auf gleiche Weise oder wie auch immer, und (wenn) sie so, obwohl sie das harmonische Verhältnis bilden, dennoch anders betrachtet den arithmetischen Mittelwert bilden, und diesen der geometrische Mittelwert, der sich zwischen beiden findet, nicht fehlen kann.
(3) Wenn nämlich bei vier Werten sich der erste zum dritten verhält wie der zweite zum vierten, woher die Berechnung der Verhältnisse natürlich beibehalten worden ist, dann wird der geometrische Mittelwert entwickelt, und das, was aus den Randwerten multipliziert wird, wird gleich dem Betrag sein, der sich aus beiden Mittelwerten ergibt.
(4) Wenn wiederum die größte Zahl der vier Werte zu derjenigen (Zahl), die neben ihr steht, die gleiche Differenz hat wie eben diese, die der größten (Zahl) benachbart ist, zur kleinsten, dann wird ein solches Verhältnis in einer arithmetischen Betrachtung vorgelegt, und die Gesamtzahl der äußeren Werte wird das Doppelte ihres Mittelwerts sein.
(5) Wenn aber der Wert, welcher der dritte von den vier (Werten) ist, den vierten Wert um den gleichen Teil des vierten Werts überschreitet und vom ersten Wert um (diesen) gleichen Teil des ersten Werts überschritten wird, dann wird ein harmonisches Verhältnis dieser Art und der (harmonische) Mittelwert erkannt; hier ergibt die Gesamtzahl der

sub extremorum adgregatione et multiplicatione medietatis duplex est eo, quod sub utraque extremitate conficitur.
(6) sit autem quoddam huius dispositionis exemplar hoc modo

| | | | |
|---|---|---|---|
| VI | VIII | VIIII | XII |

has igitur omnes solidas quantitates esse non dubium est. sex enim nascuntur ex uno bis ter, XII autem ex bis duo ter, horum autem medietates octonarius fit semel duo quater, novenarius vero semel tres ter. omnes igitur termini cognati sibi et tribus intervallorum demensionibus notati sunt. in his igitur geometrica proportionalitas invenitur, si XII ad VIII vel VIIII ad VI comparemus, [171] utraque enim comparatio sesqualtera proportio est. et quod continetur sub extremitatibus, idem est ei, quod fit ex mediis. nam quod fit ex duodecies sex, aequum est ei, quod fit ex octies VIIII. geometrica ergo proportio est huiusmodi. arithmetica autem est, si duodenarius ad novenarium et novenarius ad senarium comparetur. in utrisque enim ternarius differentia est et iunctae extremitates medietate duplae sunt. si enim iunxeris senarium et XII, facies XVIII, qui est novenario, medio termino, duplus. in his ergo geometricam arithmeticamque medietatem perspeximus.

(7) hic quoque armonica medietas invenitur, si XII ad VIII et rursus VIII ad senarium comparemus. qua enim parte senarii octonarius senarium superat, id est parte tertia, eadem duodenarii parte octonarius superatur. quattuor enim, quibus octonarius a duodenario vincitur, duodenarii tertia pars est. et si extremitates iungas VI scilicet et XII easque per octonarium medium multiplices, CXLIIII sunt. quod si se extremitates multiplicent, VI scilicet et XII, facient LXXII, quo numero CXLIIII duplus est.

(8) inveniemus hic quoque omnes musicas consonantias. namque VIII ad VI et VIIII ad XII comparati sesquitertiam proportionem reddunt, et simul diatessaron consonantiam; VI vero ad VIIII vel VIII ad XII comparati reddunt proportionem sesqualteram, sed diapente efficiunt symphoniam; XII vero ad senarium considerati duplicem quidem proportionem, sed diapason symphoniam canunt; VIII vero

Randwerte, multipliziert mit dem Mittelwert, das Doppelte des Produktes der beiden Randwerte.

(6) Es sei gewissermaßen ein Muster für diese Anordnung wie folgt:

| | | | |
|---|---|---|---|
| 6 | 8 | 9 | 12 |

Dass alle diese Zahlen Körper (dreidimensional) sind, kann also nicht bezweifelt werden. 6 entsteht ja aus einmal zweimal 3, 12 aus zweimal zweimal 3, ihre Mittelwerte sind 8, was einmal zweimal 4 ist, (und) 9, was einmal dreimal 3 ist. Somit sind alle Werte miteinander verwandt und in drei Dimensionen von Intervallen notiert. Bei diesen findet sich also die geometrische Proportion, wenn wir 12 mit 8 oder 9 mit 6 vergleichen; beide Vergleiche sind nämlich ein Eineinhalb-Verhältnis. Das, was aus den Randwerten multipliziert wird, ist dasselbe wie das, was aus den Mittelwerten multipliziert wird; was nämlich aus zwölfmal 6 entsteht, ist dem gleich, was aus achtmal 9 entsteht. Von solcher Art also ist das geometrische Verhältnis. Das arithmetische aber liegt vor, wenn 12 mit 9 und 9 mit 6 verglichen wird. Bei beiden ist nämlich die Differenz 3, und die Gesamtzahl der Randwerte ist gleich dem Doppelten des Mittelwerts. Wenn du nämlich 6 mit 12 verbindest, wirst du 18 erzielen, was das Doppelte von 9, dem Mittelwert, ist. Hier haben wir also den geometrischen und den arithmetischen Mittelwert kennengelernt.

(7) Aber auch der harmonische Mittelwert ist hier anzutreffen, wenn wir 12 mit 8 und wiederum 8 mit 6 vergleichen. Um den Teil nämlich von 6, um welchen 8 die 6 überschreitet – das heißt um ein Drittel –, um denselben Teil von 12 wird 8 (von 12) überschritten; 4 nämlich, um die 8 von 12 überragt wird, ist ein Drittel von 12. Und wenn du die Randwerte addierst, nämlich 6 und 12, und sie mit der mittleren 8 multiplizierst, sind das 144. Wenn sich aber die Randwerte miteinander multiplizieren, nämlich 6 und 12, wird das 72 ergeben, wovon 144 das Doppelte ist.

(8) Finden werden wir hier auch alle musikalischen Konsonanzen, denn 8 mit 6 sowie 9 mit 12 verglichen ergeben ein Eineindrittel-Verhältnis und zugleich die Quarten-Konsonanz (*diatessaron*); 6 mit 9 oder 8 mit 12 verglichen ergeben hingegen ein Eineinhalb-Verhältnis, was aber die Konsonanz der Quinte (*diapente*) bewirkt. Vergleicht man aber 12 mit 6, so erhält man das Doppel-Verhältnis, aber man singt die Konsonanz der Oktave (*diapason*). Vergleicht man aber die

et VIIII ipsi contra se medii considerati [172] epogdoum iungunt, qui in musico modulamine tonus vocatur, quae omnium musicorum sonorum mensura communis est. omnium enim est sonus iste parvissimus. unde notum est, quod inter diatessaron et diapente consonantiarum tonus differentia est, sicut inter sesquitertiam et sesqualteram proportionem sola est epogdous differentia. huius descriptionis subter exemplar adiecimus.

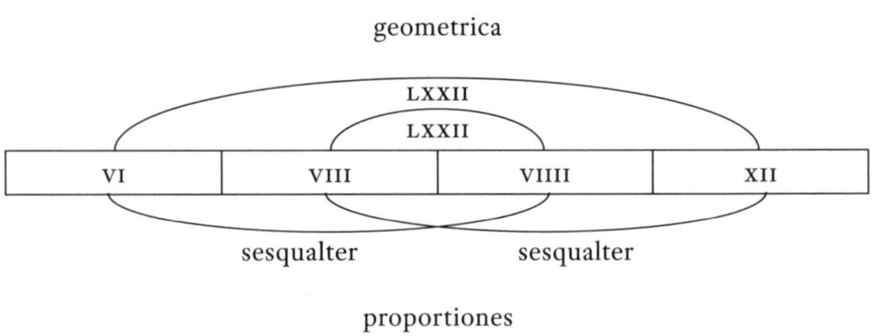


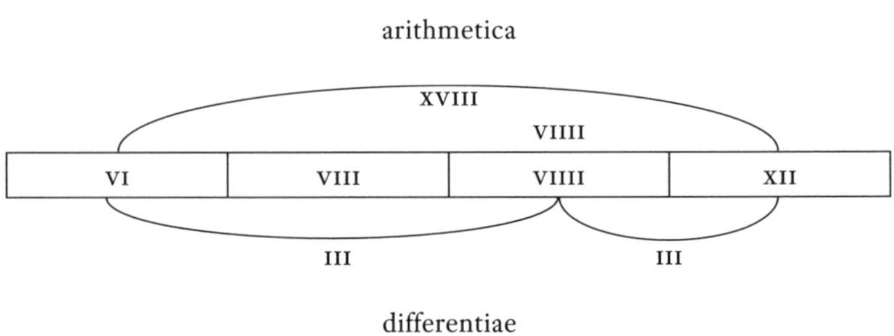

Mittelwerte 8 und 9 miteinander, so verbinden sie sich zu dem Verhältnis Eineinachtel (*epogdoos*), das man in der musikalischen Melodie Ganzton nennt, welches das gemeinsame Maß aller musikalischen Klänge ist. Der Ganzton ist ja der kleinste aller Klänge, woraus ersichtlich ist, dass die Differenz (gemeint ist der Quotient) zwischen den Konsonanzen Quarte und Quinte der Ganzton ist, so wie dass es zwischen dem Eineindrittel- und dem Eineinhalb-Verhältnis nur die Differenz (den Quotient) des Eineinachtel-Verhältnisses gibt. Wir haben dieser Darstellung unten ein Muster beigefügt:

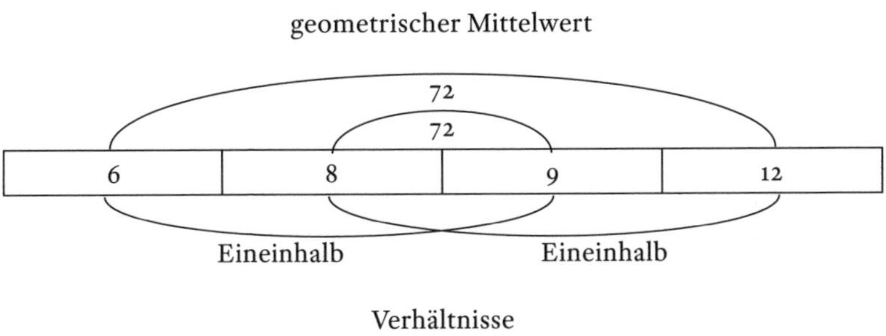


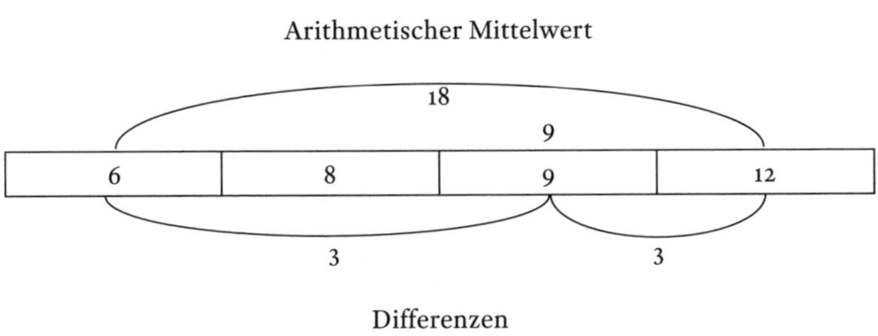

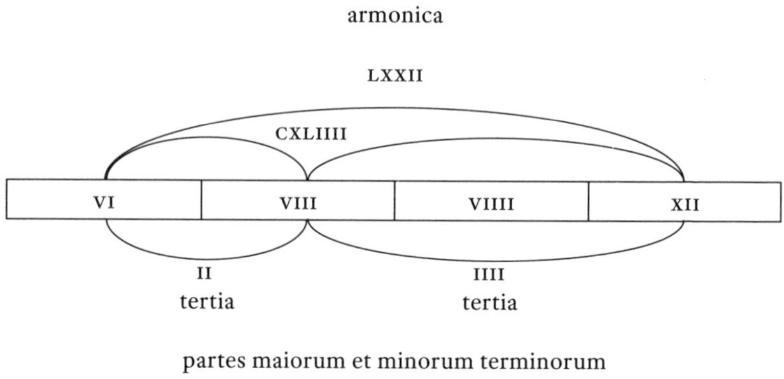
armonica
LXXII
CXLIIII
VI
VIII
VIIII
XII
II
tertia
IIII
tertia
partes maiorum et minorum terminorum

[173]

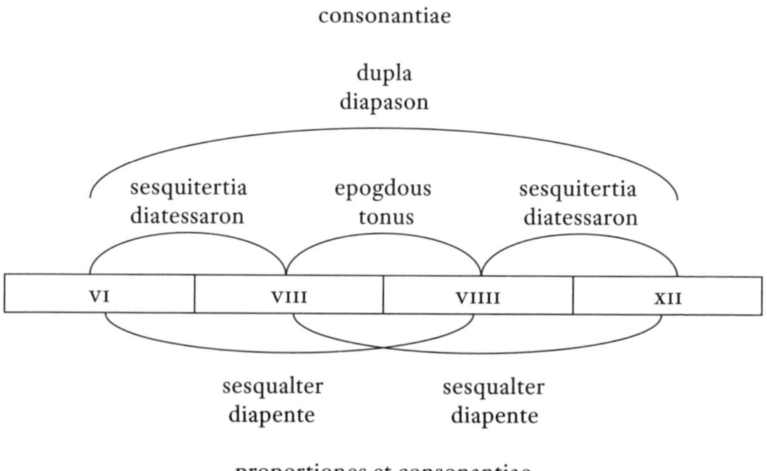
consonantiae
dupla
diapason
sesquitertia
diatessaron
epogdous
tonus
sesquitertia
diatessaron
VI
VIII
VIIII
XII
sesqualter
diapente
sesqualter
diapente
proportiones et consonantiae

Harmonischer Mittelwert

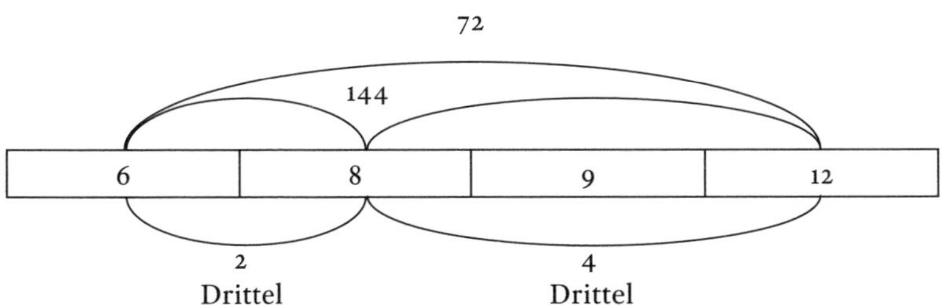


Teile der größeren und kleineren Werte

Konsonanzen

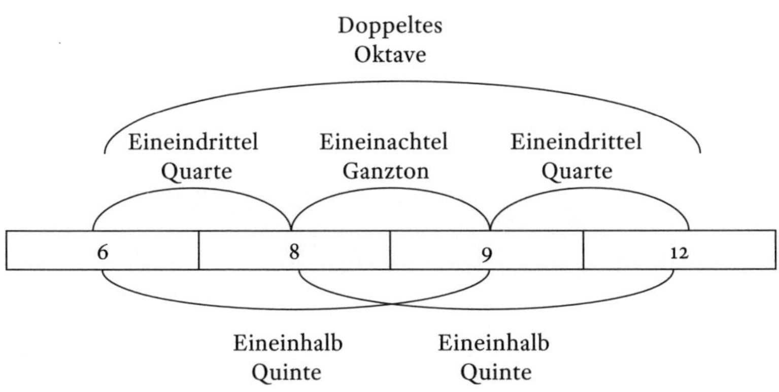


Verhältnisse und Konsonanzen

Die Abbildung auf S. 9 wird der Bayerischen Staatsbibliothek in München verdankt (urn:nbn:de:bvb:12-bsb00107884-9), die Farbabbildungen auf S. 65–80 der Staatsbibliothek Bamberg (urn:nbn:de:bvb:22-dtl-0000025360), namentlich Gerald Raab.

Für die Aufnahme des Bandes in die *Edition Antike* der Wissenschaftlichen Buchgesellschaft (wbg) danke ich den Mitherausgebern, für die engagierte Betreuung im Verlag Daniel Zimmermann, für Unterstützung bei den Korrekturen Lena Baulig und für sehr wertvollen Rat Cordula Bachmann sowie meiner lieben Frau Christiane.

Universität Erfurt, im August 2021 Kai Brodersen

ANHANG

# Weiterführende Literatur

## Editionen und Übersetzungen


Friedlein, Gottfried: Anicii Manlii Torquati Severini Boetii de institutione arithmetica libri duo, de institutione musica libri quinque, Leipzig 1867

Guillaumin, Jean-Yves: Boèce. Institution arithmétique (Collection ... Budé), Paris 1995 (Nachdruck 2002, mit französ. Übers.)

Masi, Michael: Boethian Number Theory, Amsterdam 1983 (engl. Übers.)

Oosthout, Henri / Schilling, Jean: Anicii Manlii Severini Boethii De Arithmetica (Corpus Christianorum 94a), Turnhout 1999 (maßgebliche Ausgabe)

Sánchez Manzano, Maria Asunción: Boecio: Institutio arithmetica. Fundamentos de aritmética (Ediciones griegas y latinas 2), León 2002 (span. Übers.)


## Von Boethius zitierte oder in der Einführung genannte antike Autoren


Apuleius – Brodersen, Kai: Aristoteles / Apuleius: Über die Welt (peri kosmou / de mundo), griech.–dt. (Tusculum), Berlin 2019

Archytas – Diels, Hermann / Kranz, Walther: Die Fragmente der Vorsokratiker, Berlin $^{5}$1951 (u. ö.); Huffman, Carl: Archytas of Tarentum, Cambridge 2005

Boethius – Gruber, Joachim: Boethius, Philosophiae Consolatio / Trost der Philosophie, lat.–dt. Stuttgart 2020

Hesiodos – Schönberger, Otto: Hesiod, Theogonie, griech.–dt. (Reclams Universalbibliothek), Stuttgart $^{3}$2002 (u. ö.)

Lucretius – Büchner, Karl: Lukrez, De Rerum Natura / Welt aus Atomen, lat.–dt. (Reclams Universalbibliothek), Stuttgart 1973 (u. ö.)

Nikomachos – Brodersen, Kai: Nikomachos von Gerasa, Einführung in die Arithmetik, griech.–dt. (Tusculum), Berlin 2021

Philolaos – Huffman, Carl: Philolaus of Croton, Cambridge 1993

Planudes – Brodersen, Kai und Christiane: Planudes, Rechenbuch, griech.–dt. (Tusculum), Berlin 2020

Platon – Krapinger, Gernot: Platon, Politeia / Der Staat (Reclams Universalbibliothek), Stuttgart 2017; Paulsen, Thomas / Rehn, Rudolf: Platon, Timaios, griech.–dt. (Reclams Universalbibliothek), Stuttgart $^{2}$2009

Theon – Brodersen, Kai: Theon von Smyrna, Mathematik für die Platonlektüre, griech.–dt. (Edition Antike), Darmstadt 2021

## Studien

Ax, Wolfram (Hg.): Lateinische Lehrer Europas. Fünfzehn Portraits von Varro bis Erasmus von Rotterdam, Köln u. a. 2005

Batschelet-Massini, W: Zur kosmologischen Arithmetik des Boethius, in: Figala, K. / Berninger, E. H. (Hgg.): Arithmos –Arrythmos, München 1979, 9–28

Bernard, Wolfgang: Zur Begründung der mathematischen Wissenschaften bei Boethius, in: Antike und Abendland 43, 1997, 63–89

Bernhard, Michael: Glossen zur Arithmetik des Boethius, in: Krämer, Sigrid / Bernhard, Michael (Hgg.): Scire litteras. Forschungen zum mittelalterlichen Geistesleben B. Bischoff gewidmet, München 1988, 23–34

Bohlin, Erik: Critical and Interpretative Notes on Boethius, arithm. II, 30, in: Deroux, Carl (Hg.): Studies in Latin Literature and Roman History, Bd. 13, Brüssel 2006, 479–493

– An Unnoticed Gloss in Boethius, Institutio arithmetica II, 54, in: Latomus 76, 2017, 403–408

Bower, Calvin M.: Boethius and Nicomachus, in: Vivarium 16, 1978, 1–45

Caldwell, John R.: The De institutione arithmetica and the De institutione musica, in: Gibson, Margaret (Hg.): Boethius, Oxford 1981, 135–154

Di Mieri, Fernando: Il De institutione arithmetica di Severino Boezio, in: Sapienza 37, 1984, 179–202

Ferrarino, Pietro: Quadruvium II, in: Atti Congresso internazionale di studi varroniani Rieti settembre (1974), Rieti 1976, 359–364

Flammini, Giuseppe: Il prooemium del De institutione arithmetica, in: Santini, Carlo / Scivoletto, Nino (Hgg.): Prefazioni, prologhi, proemi di opere tecnicoscientifiche latine, Bd. I, Rom 1990, 149–160

Geymonat, Mario: Arithmétique et géométrie romaines, in: Fleury, Philippe / Jacquemard-Le Saos, Catherine / Madeleine, Sophie: La technologie gréco-romaine: transmission, restitution et médiation, Caen 2015, 213–234

Gibson, Margaret: Illustrating Boethius, in: Chavannes-Mazel, Claudine A. , Smith, Margaret McFadden (Hgg.): Medieval Manuscripts of the Latin Classics. Production and Use. Los Altos Hills 1996, 119–129

Gruber, Joachim: Boethius, Eine Einführung. Stuttgart 2011

Guillaumin, Jean-Yves: La christianisation du thème de l'œil de l'âme chez Cassiodore (Institutions, II, 3, 22), in: Revue de Philologie, de Littérature et d'Histoire Anciennes 59, 1985, 247–254

– La culture littéraire latine de Boèce jeune d'après la lettre dédicatoire de l'Institution Arithmétique, in: Annales Latini Montium Arvernorum 16, 1989a, 101–108

– La transformation d'une phrase de Nicomaque (Introduction arithmétique I, 18, 2) chez Boèce (Institution arithmétique I, 23), in: Latomus 48, 1989b, 869–874

– Note critique sur la désignation de la »quantité relative« dans Boèce, Inst. Ar. 2, 4, in: Philologus 136, 1992, 130–135

– La structure du chapitre 1, 4 de l'Institution Arithmétique de Boèce et le cours d'Ammonios sur Nicomaque, in: Revue d'histoire des sciences 47, 1994, 249–258

– Mathématique et organisation politique dans un texte scientifique latin des années 500 (Boèce, Institution arithmétique 2, 45), in: Ratti, Stéphane (Hg.): Antiquité et citoyenneté, Besançon 2002, 151–161
– Boethius's De Institutione Arithmetica and its Influence on Posterity, in: Kaylor, Noel Harold / Phillips, Philip Edward (Hgg.): A Companion to Boethius in the Middle Ages, Leiden 2012, 135–161
Heilmann, Anja: Boethius' Musiktheorie und das Quadrivium (Hypomnemata 171), Göttingen 2007 (72–88: Vergleich der Arithmetikschriften des Nikomachos und des Boethius)
Humphrey, Illo: Boethius, De institutione arithmetica libri duo, édition proto-philologique intégrale princeps d'un manuscrit du IXe siècle (Musicological Studies 86), Ottawa 2007 (auch in Carmina 14, 2005, 1–158)
Klemm, Elisabeth: Die illuminierten Handschriften des 13. Jahrhunderts deutscher Herkunft in der Bayerischen Staatsbibliothek (Katalog der illuminierten Handschriften der Bayerischen Staatsbibliothek in München 4), Wiesbaden 1998 (91–95 Nr. 73 zu clm 2599, 93 zu fol. $102^v$)
Koehler, Wilhelm: Die Schule von Tours, Bd. 1: Die Ornamentik. Text (Die karolingischen Miniaturen I 1). Berlin 1930 (Nachdr. 1960)
Krischer, Tilman: Boethius, De institutione arithmetica, Liber i, cap. 1; Liber II, cap. 54, in: Zaminer, Frieder (Hg.): Rezeption des antiken Fachs im Mittelalter (Geschichte der Musiktheorie 3), Darmstadt 1990, 204–217
Marenbon, John (Hg.): The Cambridge Companion to Boethius, Cambridge 2009
Masi, Michael: Boethius and the Iconography of the Liberal Arts, in: Latomus 33, 1974, 57-75 und pl. VII-XV
– Boethius' De institutione arithmetica in the context of medieval mathematics, in: Obertello, Luca (Hg.): Atti. Congresso internazionale di Studi Beoziani (Pavia 1980), Rom 1981, 263–272
– Besprechung von Oosthout/Schilling 1999, in: Carmina Philosophiae 10, 2001, 98–100
Paolucci, Paola: Boezio traduttore di Nicomaco nel De institutione arithmetica, in: Athenaeum 93, 2005, 227–241
Pieri, Silvia: Tra matematica e filosofia. Il De institutione arithmetica di Boezio, in: Κοινωνία 22, 1998, 91–125
Regali, Mario: Intenti programmatici nel De institutione arithmetica di Boezio, in: Studi Classici e Orientali 33, 1983, 193–204
Sassen Ferdinand: Boethius – Lehrmeister des Mittelalters, in: Fuhrmann, Manfred / Gruber, Joachim (Hgg.): Boethius (Wege der Forschung 483), Darmstadt 1984, 82–124 (Übers. von: Boethius, leermeester der Middeleeuwen, in: Studia Catholica 14, 1938, 97–122 und 216–230)
Silvestre, Maria Luisa: Forme di governo e proporzioni matematiche: Severino Boezio e la ricerca dell'aequum ius, in: Elenchos 17, 1996, 95–109
Suckale-Redlefsen, Gude: Die Handschriften des 8. bis 11. Jahrhunderts der Staatsbibliothek Bamberg, 1 Teil: Texte (Kataloge der illuminierten Handschriften der Staatsbibliothek Bamberg 1,1), Wiesbaden 2004

## Register